糗大了！原來是大腦搞的鬼

神經科學家告訴你大腦「真正的秘密」，揭開複雜的運作原理

Idiot Brain

What Your Head Is Really Up To

迪恩・柏奈特 Dean Burnett 著

鄧子衿 譯

獻給每個有腦的人。
和腦子相處並不容易，你幹得很好！

CONTENTS

前言

這本書一開始的部分，會以過往我和他人互動的固定方式展開：徹底而且仔細的道歉說明。

首先，如果你讀完這本書而覺得並不喜歡，我很抱歉。我不可能做出每個人都喜歡的東西。如果我辦得到，我應該會因為民主選舉而成為世界的領導人，或是成為桃莉芭頓（Dolly Parton）。

這本書的主題是討論腦中怪異又特別的程序，以及因為這些程序所產生的不合理行為。對我來說，凡此種種都讓人深深著迷。舉例來說，你知道記憶是以自我為本位的嗎？你可能會認為記憶真實紀錄了自己的經歷以及所學的知識，其實並非如此。記憶的內容經常受到扭曲或是調整，以便讓你的自我感覺良好，這就像是溺愛小孩的媽媽說自己的寶貝提米在學校的戲劇中的表現有多麼棒，但其實提米只是呆站在舞台上而已，同時還挖鼻孔流鼻涕。

還有，壓力會增加工作表現是怎麼一回事？這是確實的腦神經程序，而不只是「有些人這樣說」而已。最後期限是最常引發壓力的原因之一，能夠讓人的表現大幅提升。如果本書後面幾章的水準突然提高，你現在就知道原因出在哪兒了。

其次，理論上這是一本科學書，但是如果你期待書中會對於腦部和腦部運作會有嚴肅的論述，那就很抱歉了，因為不會有那些內容。我並非出身於「科學傳統」世家，我是家中第一個想要去讀大學而且真的去讀的人，最後還去念博士班。和我血緣最親近的那些家人相比，想要在學術界中混日子的意願顯得相當奇特，這份奇特也是讓我想要研究神經科學和心理學的主要原因。我當時自想：「我為什麼會這樣呢？」卻找不到滿意的答案，不過的確也因此著迷於腦部與腦部運作的方式，以及其他的科學領域。

科學是人類研究出來的。大體上來說，人類是麻煩、混沌又不理性的生物（主因是人類的腦），許多科學研究都指出了這一點。很久之前有些人就認為科學文字應該要崇高嚴肅，但是那個說法現在行不通了。我的職業生涯中有很多時候都在挑戰那個說法，這本書就是我最新的表達形式。

第三，如果有讀者引用這本書的內容和神經科學家爭辯卻輸了，我很抱歉。在腦科學的領域，我們領會到的內容隨時在變。這本書中所論述的任何內容，你都有可能找到與之相左的最新研究調查結果。但是對於剛開始閱讀科普書的人來說，在任何一個現代科學領域中都會發生相同的狀況。

第四，如果你認為腦是個神祕又不可解的東西，幾乎是個神奇的玩意兒，並且是把人類體驗和未知領域連在一起的橋樑，諸如此類的，那麼很抱歉，你真的不會喜歡上這本書。請不要誤解了，沒有比人類腦部更為難以解析的事物了，腦部也非常有趣。不過，有些人認為腦部很「特別」，批評不得，在某些方面特別尊貴，讓我們對於腦部的了解大受限制，而止於非常表面的地步。我無意冒犯，但是這種奇特的印象完全沒有意義。

腦部再怎麼說，都是人體的內臟之一，充斥著許多習性、特徵、過時的程序，是個缺乏效率的系統。就許多方面來說，腦部是人類現今成功的受害者，花了數百萬年才演化到如今的複雜程度，結果便是內部累積了多垃圾，就像是硬碟中含有許多老舊軟體程式和過時下載檔案，進行基本運作時會處處受到干擾。也像是你在讀電子郵件時時會跳出的擾人廣告視窗，要你去買打折保養品但是其中的連結早就已經失效了。

簡單一句話：腦部並不可靠。腦部是意識的核心、推動人類所有體驗的引擎，但是即使擔任如此重要的職位，內部依然混亂而且缺乏章法。腦的荒謬從外型就可以看得出來：

像是突變產生的核桃、像是洛夫克拉夫特（Howard Phillips Lovecraft）所描述的奶凍、像是破舊的拳擊手套。無可諱言，腦部很了不起，但是距離「完美」二字還差得很遠，而這些不完美的地方影響了人類的言行舉止和各種體驗。

因此腦部混亂特性不應該輕描淡寫，或是根本加以忽視，而是應該強調，甚是讚頌與廣為流傳。本書中會提到腦部許多可笑的表現，以及這些表現對於人類的影響。有些人認為腦部應該的運作方式，後來證明並非如此，相關的一些內容也會在書中提及。我希望讀這本書的人在看完之後，為更清楚了解到人們（以及自己）經常會有奇特言行的原因，在聽到現在越來越多腦神經科學的無稽之談時，能夠產生正確的懷疑念頭。如果這本書有什麼崇高偉大的目的，就是這個了。

最後要道歉的理由是之前我有一位同事說，當「地獄不再寒凍」時，我才能夠寫書出版。抱歉了，撒旦，你一定覺得地獄不寒凍很不習慣吧。

迪恩．柏奈特博士
（我真的有博士學位）

第一章

心智掌大權

——腦部調節身體並且引發混亂的方式

讓人類能夠思考、推理和深思熟慮的機制，數百萬年前並不存在。數億年前，第一條爬上陸地的魚並沒有深刻的自我懷疑，去想「我為什麼要爬上陸地？我在陸地上又不能呼吸，我也沒有腿，而且腿到底是啥？我再也不要和同伴玩真心話大冒險而受到懲罰了。」沒有那種事發生。在不久之前，腦部的功能簡單明瞭：以各種必要方式讓身體存活。

原始人類的腦顯然很成功，因為讓人類這個物種續存到現在，並且是在地球上掌控大權的生命形式。不過雖然人類演化出複雜的認知能力，原始腦中一開始所具備的功能並沒有消失，可以說那些功能變得更為重要。具備語言和推理技巧，並不能讓你免於死在一些簡單的事件，例如忘記吃東西或是在懸崖邊閒晃掉下去。

腦部需要身體才能夠存活，身體需要腦部才能夠受到控制並且完成必要事務（腦與身體之間的關係要比這裡所說還要複雜，但是就先在這裡打住吧）。因此腦的工作中有很大部分用於基本的生理程序、監測身體內部狀況、協調對於問題的反應方式，以及清除廢物。維持身體運作是基本要務。腦中控制這些基本面向的部位是腦幹和小腦，合起來通常也統稱為「爬行動物」腦（以強調原始特性）：在很久很久以前，人類的祖先還是爬行動物時，腦部的功能就和腦幹與小腦相同。（哺乳動物是後來在出現於陸地上）。相較之下，其他我們現代人類所具備的先進能力，諸如意識、注意、感知與推理，都由新皮質（neocortex）

負責，這個「新」代表在地球生命史中比較晚出現。腦部真正的構造要比上面的描述複雜得多，不過這樣的簡單敘述就足夠用了。

你可能會希望爬行動物腦和新皮質之間能夠合作無間，或至少能夠老死不相往來。這簡直就是妄想！如果你的上司是個事必躬親、雞毛蒜皮都要管的人，就能深切體認到這種做事方式有多沒效率。有個經驗不足但是實際上地位比較高的人老是在身邊煩，在資訊不足的情況下發出指令，並且提出一些蠢問題，只會讓工作變得更難以推動。而新皮質就是一直這樣影響爬行動物腦。

情況也並非一直如此。新皮質能夠靈活的產生反應，爬行動物腦就是依照設定好的方式運作。我們都見過自以為年長或是經驗比較豐富就認為自己無所不知的人，和這類人共事簡直就是惡夢，像是和因為「從以前開始就是這樣」而堅持使用打字機的人一起撰寫電腦程式，爬行動物腦就如同那樣的人。這一章會說明腦部如何把基本身體功能搞得一團糟。

別看這本書了，我想下車。

（腦部造成暈車／船／機的原因）

和以前相比，現代人類坐著的時間要長多了，需要體力的工作現在大多由辦公室工作取代了。汽車和其他交通工具的出現，代表人類在移動的時候可坐著。網際網路的發明代表你就算都一直坐著不動，靠著網路也可以購物和到銀行辦事。

這種狀況也有些缺點，坐著的時間太多了，設計精良的辦公椅讓坐在上面的人身體不會受到傷害。在飛機上坐著太久可能會產生深部靜脈栓塞（deep vein thrombosis），足以讓人喪命。聽起來奇怪，但是四體幾乎不動是對身體有害的。

因為移動很重要，人類擅長移動而且也移動得多，證據之一便是人類這個物種幾乎遍布地球表面各處，甚至還移動到了月球上面。據稱每天步行三公里對腦部有益，也可能對身體其他部位都好。[1]人體骨骼演化成適合長時間步行。人類足部、腿部和臀部，以及身體的整體結構，都非常適合於經常步行。不只身體的結構如此，人類可能「自動」就能夠步行，不需要腦部的參與。

脊髓中有神經簇（nerve cluster）幫助我們在沒有意識參與之下控制動作[2]，這些神經簇稱為模式產生器（pattern generator），位於中樞神經系統脊髓的下半部。模式產生器能夠刺激腿部的肌肉和肌腱，以特定的模式運動（所以叫做模式產生器）而步行。模式產生器也會接受來自於肌肉、肌腱、皮膚和關節回饋訊息，察覺出諸如在走斜坡之類的狀況，可以修改與調整運動，好配合目前的狀況。這項機制可以解釋為何無意識的人依然能夠到處亂走，在這一章的後面還會提到夢遊這種現象。

人能夠不需要思考就能夠輕易到處移動，有助於遠離危險的環境、找尋食物、追逐獵物或是逃離掠食者，也助於物種的續存。頭一個離開海洋在陸地上繁衍出所有呼吸空氣的動物，如果只是待著不動，便無法達到這項成就。

但是有個問題：如果移動對於人類的生存與福祉是不可或缺的，而且人類的確也演化出精細的生物系統，確保移動順利並且輕鬆進行，但是為什麼有的時候移動會讓人嘔吐？這種狀況通常稱為動暈症（motion sickness）或是旅暈症（travel sickness）。有的時候，人處於移動狀況中，會毫無由來的把早餐吐出來、午餐嘔出來，或是把最近吃的某份餐點嘔出來。

會這樣真的要怪罪腦部，而不是胃或是其他內臟（雖然這個時候胃很難過）。是因為腦部不顧長時間的演化，認為從一處移動到另一處就足以作為嘔吐的原因嗎？實際的原因是，腦部完全沒有輕視人類演化出的本性。是因為有許多系統和機制參與了移動，才造成這個問題。動暈症只有在以人為方式移動才會出現，也就是搭乘交通工具的狀況下，我接下來會解釋。

人類具備了多種精細複雜感覺和神經機制，以打造出本體感覺（proprioception），讓我們知道身體目前的姿勢以及各部位的動作。把手放到背後，你不用看見就能夠感覺到手在，知道手的位置以及擺出了不禮貌的手勢。這就是本體感覺。

在耳朵的內耳中有前庭系統（vestibular system），是一組充滿液體的管子（在這個系統中是骨質管子），能夠偵測身體的平衡和姿勢。管子中有足夠的空間能夠讓液體因為重力而流動，系統中的神經元能夠偵測那些液體的位置和分布狀況，讓腦部知道目前身體的位置和面對的方向。如果這些液體位於管子的頂端，代表身體上下顛倒，這種狀況不太妙，最好盡快擺正。

人類的運動，不論是步行、跑步，甚至爬動與跳動，都各自會產生一組特殊的訊號。雙足直立步行的時候，產生的是穩定的上下搖動，這時會有穩定的速度和拂過臉龐的風之類的外力，身體內的液體也會移動。本體感覺和前庭系統都能夠偵測到這些變化。

映到你眼中的影像是外在世界的狀況。影像移動的原因可能是你在移動，或是你不動而外在世界在移動。從最基本來看，這兩種解釋都對，那麼腦部怎麼知道哪一種解釋才是正確的？腦部會接收視覺資訊，再加上來自於耳朵液體的資訊，推斷出「身體在移動，屬於正常狀況」，然後把心思放在性幻想、復仇對象、寶可夢，或是其他你喜歡的事物上。眼睛和體內的系統合作，讓我們知道身體所處的狀況。

坐在交通工具上產生的感覺則截然不同。車子產生的晃動特徵和你腦中所知道的步行特徵不同（除非你車子有絕佳的懸吊系統而且調整得很好），搭飛機、火車和船的時候也是。你在搭乘交通工具移動時，實際上「做」的動作並不是移動，只是坐著做其他事打發時間，例如忍著不要把胃裡的東西吐來。但是你的本體感覺沒有厲害到能夠好好把目前所有狀況都傳遞到腦中。沒有訊息傳來，代表目前的狀況沒有牽涉到爬行動物腦，眼睛的感覺也強調說自己沒有移動。但是事實上你在移動，前面說的耳中液體會對高速運動和加速度所產生的力作出反應，傳遞給腦的訊息是說自己在移動，而且移動得很快。

現在的狀況就變成了，從精細調控的運動與偵測系統傳來的各種訊號彼此矛盾，科學家認為這便是動暈症的由來。負責意識的腦部位能夠輕易處理這些彼此衝突的資訊，但是更深層、基本而無意識調整控身體的腦部就完全不知道該怎麼處理這類狀況，也不清楚發生這種功能失調的原因。就爬行動物腦而言，只有一種可能的答案：中毒。在大自然中，只有毒素才能夠深深影響身體內部運作，並且引發混亂。

中毒很糟，如果腦部認為身體中有毒素，合理的反應措施只有一個：排除毒素，啟動嘔吐反射，現在立刻馬上。比較先進的腦部位可能了解現況，但是一旦比較基本的腦區域採取行動，就要花很多力氣才能夠加以改變，因為後者如字面上所說：「已經開始動作了」。

動暈症的現象還沒有完全解析清楚。為什麼不是每次搭乘交通工具的時候都會發生？為何有人從來都不會暈車或暈船？可能有許多外在或個人的因素影響這個症狀，例如搭乘的交通工具特性不同，或是神經系統對於某些類型的運動方式特別敏感，都有可能造成動暈症的發生，不過這一節所說明的是目前最廣為接受的理論。另一種解釋是「眼球震顫理論」（nystagmus hypothesis）[3]：外眼肌（extra-ocular muscle）的功能是讓眼球的位置穩定並且能夠讓眼球轉動，在移動的時候，外眼肌非自主的伸展，以異常的方式刺激了迷走神經（vagus nerve），迷走神經是控制臉部和頭部的主要神經之一，因此造成了動暈症。不論原因是哪一個，我們腦部都很容易產生混亂，造成了暈動症，這時腦部解決困境的方法很有限，就像是職位高過自己能力的經理人在收到處理狀況的要求時，產生的反應只有說一嘴行話，大聲要求要把事情搞定而已。

暈船的狀況可能更嚴重。在陸地上的景物中，有許多能夠用來當作自己移動狀況的參考座標（例如往後移動的樹木），但是在船上，四周往往只有海，根本看不到那類參考物，視覺系統更容易認定現在沒有移動。在海上的時候，還會有難以預料的上下運動，讓腦中的液體刺激神經的力度加大，使得腦部更加混亂。史派克·密里甘（Spike Milligan）在關於第二次世界大戰時期的回憶錄《希特勒：我在他失敗過程中扮演的角色》（*Adolf Hitler: My Part in His Downfall*）中寫道，他乘船到非洲去時，整隊士兵中只有他沒有受到暈船之苦。有人為他避免暈船的妙方，他只回答：「坐在樹下。」雖然缺乏研究支持，但是我很相信這種方式也能避免暈機。

還吃得下布丁嗎？

（複雜的腦部把飲食搞得更複雜混亂）

食物是身體運作所需的燃料。你的身體需要能量的時候，就得吃東西。不需要的時候就不吃，情況應該就和你想的一樣簡單，但事實上並非如此：人類聰明又巨大的腦部能夠思考飲食，並且引起種種狀況和精神問題。

腦部對於飲食和食慾的控制程度之高，可能讓大部分的人驚訝*。你可能認為飲食和食慾全部都由腸胃控制，最多肝臟和脂肪也摻一腳，因為後者是處理和儲存消化後食物的器官與場所。但事實上，上述種種部位的確有影響，但是並不如你所想的，位於主導地位。

拿胃部來說好了，絕大多數的人吃飽的時候說會「胃裝滿了」，胃部是消化食物過程中第一個主要的儲存食物空間。吃下食物後胃部擴大，胃部的神經發出訊息給腦部，抑制食慾而不再進食。這個過程聽起來完全合理。那些減重混合飲料就是利用這個機制，讓你喝飲料而不是飽食一餐[5]。那類飲料中有紮實的食材，能夠馬上填飽胃部，讓胃部擴張並且送出「吃飽了」的訊號到腦部，而事實上你並沒有吃下許多高熱量的餐點。

但是呢，這種方式只是暫時治標而不治本。許多人說喝下減重飲料後不到二十分鐘，又覺得餓了，主要的原因出自於胃部擴張訊號，在控制飲食和食慾的影響力其實很小。對於腦部所掌控的複雜系統中，有如長梯子中最下面的那根踏板。那張梯子不但蜿蜒綿長，甚至其中還有迴圈。[6]

不只有胃部神經會影響食物，多種激素也會產生影響。瘦身素（leptin）是由脂肪細胞產生的激素，能夠抑制食慾。飢餓素（ghrelin）由胃部分泌，能夠促進食慾。如果你累積的脂肪多，產生的抑制食慾激素就多。如果你的胃注意到很久都沒有食物進來了，就會分泌刺激食慾的激素。就是如此單純，對吧。才不是。人們可能會因為食物取得的狀況而讓這些激素的濃度增加，但是腦部很快會習慣這些變化，如果激素的濃度持續維持高檔，腦部會加以忽略。腦部的一個厲害之處在於能夠忽略任何容易預期的現象，不論這個現象有多麼重要（因此士兵在前線依然能夠睡得著）。

你曾留意過「甜點有另外一個胃來裝」這句話嗎？你可能已經吃下了上好的牛排，或是多到足以讓小船下沉的乳酪義大利麵，但是依然能夠吃得下甜膩的布朗尼蛋糕或是三球冰淇淋聖代？為什麼會這樣？是怎麼辦到的？如果你的胃已經滿了，怎麼可能還能再裝得下其他東西？主要是因為這是由你的腦部來下決定，並且認為「還吃得下」。腦部認為點心中的糖分美味可口，是自己想要的，因此壓過了胃部所發出「已經吃不下」的訊息。這

＊這種影響並不是單方向的。腦部的確會影響我們的飲食內容，我們吃的食物本身也會影響腦部的運作方式[4]。有證據指出，人類發現了烹調方式，一下子從食物中取得了更多營養成分。可能是早期的人類設陷阱絆倒了長毛象，肉塊偶然掉落到部落共用的營火中。食慾堅強的原始人找了根樹枝把肉挑出來，卻發現這個肉更容易入口也更美味。把食物煮熟，代表食物更容易咀嚼與消化。經過烹煮之後，綿長緊實的分子斷裂或是變形，讓牙齒、胃部和腸道更容易取得食物中的營養成分，可能促進腦部快速增大。腦部是需要大量身體資源的器官，烹煮食物能夠讓我們滿足腦部的需求。增強腦部發育代表了更聰明、發明出更好的狩獵方式、農耕技術等。食物讓腦部變得更大，更大的腦讓我們生產更多食物，名符其實的正回饋。

時的狀況和動暈症時不同，新皮質否決了爬行動物腦的意見。

為什麼會有這種情況發生的原因，尚且不明，可能是因為人類需要複雜的飲食才能夠維持最佳狀態，不能只依靠自身基本的代謝系統、只吃眼前的食物，腦部需要介入，並且盡量把飲食狀況調整到比較好。如果腦部只干涉這些那就還好，但並非如此，因此結果也就不太好。

在飲食這方面，學習連結（learned association）的影響力非比尋常。你可能會非常喜歡某一類食物，拿蛋糕為例好了。你可能多年吃蛋糕都沒有問題，然後有天吃蛋糕卻讓身體不舒服。可能是因為蛋糕上的奶油酸腐了讓你生病，也有可能是因為其中某個材料造成過敏（這個就很惱人了），也有可能是你吃了蛋糕之後接著有其他因素讓身體不舒服。而從那個時候開始，你的腦部就建立起關聯，抗拒蛋糕了。如果你再看到蛋糕，可能會引發嘔吐反應。厭惡感覺的連結特別強大，是演化來讓我們不要吃有毒或是造成疾病的東西，相當難以破除。不論之後吃了多少次蛋糕，身體都沒有出現問題，腦部依然會抗拒。這種狀況你幾乎無能為力。

這種連結並不限於造成疾病這樣極端的狀況，所有和飲食相關的決定，腦部都參與其中。你可能聽過「對食物的第一印象是用看的」這種說法吧。腦中大部分（高達百分之六十五）和視覺有關，超過了和味覺有關的部分。[7]對於人類的腦部而言，當事物中本質與功能之間的關聯差異很大時，判斷時顯然是以視覺資訊為主。相較之下，味覺就相當弱勢了，這點在第五章還會提到。如果矇住眼睛、塞住鼻子，一般人往往會把馬鈴薯誤認為蘋果。[8]顯然眼睛得到的資訊要強過來自舌頭的資訊，食物呈現的模樣會強烈影響我們對食物的感覺，這就是高檔餐廳在擺盤上用上全部心力的原因。

日常慣例也深深影響到飲食習慣。要了解這一點，我們可以想想「午餐時間」。什麼時候吃午餐？絕大部分的人都會在中午十二點到下午兩點之間吃。這是為什麼？如果我們是因為需要能量才進食，那麼在一個族群中，不論是建築工人、伐木工人之類的身體勞動者，到作家與程式設計師之類坐辦公桌的人，都在相同的時段吃午餐？這是很久以前大家達成的共識，就在這個時段吃午餐，鮮少有人提出質疑。一旦你融入了這個模式中，腦部很快就會預期這個模式並且維持下去，到該吃飯的時候就會覺得餓，而不是覺得餓而知道這時應該要去吃飯了。腦部顯然認為邏輯是珍貴的資源，只有在少數場合才使用。

在飲食活動中，習慣很重要，腦部一旦開始有所預期，身體很快就會遵守。對體重過重的人說只要嚴格遵守紀律、吃少一點就好，但是說起來簡單做起來難。你會吃得過量，一開始往往是由許多原因造成的，例如為了「藉吃消愁」（comfort eating）。悲傷沮喪的時候，腦部會發出訊息給身體，表示感覺筋疲力盡。如果你筋疲力盡，需要什麼？當然就是能量。你從哪兒得到能量？當然是食物。高熱量食物能夠啟動腦中的報償和愉悅迴路。[9]也就是因為這個道理，你幾乎沒有聽過「消愁沙拉」之類的食物。

不過要是你的腦部和身體適應了某個份量的熱量攝取值，就很難再減少了。你應該看過短跑選手和馬拉松選手在比賽之後呼吸加速、大口吸氣，你會認為他們是酷愛氧氣的人嗎？你從來都沒有見過有人告訴他們說他們克制不了自己，只是怠惰或貪婪。類似的效果也發生在飲食上，但結果比較不利健康：身體會改變，預期要吃到更多時候，結果就是吃得停不下來。有些人到頭來所吃的食物份量超過身體所需，並且成為了習慣，一開始造成這種現象的真實原因是不可能找得出來的，有太多可能的因素了。不過呢，人類這個物種演化出的特性之一就是如果有食物到手，不論是什麼食物都會吃下去，那麼在食物供應量沒有限制的狀況下，飲食過量只是必然的結果。

如果你還要其他證明腦部控制飲食的例子，可以看看厭食症（anorexia）與暴食症（bulimia）之類的飲食失調症。腦部讓身體相信身體的外貌比食物更重要，因此不需要食物！這就像是說服你車子不需要汽油。這當然不合邏輯，也很危險，但是各種飲食失調症並不罕見，這才是令人擔心的事。移動和飲食是人類的基本需求，但是由於腦部的介入而變得複雜到不行。不過飲食是人生中一大樂事。若是把飲食只是當成如把燃煤送進火爐中，那麼人生就會無趣許多。腦部應該知道自己在幹嘛。

睡覺，偶爾做夢，或是痙攣、呼吸中止或是夢遊。

（腦部與睡眠的複雜情況）

睡眠時基本上啥事都不做，就只是躺著並且失去意識，到底能夠有多複雜？

非常複雜。人們不會去想睡眠實際的運作方式、發生的原因，以及睡眠時身體內發生的事情。這有道理啊，睡眠時因為完全「失去意識」，當然也就難以思索睡眠時發生的事情。這很可惜。科學家一直都難以詳細研究睡眠，如果更多人好好思索睡眠，我們就可能更快釐清睡眠的種種面向。

我得先說清楚：我們並不了解睡眠的目的。如果對於睡眠的定義比較鬆散，那麼便可以在幾乎所有類型的動物上觀察到睡眠現象，包括了線蟲這種構造簡單又常見的寄生蟲。[10] 水母與海綿之類的動物沒有睡眠的跡象，但是這些動物也沒有腦，因此你不能盼望牠們能展現許多功能。但是睡眠或至少是規律的出現不活動時段，在許多不同的動物中都會出現。

水生哺乳動物演化出只有半邊腦睡覺的方式，因為完全睡著了就會停止游動往下沉。睡眠的重要性高過「不往下沉」，但是我們不知道原因。

有許多解釋睡眠的理論，例如治療理論。睡眠受到剝奪的大鼠，受傷時復原的速度比較慢，壽命通常也比不上睡眠充足的大鼠。[11]另一個理論是說，睡眠可以讓神經元之間訊號連結的強度減弱，讓弱的連結比較容易移除掉。[12]還有一個理論是說，睡眠有助於減少負面情緒。[13]

而一個奇特的理論則指出，睡眠是演化出來讓我們免於掠食者侵害。[14]許多掠食者在晚上活動，人類也不需要一天二十四小時維持活動才能夠過活，因此睡眠的理由是讓人類有比較長的時間不活動，這樣就不會留下能夠讓掠食者找到的活動跡象。

有人可能會嘲笑現代科學家對於睡眠一籌莫展。睡眠是為了休息，讓身體和腦部在一天的工作消耗之後有時間恢復和補充精力。而且如果做了特別讓人疲勞的事情，長時間不活動有助於讓身體系統恢復，並且修復需要重建之處。

但如果睡眠的目的只是休息，那麼不論是一整天搬磚，或是穿著睡衣坐著看動畫，睡眠的時間幾乎都相同？這兩種活動顯然所需的恢復時間並不相同。在睡眠期間，身體的代謝活動只減少百分之五到十，只是稍微「放鬆」一點而已，就像是開車的時候看到煙從引擎那裡冒出來，把時速從每小時一百公里減少到九十公里，效果其實很有限。

精疲力竭的狀況並不會影響睡眠模式，跑馬拉松的時候幾乎沒有人半途睡著。睡眠的時機和長度取決於身體的日變節律（circadian rhythm），這種節律是由身體內部特別的機制所設定的。腦中的松果腺（pineal gland）會經由製造褪黑激素（melatonin），這種激素能夠讓人放鬆想睡，進而調節睡眠模式。松果腺對於光線的強弱有反應，眼中的視網膜偵測到光線，把訊息傳遞到松果腺。松果腺收到的光線訊息越多，分泌的褪黑激素就越少（不過依然會持續少量分泌）。在白天，身體中褪黑激素的濃度持續累積，到了太陽下山後累積的速度增加，日變周期藉此和白天產生了關聯，所以人們通常在早晨醒來，晚上想睡。

時差便是由這機制所造成。前往到另一個時區，代表所處地區的日照時段和原來所處的時段完全不同，雖然當地的時間是早上十一點，但是你的腦部認為現在是下午八點。人類的睡眠循環調整得非常精確，體內的褪黑激素濃度減少完全攪亂的睡眠循環。「彌補」時差要比你想像得困難多，腦部和身體的運作都和日變節律的關係密切，在預期之外的時間中入睡並不容易（也非不可能）。在新的日夜週期中待上幾天，才能夠把日變週期重新設定好。

你可能會想：如果睡眠周期那麼容易受到的光線強度的干擾，那麼人造光線是否會影響睡眠周期。的確會，最近幾百年來，人工光源變得普遍，人類的睡眠模式也深受影響。除此之外，睡眠模式也因文化不同而有差異。[15]比較少接觸到人工光源的文化，或是日照模式不同的地區（例如高緯度地區），睡眠模式會和周遭的環境狀況配合。

人類身體核心溫度也會依據類似的節律，在攝氏三十七度到三十六度之間改變（對於哺乳動物來說這樣的改變幅度很大）。在中午的時候最高，隨著夜晚來臨而下降。在最高溫和最低溫之間的中間點通常是要去睡覺的時間，所以在睡眠時體溫最低。這也可以解釋為何睡覺時要蓋被子保溫，因為這個時間體溫要比清醒的時候低。

在冬眠中的動物也有睡眠現象，這個觀察結果挑戰了睡眠是為了休息和保留能量的說法。[16]在冬眠中的動物已經不具意識，但是冬眠和睡眠並不相同，代謝活動和身體溫度會降得更低，而且持續的時間會更久，其實有點類似昏迷。不過冬眠中的動物經常進入睡眠狀態，相較之下在這個睡眠中使用的能量卻還更多！因此睡眠就是為了休息這個想法，並非睡眠活動的全貌。

對於腦部來說就真的是這樣。在睡眠時期，腦部展現出複雜的行為。簡單的來說，睡眠分為四個階段：快速動眼期睡眠（REM），以及三個非快速動眼期睡眠（NREM），後者分為三個階段，就只叫做第一階段、第二階段和第三階段，這是神經科學家在命名時讓外行人也一目瞭然的罕見例子。三個非快速動眼睡眠期中，腦部的活動各有不同。

腦中不同部位通常活動的模式會同步化，產生所謂的「腦波」。如果其他人的腦波也同步化了，就稱為「墨西哥腦波」*（Mexican brainwave）。腦波類型有數種，在不同的非快速動眼睡眠期中各有特定的腦波出現。

非快速動眼睡眠期一中，腦部出現的主要是α波（alpha wave），第二期中是奇怪的腦波「紡錘波」（spindle），第三期中主要的是δ波（delta wave）。隨著睡眠階段的進行，腦部活動會逐漸減弱，進行到越後面就越不容易醒過來。在非快速動眼睡眠期三中（深度睡眠），便不容易對於外部的刺激（例如「快起來，家裡失火了」的喊叫聲）起反應，在第一階段就比較容易。但睡眠時腦部並不會完全關機，原因之一是腦部在維持睡眠中要發揮一些功用，更重要的是因為如果腦部完全關機，人就死了。

接下來會有快速動眼期睡眠，這個時候腦部是活躍的，而且活躍的程度幾乎和清醒的時候相同。關於快速動眼期睡眠的特徵之一是快速動眼期睡眠肌肉麻痺（REM atonia），這種狀況很有趣，但有時候也滿嚇人的：腦部經由運動神經元控制身體活動的能力關閉了，

＊這當然是在開玩笑。

讓人不能動。真正的原因還不清楚，可能是特殊神經元抑制了運動皮質的活動，或是控制活動的腦區敏感的程度下降，變得難以運動。不論詳細過程是怎樣，但就是會發生。

不過這個機制也是有好處的。夢會在快速動眼期中發生，如果運動系統的功能完全正常運作，那麼身體可能會出現夢中所進行的行為。如果你還記得在夢中做了什麼，或許就能了解為什麼最好在現實中不要做出來。在睡眠中無意識的狀態下往四周圍拳打腳踢，對自己和旁邊的人都可能會造成危險。當然，腦部並非百分百可靠，有些人罹患快速動眼睡眠行為失調（REM behavioural disorder）：抑制運動的效果沒有發揮出來，讓人實際上做出夢中的舉動。就像之前說的，這種疾病會造成危害，產生諸如夢遊之類的狀況，這點後面會討論。

其他和睡眠有關的小毛病，可能就有更多人熟悉了。舉例來說，睡著時身體會突然出現抽動，這是入睡抽動（hypnic jerk），感覺像是突然掉落，人在床上抖動一下。兒童比較常出現這個狀況，隨著年齡增長而逐漸減少。入睡抽動的出現和焦慮、壓力、睡眠失調等情況有關，不過主要還是隨機發生的。有些理論指出入睡抽動肇因於腦部把入睡誤認為「死亡」，因此想要讓身體醒過來。但是這很沒道理，因為腦部必須和我們同聲一氣才能夠入睡。另一個理論則認為，這是殘留的演化特性，人類的祖先當年在樹上睡覺，身體突然歪一邊或是傾斜，代表可能會掉下樹，因此腦部緊張了而醒過來。也有可能是其他截然不同的原因。入睡抽動在兒童時期比較頻繁，可能是因為腦部還處於發育階段，神經連結正在形成與加工，一些功能還在打磨改善中。人類腦中運作的系統太複雜了，很多時候我們無法完全抹除那些奇怪的小毛病，因此成年時爾偶還是會出現入睡抽動。基本上這就是完全無害的小問題。[17]

睡眠麻痺（sleep paralysis）另一個幾乎也是無害的問題，但感覺就很差了。基於某些原因，腦部在意識恢復的時候忘了也要啟動運動系統，實際的原因和過程並不清楚。主流理論指出睡眠麻痺和睡眠狀態中的精密狀態有關，睡眠中每個階段都由不同類型的神經活動所調節，也由不同群的神經元所調節。這些活動之間的轉移有可能並不順暢，使得重新啟動運動系統的神經訊息太微弱，或是關閉系統太強大或持續過久，這時我們在重新恢復意識時，無法重新掌控活動。原因不論是什麼，在人完全清醒的時候，快速動眼睡眠期中停止身體運動的狀況依然持續，所以我們覺得動不了。[18]通常這種狀況不會持續很久，一旦醒來，腦部其他活動也會恢復到正常清醒時的狀態，壓過睡眠訊號，只不過那個感覺會很恐怖就是了。

這種恐怖感並非無關緊要。睡眠麻痺所引發的無助感和脆弱感會引發強烈的恐懼反應，下一章會討論其中相關的機制，但是反應強烈到能引發出危險的幻覺，讓人感覺房間裡出現了其他「東西」，據信這種現象就是受到外星人劫持故事以及魅魔傳說的來由。絕大多數的人所經歷過的睡眠麻痺為時短暫而且鮮少發生，但是有些人維持的時間久而且又常發生，那就需要多加注意了，可能和憂鬱症與類似的疾病有關，代表了腦中的程序出了問題。

另一種比較複雜但是和睡眠麻痺有關的現象是夢遊。睡眠麻痺與睡眠時關閉運動控制的系統有關，夢遊和睡眠麻痺的狀況恰恰相反：運動抑制系統不夠強或是沒有協調好。兒童比較容易夢遊，因此科學家認為夢遊肇因於運動抑制系統還沒有發育完全。有些研究指出，中樞神經系統發育未完全是可能的原因（或至少是成因之一）。[19]科學家觀察到，夢遊是遺傳性的，在某些家族中更為普遍，所以中樞神經系統發育不完全的狀況可能是遺傳造成的。不過成年人受到壓力、酒精和藥物等的影響，也會夢遊，那些成因可能也影響到了運動抑制系統。有些科學家認為，夢遊是癲癇的一種類型或是表現方式。由於癲癇是腦部活動失控或是陷入混亂所造成的，這種說法也言之成理。不論表現出來的是什麼情況，腦部睡眠和運動神控制功能混淆所造成的情況總是令人擔憂。

那麼，睡眠時期腦部如果沒有那麼活躍，會造成問題嗎？如果會，那為何要如此活躍？快速動眼期睡眠中腦部的活躍，可能有幾個功能。其中一個主要的功能和記憶有關。

有個由來已久的理論指出，快速動眼睡眠期間中，腦部會整理記憶並且加以強化，同時也維護舊的記憶。舊的記憶會和新的記憶產生連結，新的記憶會活化好變得更牢靠而且容易回想起來，舊的記憶受到刺激而和新的記憶連接起來，才不會永久流失。這個過程在睡眠中進行，可能是因為這段期間不會有外來資訊進入腦部，造成混淆或是讓過程變得更複雜。你從沒見過正在重新鋪柏油的馬路上有車子在開，睡眠中記憶強化的道理也是如此。

不過，在活化與維修記憶的同時，也會讓人「再次體驗」到記憶的內容。非常久遠的體驗和比較近晚的印象會混合在一起，這種混合而成的體驗在排列上並沒有特定順序或合乎邏輯的結構，因此夢的內容總是光怪陸離。有個理論是說，腦部負責注意力和邏輯思考的前額部位，會嘗試賦予那些胡亂拼湊的事件一些邏輯，所以在做夢時我們覺得像是真的，那些不可能發生的事情並不會覺得非常突兀。

雖然夢境狂野而且無法預期，但是有些夢會重複，那些夢通常和某些狀況和問題有關。事實上，如果生活中有某件事情持續造成壓力（例如寫書的截稿期限），就會讓人常想起那件事，結果便有許多和那件事相關的記憶需要組織起來，也就常會出現在夢中，由於在夢中出現的次數太多了，最後你會經常夢到放火把出版社燒了。

另一個關於快速動眼期睡眠的理論是，這種睡眠不只幫助記憶，還能增進神經發育，讓腦中所有的神經連結成形並且變得更牢固。這個理論能夠解釋為何嬰兒和幼兒的睡眠時間要遠超過成年人（前者每天有一半的時間在睡覺），嬰兒睡眠中快速動眼睡眠的時間也比較長（嬰兒和幼兒快速動眼睡眠的時間佔了總睡眠時數的八成，成年人只有兩成。）成年人依然有快速動眼睡眠，但是時間短就足以維持腦部運作效能。

另一個關於睡眠重要性的理論是說，睡眠時能夠讓腦部清除廢物。腦中細胞中的各種複雜程序，會製造各式各樣的副產物，得清除掉。研究指出，在睡眠時這種清除程序的速度特別快，腦部在睡眠時就像是餐廳在午餐與晚餐之間的時段會打烊，好有時間清理。這個時候餐廳依然忙碌，只是在忙其他事情。

不論睡眠的真正理由是什麼，對於維持腦部正常功能而言都是必須的。睡眠受到剝奪時（特別是快速動眼睡眠受到剝奪），認知注意力、專注力和解決問題技巧都會大幅衰退，同時壓力增加、情緒低落、暴躁易怒，各方面的表現都會減弱。車諾比爾核能電廠與三哩島核能電廠的事故都涉及到工作超量又疲憊的工程師，挑戰者號太空梭事故也是。更別說在兩天中連續都排十二小時班的醫生，在第三天又排班，睡眠受到剝奪時所做的決定會有哪些深遠的影響。[20]如果你太久沒有睡覺，腦部會開始「微睡」（micro sleep）會抓時機一次睡個幾分鐘或甚至幾秒鐘。但是人類演化出來就是要能夠並且利用長時間失去意識的狀態，把這些微睡時間拼湊起來是不夠的。就算能夠在缺乏睡眠的狀況下依然維持所有的認知技能，缺乏睡眠依然和免疫系統不全、肥胖、壓力和心臟疾病有關。

所以如果你在看這本書時頻頻打瞌睡，並不是這本書無聊，而是有醫學原因的。

不是舊長袍，就是拿斧頭的嗜血殺手

（腦與「戰或逃」反應）

身為活生生、能呼吸的人類，我們需要滿足自己的生物需求才能夠生存下去，這些需求包括了睡眠、飲食和移動等。但是生存所需的不只那些，在廣闊的世界中，到處都潛伏著危險，伺機把我們吞噬。幸好在數百萬年的演化過程中，人類具備了精細又可靠的防禦系統，以便對抗任何可能的威脅。人類傑出的腦部能快速又有效的協調這個系統中的各項措施。人類甚至有一種情緒專門用來辨認威脅並且讓注意力集中，這種情緒是「恐懼」。但缺點之一在於腦部天生就認為「防範未然總比留下遺憾好」，因此人類經常在不需要害怕的狀況中感到恐懼。

絕大多數的人都有這樣的經驗。可能是在黑暗的房間中醒來，看到牆上的影子宛如張牙舞爪的可怕怪物，而不像是窗外的枯樹。接下來，你看到門邊有帶著兜帽的人。

那可能是你朋友曾提到過的嗜血斧頭殺手。啊，顯然就是，你陷入了極度恐慌中。不過斧頭殺手並沒有動。他動不了，因為他根本就不是斧頭殺手，只是之前你掛在臥室門上的長袍。

這完全沒有道理，我們到底是為什麼要對顯然完全無害的東西產生如此強烈的恐懼反應？這是由於腦部無法確信那是無害的。我們或許能夠生活在所有尖銳邊緣都磨得平滑的安全環境中，但是腦部依然擔心附近會突然出現死亡的威脅。對於腦部來說，日常生活就像是走在淩空的鋼索上，下面的地上有一個大坑，坑裡面全是憤怒的蜜獾和破碎的玻璃。只要走錯一步，等著你的就是恐怖的遭遇和短暫卻劇烈的疼痛。

這種傾向是可以理解的。人類在嚴苛的野外環境中演化，處處都有危險。當時能夠具備適當妄想與大驚小怪的人類，容易活得夠久而把基因傳遞下去，因為那些陰暗的地方可能真的藏著長有利牙的猛獸。現代人類在面對可想見的威脅或是危險時，會幾乎無意識的經由那些機制，產生出反射動作，以便在面對威脅時能夠處理得更好。這種反射機制現在依然生龍活虎（因為有這個機制，人類現在也生龍活虎）。這種反射機制是「戰或逃」反應，名稱簡潔精確地說明了該反應的功能。在面對威脅時，人類可以對抗或是逃走。

就如同你所想的，「戰或逃」反應開始於腦部。來自於感覺器官的資訊傳遞到腦部，抵達視丘（thalamus），那兒是腦部的中心，如果腦部是個城市，視丘就是中央車站，人員貨物會先抵達中央車站再轉運到目的地。[21]視丘連接了腦部皮質中負責意識的先進部位，以及中腦和腦幹中比較原始的「爬行動物」部位，是重要的腦區。

有的時候抵達腦部的感覺資訊讓人擔憂，可能是不熟悉的內容，或是熟悉但是在當下令人擔憂。如果你在森林中迷路又聽到猛獸的咆嘯聲，這是不熟悉的狀況。如果你一個人在家聽到樓梯有腳步聲，這是熟悉但是令人擔憂的狀況。不論是哪種狀況，報告這種狀況的感覺訊息都會被貼上「狀況不妙」的標籤，受到進一步處理。腦部負責分析的部位會研究這些資訊，好了解「這種狀況真的值得擔憂嗎」，並且搜索記憶，看之前是否有類似的狀況。如果資訊不足以斷定目前所面臨的狀況是安全的，那麼便會起動「戰或逃」反應。

感覺資訊除了傳遞到皮質，也會傳到杏仁核（amygdala），這個部位負責強烈的情緒過程，特別是恐懼這種情緒。杏仁核的運作並不精細敏銳，有的時候感覺出了差錯，就馬上發出紅色警報，這種反應的速度快過皮質進行複雜分析的速度。如果氣球突然爆了，會馬上引起恐懼反應，讓人怕怕的，這時你的分析處理程序還來不及了解到氣球爆了不會造成傷害。[22]

訊息接下來傳到下視丘（hypothalamus），這個部位就位於視丘下方，名字由此而來，主要的工作是讓身體執行動作。再次用之前的比喻，如果視丘是車站，下視丘便是車站外的計程車招呼站，重要的貨物從那兒分運到城市中各個目的地。下視丘的功能之一是引發「戰或逃」反應，採用的方式是經由交感神經系統（sympathetic nervous system）讓身體快速進入「戰鬥位置」。

到這裡你可能會問：「交感神經系統是啥？」好問題。

神經系統是由神經和神經元構成的網絡，遍佈全身，好讓腦部控制身體，身體也能夠藉此傳遞訊息給腦，並且影響腦部。中樞神經系統（central nervous system）由腦和脊髓構成，負責決定大事，這些部位由堅固的骨骼（顱骨和脊椎骨）保護。許多主要神經從中樞神經延伸出來，進一步分叉延伸分布到身體其他部位，專有名詞「神經分布」（innervate）就是在說明神經分布到器官和組織中。這些在腦和脊髓之外的神經與分支，稱為周邊神經系統（peripheral nervous system）。

周邊神經系統分成兩個部分。一個部分是體幹神經系統（somatic nervous system），也稱為自主神經系統（voluntary nervous system），連接了腦部和肌肉骨骼系統，能產生有意識的動作。另一個是自主神經系統（autonomic nervous system），負責處理維持身體運作的所有非意識過程，這個系統主要連接到內臟。

不過呢，情況還要更複雜。自主神經系統也分為兩個部分：交感神經系統（sympathetic nervous system）與副交感神經系統（sympathetic nervous system）。副交感神經系統負責身體中維持平靜的程序，例如慢慢消化飯後食物，或是調節廢棄物的排出。如果有人要把身體各部位擬人化來演出情境喜劇，副交感神經系統就是那個懶散放鬆的角色，幾乎總是坐在沙發上，告訴其他人「冷靜下來」。

相反的，交感神經系統就是個容易激動緊張的傢伙，總是焦躁不安、疑神疑鬼，用鋁箔把自己包著，逢人就嚷嚷說美國中央情報局在竊聽自己的一舉一動。交感神經系統通常也說成是「戰或逃」系統，因為這個系統能啟動身體處理威脅時所需的多種反應。交感神經系統能夠讓心跳加快，使得身體周邊部位和非必要的器官和系統中血液減少（包括了消化器官和唾腺，因此在恐懼時會口乾），以便血液能集中到肌肉，確保身體的能量盡可能用於逃跑或是戰鬥（這也會讓人處於緊繃狀態）。

交感神經系統和副交感神經系統都持續活躍，通常彼此維持平衡，確保身體各個系統的正常運作。但是在緊急狀況下，交感神經系統會掌權，讓身體的狀況調整為準備戰鬥或是飛奔逃跑。「戰或逃」反應會刺激腎上腺髓質（adrenal medulla）作用，因此身體中會充滿腎上腺素，使得身體出現許多你在受到威脅時熟悉的反應：緊張、胃部不適、呼吸加速以補充氧氣，甚至想上廁所（逃命的時候當然不想帶著非必要的「體重」）。

在此同時，警覺心也會提高，對於潛在的危險特別敏感，注意力不會放在威脅出現之前所留意的小事情上。這是由腦部警覺危險狀況，加上腎上腺素突然增加的結果，使得某些活動增強，另一些活動減弱。[23]

腦部的情緒處理過程也會推波助瀾[24]，主要參與的部位是杏仁核。在面對威脅時，我們需要奮起去面對，或是盡快逃離，因此會很快就變得極為恐懼或是憤怒，讓注意力更集中，確保自己不會把時間浪費在冗長的「推理過程」上。

在面對可能的威脅時，腦部和身體的狀態會快速轉變，讓警覺心提高，身體也準備好處理威脅的狀況。但是問題在於那個只是「可能的」，「戰或逃」反應在真正得戰鬥或是逃跑之前，就會出現。

這依然是有道理的：看到有類似老虎出沒時拔腿就跑的原始人類，存活並且留下後代的機會，要高於說「我們先看看好確定一下」的人。最先逃回部落的人會全身而退，而晚的人就會成為老虎的早餐。

在野外，這的確是有用的生存策略，但是對於生活於現代社會中的人類卻會造成相當大的干擾。「戰或逃」反應中涉及到許多實際又費力的生理程序，這些程序造成的效應需要過一陣子才能夠消散。光是血液中大量的腎上腺素就需要一會兒才能夠消失，因此只要突然聽到氣球爆炸聲，全身就會進入戰鬥狀況，其實很不方便。[25]這時會感覺到所有由「戰或逃」反應所需的緊張感，以及所需的效應，但是馬上就會確認這些都是沒必要的，不過即便如此，肌肉依然緊張，心跳還是加速。如果沒有奮力逃跑或是和入侵者搏鬥，那麼緊張的狀態會變得更嚴重，讓肌肉糾結緊繃、身體顫抖，並帶來其他許多不愉快的感覺。

除此之外，情緒感覺也會增強。有些容易感到害怕或是生氣的人，沒有辦法馬上就讓情緒恢復平靜，往往會把情緒發洩到其他不適合的目標上。你可以試試看對一個特別會緊張的人說「放輕鬆」，就知道後果。

在「戰或逃」反應中不只有身體費力，腦部也會變得留心並且注意各種危險和威脅，這也很麻煩。首先，腦部會評估當下的狀況，對於危險的警覺心提高。如果身在黑暗的房間中，腦部明白無法看得清楚，會對於任何可疑的聲音更敏感。我們都知道夜晚應該要安靜，因此這時任何聲音出現都會引起更多注意，也更有可能讓我們的警覺系統啟動。同時，腦部如此複雜，讓人類有能力去預期、推理和想像，意味著我們會對於沒有發生的事情或是不需要恐懼的事情感到害怕，例如把睡袍誤認為拿著斧頭的殺手。

第三章會專門討論腦部處理日常可怕狀況時所使用的程序。人類負責意識的腦部在沒有管控（通常會造成干擾）生存所必須的基本程序時，是非常善於先設想好有什麼會讓自己受傷，不盡然是會讓身體受傷的，也可能是無形的傷害，例如尷尬或是悲傷，這些對身體不會造成傷害，但是我們依然希望能夠避免。因此光是有「可能性」，便足以引發「戰或逃」反應了。

第二章

記憶天賦

人類的記憶系統及其怪異的特性

最近我們經常能聽到「記憶」這個詞，不過都往往都是在科技領域上。電腦「記憶」是我們在平時都能了解的概念：儲存資料的空間。行動電話有記憶、平板電腦有記憶、隨接隨用的隨身碟也有記憶，非常簡單明瞭。因此對於記憶，人們往往認為人類記憶和電腦記憶運作的方式大體上相同，也就情有可原了。資訊輸入之後，腦部就紀錄起來，然後在需要的時候提取記憶，對吧？

錯了。輸入電腦記憶的資料和資訊，除非出現技術錯誤，在需要提取出來的時候，會如同輸入時的內容，紀錄得好好的。到這都合乎邏輯吧。

但是想像一下，如果出自於尚未明白的原因，有台電腦能夠決定記憶中的有些資訊要更為重要。或是有台電腦在歸檔資料的時候並不合乎邏輯，你得搜遍檔案夾和各個分割硬碟才能夠找到最基本的資料。或是有台電腦在沒有要求的情況下，一直隨機把含有比較個人與尷尬內容（例如全都是動畫的十八禁同人誌）的資料夾打開。或是有台電腦認為自己並不喜歡你存進去的資料，而改動資料以配合自己的偏好。

想像有台電腦具備上述的種種特性，而且一直都是如此，那麼在開機半個小時之後這台電腦就會從你三樓高的辦公室窗戶飛出去，好急著趕上和停車場的水泥地面的致命約會。

但是你的腦部一直都是這樣處理記憶的。電腦你可以買一個新的，或是把故障的退回店中並且對著推薦這台電腦的店員破口大罵，但是腦部基本上是無法更換的。你甚至無法關機重開讓系統重新運作（之前提過睡眠的功用，那不算）。

如果你喜歡看人因為壓抑挫折而面部扭曲的樣子，只要對現代神經科學家說「腦部像是電腦」就足夠了，上面的敘述內容就是許多原因之一。因為說「腦部像是電腦」是錯誤的，而且會造成誤導，腦部的記憶系統就是絕佳的例子。這一章會說明腦部記憶系統中一些難解和有趣的特性。我會說這些特性「令人印象深刻」，但是有鑑於記憶系統的錯綜複雜，我並無法保證你確實能夠記得。

我來這裡幹嘛？

（長期記憶與短期記憶的區別）

我們有這種經驗，時不時會發生。你在一個房間裡面做事，突然想到要到另一個房間做別的事或是拿個東西，在路上有些事情讓你分心了，可能是收音機的聲音，聽到有人說了有趣的事情，或是突然想通了困擾自己幾個月的電視影集劇情大轉折。不論是啥，在你到了那個房間之後，突然不知道自己為何要來。這讓人氣餒、不悅，而且又浪費時間。這只是腦部超複雜的記憶處理程序所造成的許多小毛病之一。

對於絕大多數的人來說，人類記憶區分方式中熟悉的是短期記憶（short-term memory）和長期記憶（long-term memory）。這兩者之間的差異很大，但彼此依然有密切的關聯，而且名稱也都符合實際狀況：短期記憶最常持續一分鐘，而長期記憶甚至能夠持續終身。有些人認為記得某天或是數小時前的事情，來自於「短期記憶」，這是不正確的，應該是長期記憶。

短期記憶不會持久，但是有助於意識運用資訊的實際過程，本質記憶的內容也就是你現在正在想的事情。能夠想那些事情，是因為那些事情處在短期記憶中，短期記憶就是為了這個目的而存在的。長期記憶能夠提供幫助思考的大量記憶，但是實際思考時用的是短期記憶。因此有些神經科學家偏好用「工作記憶」（working memory）這個詞，實際上就是指短期記憶再加上幾個其他程序，後面會再提到。

短期記憶的儲藏量之小，可能會讓許多人驚訝。最近的研究指出，平均來說，短期記憶一次最多只能儲存四個「項目」。[1]如果面對需要記得的一串詞彙，人往往只能記得四個。這個結論是由許多實驗總結出來的，在那些實驗中，受試者得回想起之前看過清單上的詞彙或是品項，通常只能明確回憶起四個。多年來，許多人相信短期記憶的空間平均是七個數字，因個人變化範圍是五到九個數字，通常會把七說成是「神奇數字」（magic number），或是把整個內容描述成「米勒定律」，因為這項結果出自於一九五〇年代喬治·米勒（George Miller）所進行的實驗。[2]不過最近重新進行更精良的實驗，並且再次評估實際確實能夠記得的數量，發現實際的記憶能力是四個品項。

使用「品項」這個意義模糊的字眼，並不是因為我沒有好好研究那些論文（當然不是這樣），而是在短期記憶中，那個「品項」可以代表很多不同種類的內容。人類發展出一些策略去克服短期記憶儲存量有限的問題，讓記憶空間發揮出最大的效益。其中之一的方法是「串節」（chunking），把一群內容組合成一個品項，也就是組成「一串」，以改善對於短期記憶的利用方式。[3]如果你要記得「聞起來」、「媽」、「乳酪」、「像」、「你」，那是五個品項。可是如果你記得的是一個句子「你媽聞起來像乳酪」，那麼就是一個品項，並且有可能和實驗人員打上一架。

相較之下，我們不知道長期記憶的儲存量有多少，因為沒有人活得久到能把長期記憶裝滿。那麼短期記憶為何限制重重？可能的原因之一是因為我們持續使用短期記憶，只要在清醒的時候，人類總是在體驗各種事物並進行思索（睡眠中有時也會），也就是說，資訊來來去去的速度很快，那兒不是該讓記憶長期儲存的場所，因為把記憶長期儲存起來時，需要穩定進行並且加以分門別類，就像是你不應該把所有的箱子和檔案夾留在人來人往的機場門口。

另一個原因出自於短期記憶並沒有實際的「物理性」基礎，儲存的方式是神經元的特定活動模式。說明一下，「神經元」是腦細胞或是神經細胞的正式名稱，是整個神經系統的基礎。每個神經元基本上像是非常小的生物微處理器，具有特別的結構，彼此之間能夠產生複雜的連結方式，接收並且產生資訊，這些資訊的形式以細胞膜內外的電活動呈現。建立在神經元活動的短期記憶，位於特別的區域，例如額葉中的背側前額葉皮質（dorsolateral prefrontal cortex）。[4]從腦部掃描的結果得知，有許多更精細的「思考」過程在額葉中進行。

要把資訊以神經元活動的方式儲存，有點麻煩，有點像是在卡布奇諾上面的奶泡上寫購物清單，技術上有可能做到，字的形狀可以在奶泡上維持一陣子，但是不會持續多久，所以實際上不能儲存紀錄什麼內容。短期記憶的內容，處理和運用得很快。持續流入的資訊中，不重要的會受到忽視，很快會被覆蓋或是消失。

短期記憶也不是安全牢固的系統，重要的資訊經常在能夠恰當處理之前就排出去了，造成了「我來這個房間幹嘛」的狀況。同時，短期記憶也會出現負荷過重的情況，在新的資訊和要求大批轟炸之下，無法專注在特定的事務上。見過人在吵雜的環境中（例如兒童宴會或是激烈的工作會議），每個人都在大聲嚷嚷要別人聽見自己的聲音，突然有人說：「我什麼都沒有辦法想了啦！」實際上就如同字面的意思，那人的短期記憶在這樣重的負荷下無法運作。

這時顯然就有個問題：如果思考時能夠運用的短期記憶儲存量如此的少，那麼到底是依靠思考完成許多事情呢？為何人類沒有圍坐在一起費盡心力但是連一隻手上有幾個手指都數不出來？幸好短期記憶連接到了長期記憶，後者分擔了許多工作。

拿專業口譯者當例子來說明好了，他們能夠聽用某種語言所說出來一段很長的話，即時翻譯成另一種語言。這項工作真的是短期記憶能夠負擔得了的嗎？事實上並不能。如果你要求正在學某一種語言的人用那一種語言翻譯，的確非常困難。但是對於口譯者來說，兩種語言的詞彙與文法結構都已經儲存在長期記憶中了，腦中甚至有專門負責語言的區域，例如布羅卡區（Broca's area）和維尼克區（Wernicke's area），後面會再提到。短期記憶可以負責詞彙順序和句子的意義，這是能夠辦得到的，特別是經過練習之後。短期記憶與長期記憶之間的轉換是每個人都辦得到的，你每次吃三明治之前，不需要先知道三明治到底是什麼，但是你可能到了廚房之後忘記自己是為了要吃三明治才進廚房的。

有幾種方式能夠讓資訊進入長期記憶。在有意識進行的方式中，複誦短期記憶中的資訊，讓資訊進入長期記憶，例如重要人物的電話號碼就可以這樣記下來。我們會複誦號碼好讓自己能夠記得。這個方式有其必要，因為短期記憶的基礎是神經元活動的模式，而長期記憶的基礎是神經元之間新的連結（也就是突觸），反覆背誦想要記得的內容，能夠刺激新連結形成。

神經元傳遞的訊號稱為「動作電位」（action potential），可以沿著神經元伸長的部位，把資訊從腦部傳遞到身體，來自身體的訊息也能夠傳回到腦部，就像是經由濕軟電線傳遞的電。通常在一條傳遞鏈上的神經元會連成神經，把訊息從一點傳到另一點，讓訊息從一個神經元接力傳遞到下一個神經元。神經元之間經由突觸（synapse）連結。在突觸中，兩個神經元並沒有實際的連接再一起，之間有非常小空隙，隔開了上一個神經元和下一個神經元（許多神經元和其他許多神經元連結，使得狀況更為複雜）。當某神經元的一個動作電位傳遞到突觸，該神經元在突觸的部位會釋放出稱為神經傳遞物（neurotransmitter）的化學成分到突觸的間隙中，與下一個神經元受體發生反應，讓該神經元產生動作電位，然後前進到下一個突觸，如此接連傳遞。神經傳遞物有許多種類，之後會提到，這些神經傳遞物基本上是腦部活動的基礎，每一種神經傳遞物都有特定的角色和功能，也都有特定的受體能夠辨識不同的神經傳遞物以產生交互作用，就像是以正確的鑰匙、密碼、指紋或是視網膜掃描，才能打開特定的保險箱。

科學家認為突觸才是腦部「保存」實際資訊的位置，就像是在硬碟中一連串的0和1代表了一份特定的檔案，某個位置的一群特定的突觸，代表了一份記憶，這些突觸活動起來時，便讓人想起那份記憶。特定一群突觸便是特定一個記憶的物理形式。就像是在紙上由墨汁形成的圖樣，如果是你認識的文字就覺得有意義。同樣的，當一個特定的突觸（或一群突觸）活躍，腦部便解釋成為一個記憶。

經由突觸的形成而產生新長期記憶的過程稱為「編碼」（encoding），這樣記憶就真的儲存在腦中了。

腦中進行編碼的過程很快，但是並不是即時產生，因此短期記憶是以活動模式的形式來儲存資訊，形成更快但是無法持久，因為其中並沒有新突觸形成，只是激發了一群多工又特定的突觸。反覆背誦短期記憶中的資訊，能夠讓這份資訊持續「活躍」，好讓長期記憶有足夠的時間編碼這份資訊。

但是「持續背誦到記住」並不是人類記得事物的唯一方式，我們顯然不需要只靠這個方式才能夠記得牢，完全不需要。有很好的證據指出我們體驗過的事情，幾乎都能以某種方式儲存在長期記憶中。

從所有感官，以及情緒和認知層面所傳遞出的資訊，都會送到位於顳葉（temporal lobe）的海馬迴（hippocampus）。海馬迴是腦中非常活躍的區域，會持續把源源不絕的感覺資訊連接到「個人」的記憶上。有大量實驗證據指出，海馬迴是實際發生編碼的區域。海馬迴受損的人往往無法編碼新的記憶。持續學習並且記憶新資訊的人，海馬迴特別大（計程車司機的海馬迴比較大，好處理空間與路線等記憶，這點後面會提到），代表對於海馬迴活動的需求更高。有些實驗甚至「標定」出新形成的記憶（這種實驗的過程複雜，甚至得把和神經元形成相關的蛋白質改造成能夠偵測到的版本，注射到腦中），發現到這些記憶集中在海馬迴。[5] 其他更新的腦部掃描實驗還即時研究海馬迴的活動，全部都得到相同的結果。

新的記憶經由海馬迴建立，接著慢慢移動到皮質，當有新的記憶形成，會接在「後面」，慢慢把舊記憶往前推。這個把已編碼記憶慢慢強化並且分門別類的過程，稱為「固化」（consolidation）。所以用短期記憶重複背誦對產生長期記憶而言並非必要，但是對於妥貼地安排好已經編碼的資訊，通常是很重要的。

拿電話號碼來說吧。電話號碼只是一連串數字，這些數字本身已經編碼在長期記憶中了，那麼為什麼要再次編碼呢？反覆背誦電話號碼，會標定出這一串特別排列的數字是重要的，需要納入記憶空間，長期保留下來。在短期記憶中，這樣的反覆代表了短期記憶取了一些資訊，貼上了「緊急處理」的標籤，然後傳給歸檔小組整理。

那麼，如果長期記憶記得每件事情，為什麼我們到頭來還是忘東忘西？好問題。

一般的共識是，理論上長期記憶都一直還在腦中，除非是儲存記憶的部位受到了創傷（只不過到了這地步，不記得朋友的生日好像也無關緊要）。不過長期記憶要變得有用，得通過三個程序：首先要能形成（編碼），其次要能夠實際儲存（先存在海馬迴，之後轉存到皮質），最後要能夠提取。如果你無法提取記憶，那麼記憶就如同不存在。這就像是你找不到手套的狀況：那雙手套依然是你的，依然存在，但是你的手還是因為沒有戴手套而發冷。

有些記憶比較容易提取出來，是因為它們更為顯著（更突出、更重要、更強烈）。舉例來說，那些和強烈情緒有關的記憶，例如你婚禮的記憶、初吻的記憶，或是你從自動販賣機買一包洋芋片卻掉下兩包的記憶，都能更輕易地回想起來。你除了能夠回想起事件本身，當時的情緒、想法與感覺也同時能夠浮現。在腦中，那些情緒、想法與感覺等，能夠和這份特殊的記憶產生許多連結，代表之前提及的固化過程中，記憶的重要性增加了，相關的連結也變多，因此更容易提取出來。相反的，比較枝微末節、雞毛蒜皮的小事（例如工作上第四七三次的慣常對話內容），幾乎不會固化，因此就更難以提取出來。

腦部甚至把這個過程當成一種生存策略，只不過這會造成痛苦。經歷過創傷事件的受害者往往最後會受苦於「閃光燈記憶」（flashbulb memory）：在車禍或犯罪事件過後許久，相關的記憶依然歷歷在目的反覆浮現（請見第八章）。創傷事件帶來的感覺太過強烈，腦部和身體當時都充滿了腎上腺素，讓感官和知覺變得更加敏銳，此時產生的記憶就會非常牢固，而且歷久彌新。就像是腦部對可怕事件做出了判斷，並且認為：「發生了這種事，很恐怖，不要忘記，別讓這種事再度發生。」但糟糕的是這記憶太過鮮明，反而造成傷害。

不過沒有哪個記憶是單獨形成的，所以就算是平凡的事件，在記憶形成時的情境也能夠當成幫助提取記憶的「觸發裝器」。有些奇特的實驗證明了這一點。

舉例來說，科學家讓兩群受試者學習一些內容。其中一群在普通的房間中學習，另一群背著氧氣筒在水面下學習。[6]這兩群受試者之後分別在與學習時相同的狀況和不同的狀況下接受測試，看記得的內容有多少。結果發現，受試者在和學習狀況相同的情境下，測試成績高出許多，如果不同的話得分就低。在水面下學習內容的受試者，如果在水面下接受測試，成績要比在水面下學習但是在普通房間接受測驗的受試者來得好。

在水面下的情境和學習的內容完全無關，但是處於和學習時相同的情境之下，對於取出記憶大有幫助。學習資訊而得到的記憶中，有許多牽連到學習時的情境，如果身處於當時的情境之下，有助於「活化」部分記憶，使得更容易提取相關的整份記憶，就像是在吊死鬼拼字遊戲中先找出幾個字母，就更容易拼出正確的字了。

寫到這裡，我必須指出對於發生在自己身上的記憶，並不是唯一的記憶類型，而是屬於「事件記憶」（episodic memory），或是稱為「自傳記憶」（autobiographical memory），不用多解釋，從名稱就知道這類記憶的意思。但是我們還有另一類記憶，稱為「語意記憶」（semantic memory），基本上就是與情境背景無關的資訊：你記得光速超過因素，但是不記得是在哪一堂物理課學到這項知識。你記得法國首都是巴黎，這屬於語意記憶。你記得登上艾菲爾後覺得不舒服，屬於事件記憶。

有些長期記憶是我們在意識上所知道的，也有許多長期記憶是我們不需要知覺到，像是不需多去想就已經會的事情，例如開車或是騎自行車，稱為「程序記憶」（procedural memory）。關於這類記憶書中不會多做討論，因為你開始思考程序記憶時，反而會讓你對於程序記憶的使用更為困難。

總的來說，短期記憶產生快速、便於應用，但很快就消逝。而長期記憶能續存、經久不滅而且儲存空間大。也因此會有好玩的事情：你會永遠記得一些發生在學生時期的事情，但是當你決定要去一個房間，在半路上稍微分心一下，就忘記去那個房間的目的了。

嗨，你是……我們……是在哪個時候……哪裡見過面……

（先認出臉但是之後才記得名字的機制）

「你知道那個和你一起上學的女孩嗎？」

「哪一個啊？」

「你知道的，就是那個高個子的女孩，有著一頭深色金髮，不過我認為那是染的，這點你要保密。她之前和我們住在同一條街上，是隔壁鄰居，雙親離婚後，她和母親搬到瓊斯一家人住的同棟公寓，後來搬到了澳洲。她的姐姐是你表姊的朋友，後來懷孕了，爸爸是個住在城裡的男孩，當時算得上是件醜聞。她總是穿著一件不合身的紅色外套。你知道的吧？」

「她叫什麼名字？」

「完全不記得。」

我和母親、祖母和其他家人有過無數類似的對話，顯然他們的記憶沒有出問題，能夠想起所有細節，包括詳盡的個人資料，足以超過維基百科。但是有許多人費盡千辛萬苦，就是想不起來那些人的名字，就算是直接看著那些人也想不起。我也有過這種狀況，讓某次的婚禮變得超尷尬。

為什麼會這樣？為什麼我們能夠認出一個人的臉但是忘記名字？對於辨認出一個人來說，這兩種方法應該同樣有效吧？我們得更深入腦了解人類記憶的運作方式，才好了解這一點。

首先，臉部包含的資訊很多，有表情、眼神、口部移動，這些都是人類溝通方式的基礎。[7]面部也有許多特徵能夠用來辨認出一個人：眼睛顏色、髮色、骨骼結構、牙齒排列等。由於有那麼多特徵，人類腦部也演化出數個特性，幫助辨識臉部的速度和準確度，例如模式辨認，並且容易在隨機的圖案中辨認出臉孔，第五章中會有更多說明。

相較之下，名字能夠提供什麼資訊？可能是讓人知道他們的家庭背景或是出身文化，但是通常就只是幾個字、一連串變化無常的音節、一陣噪音，告訴你說這代表了某一張臉。那又到底是怎樣？

之前提到，意識到的一段隨意訊息，要從短期記憶轉移到長期記憶，通常需要反覆背誦。但是通常可以略過這個步驟，特別是在那個訊息具備重大意義或是帶來強烈刺激，也就能形成事件記憶。如果你見到一生中所遇見過最美麗的人，馬上墜入情網，你可能在接下來的幾個星期中，都輕輕喚著那個人的名字。

（幸好）你遇到一個普通人就不會這樣，如果你想記得這個人的名字，唯一保證有效的方法是在短期記憶還存在的時候反覆背誦這個名字。但麻煩的地方在於這種方法需要花時間和心神。就如同之前那個「我為什麼到這個房間來」的例子中見到的：你正在想的事情很容易就被接下來遇到要處理的事情蓋過或取代。當你頭一次見到某人，他們很少會只告訴你自己的名字而沒做其他事，對話幾乎無可避免，你會告訴他們自己的家鄉、做什麼維生，還有興趣等，他們則會說出逮捕你的原因。約定成俗的社會習慣迫使我們在第一次見面時，即使對對方毫無興趣，也要互相說些客套話，但是每多說一句客套話，就讓那個人的名字從短期記憶中消失的機會就增加一分，而往往還來不及編碼。

絕大多數人可以記得幾十個名字，覺得不需要每次都花心力就能夠記得新的名字。*這是因為你的記憶把你聽到的名字和你互動的人連接起來了，所以腦中把人和名字連接起來。當你和那個人的互動增加，那個人和名字的連接也隨之變多了，便不需要有意識的背誦。你和該人互動的時間增長，讓這個過程在比較下意識的層面中發生。

腦部有許多讓絕大多數短期記憶產生的策略，其中之一是如果你一次得到大量資訊，腦部的記憶系統往往會著重在你聽到的第一件事和最後一件事，分別稱為「初始效應」（primacy effect）與「新近效應」（recency effect）。[8]如果你一開始就聽到某個人的名字，通常就比較容易記得住（一般的狀況也是如此）。

還有其他的策略。短期記憶和長期記憶之間還有個之前沒有提到的差異：兩者偏好處理的資訊類型不同。短期記憶偏好處理聽覺資訊，專注在文字形式和特定的聲音。所以你會有內心獨白，會想用句子和語言思考，而不是想像如影片般的一連串畫面。某人的名字就是聽覺資訊的例子，你聽到的是文字，然後想到這些文字所代表的聲音。

相較之下，長期記憶還需要借重到視覺和語意內容（文字的意義而不是文字的聲音）。[9]因此比起隨意的聲音排列刺激（例如不熟悉的名字），豐富的視覺刺激（例如某人的臉）更容易記得久。

大體上來說，從全然客觀的角度來看，某人的臉和名字是沒有關聯的。你可能會聽人說：「你長得就像是馬丁。」＊（通常是在知道某個人叫做馬丁的時候說），但是實際上絕

＊譯註：這句可能的意思是，在西方社會，大部分人的名字就是那些，約翰、瑪莉等。

對不可能光是看到臉就能夠準確預測這個人的名字，除非名字紋在額頭上了（這震撼的視覺特徵讓人難以忘記）。

假設某人的臉和名字都成功的留在長期記憶中，很棒，幹得好，但是事情只完成了一半。現在你要能夠在需要的時候把這些資訊拿出來，但很遺憾，這往往有困難。

腦中連結的路線和接點極度複雜，就如同已知宇宙那麼大的耶誕樹中掛的裝飾燈串。長期記憶由這些路線和突觸所構成。單一個神經元和其他神經元之間可以有數萬個突觸，整個腦中有數十億神經元。這些突觸的存在，代表了在某個特定的記憶和其他主要負責功能運作的部位（進行所有推理和決策的工作），例如額葉之間有連接路線存在，才能得到記憶中的資訊。可以這樣說，思維的部位經由連結路線去「取得」記憶。

某個記憶所具備的連接越多，突觸越強（越活躍），就越容易取得，就像是你要去一個有許多道路能夠抵達、交通方便的地區，要比去荒野中某座廢棄的穀倉要容易得多。舉例來說，你和長期相處的伴侶之間有許多記憶，對方的臉和名字會出現在心頭上，因此總是可以想到。其他的人的臉和名字就不會受到這樣對待（除非你的情感關係相當的不尋常），回想起他們的名字也就更為困難。

但是如果腦部已經儲存了某些人的臉孔樣貌和名字，為何我們到頭來只能想起某些人的而記不得其他人的？這是因為人類記憶系統在提取程序運作的時候，是雙層式的，也造成了常見但是讓人不爽的感覺：認得某人，但是就是想不出那個人的名字。這是因為腦部對於熟悉（familiarity）和回憶（recall）會加以所區分。[10]在這裡說明清楚：所謂的「熟悉」（或是說「認得」），是你遇到了之前認識的人或事物，而且你知道你之前就遇過了。但是除此之外，就沒有別的資訊了。你只能說自己那個人或事物有在記憶中。而「回憶」則代表能夠想起當初認識這個人的原因和過程，但是「認得」就只是知道有那份記憶存在而已。

腦部有數種方式啟動一份記憶，不過你並不需要讓一份記憶「活躍」才能夠知道有這份記憶。你知道的，你把一份檔案存到電腦裡面的時候，有時電腦會顯示：「這份檔案已經重複儲存。」情況就是有點類似：你知道那兒有這份資訊，但是不能得到資訊的內容。

你可以看出這樣的系統有其優點：你不需要把許多珍貴的腦力去想之前是否遇到了眼前的事物。在大自然嚴苛的現實環境下，你熟悉的事物並不會害死你，因此會可以把心力集中在比較陌生的臉上。就演化的角度來看，腦部這樣運作是有道理的。由於臉部包含的資訊比名字多，因此我們更「熟悉」臉部。

但這並不代表現代人類不會因此而生氣，因為我們經常和確定認識但往往無法馬上回憶起來的人小聊。接下來的情況幾乎所有人都會遇到：突然記起眼前熟人的名字。有些科學家用「回憶門檻」（recall threshold）來描述[11]：熟悉的程度逐漸增加，增加到某個程度之後原來的記憶就啟動了。那份記憶和其他一些記憶有連結，後者受到啟動，從周圍對於需回想的那個記憶發出了微弱的刺激，像是隔壁的煙火從窗外照亮了黑暗的房間。但是目標記憶要等到刺激量達到了某一個程度，也就是直到「門檻」之後，才會活躍。

你應該聽過「回憶湧現」這樣的句子，或是在猜謎時有「明知道答案但就是想不起來」然後突然答案就蹦出來了。那些狀況是有原因的。造成種種熟悉感覺的記憶現在受到夠多的刺激，終於活躍了。就像是鄰居的煙火終於把黑暗房間中的人吵起來，並且把燈都打開，因此所有相關的資訊現在全部都能夠拿到了。記憶鮮明起來，舌頭能夠恢復執行嘗味道的責任，把之前想不起來的答案順利說出來，而不是受困在口腔中。

總而言之，比起名字，臉部更容易讓人記得，在於本身更「明確有型」，而要記得他人的名字，則需要完整的「回憶」，而不是只有「熟悉」就夠了。我希望這點能夠讓你了解到，如果我再次遇到你但是卻不記得你的名字，並不是我沒有禮貌。

事實上，就社會習俗來說，我這樣可能還是沒有禮貌，不過至少你知道原因了。

這杯酒喚起我許多記憶

（酒精能讓你回憶往事的原因）

人類喜歡喝酒，喜歡到在許多不同的族群中，飲酒造成的問題持續不斷。這些問題牽連廣泛、層出不窮，處理起來得花費許多錢。[12]那麼，會造成巨大損害的東西為什麼又會廣受歡迎呢？

可能是因為酒精能帶來快樂。酒精除了能夠讓腦部負責報償和愉悅的部位釋出多巴胺（dopamine）之外（見第八章），和其他人飲酒時談天說地時也興致高昂，讓人樂此不疲。有些社會習俗也和酒有關。典禮儀式中，酒幾乎是不可或缺的，在拉近人際關係和休閒娛樂時也很有用。因此你能了解到酒精帶來的種種負面效應往往受到忽視。宿醉當然很不舒服，但是和朋友比較和取笑各自宿醉的嚴重程度，也是加深情誼的方法之一。在某些狀況下（例如早上十點鐘在學校裡面），喝醉的人所做出的荒唐舉動確實令人擔憂，但是大家都這樣不也滿有趣的？現在社會要求人們認真嚴肅又守規矩，有必要適時放鬆一下。所以說，對於喜歡喝酒的人來說，酒精帶來的負面效應該是可以接受。

其中一項負面效應是記憶流失。酒精和記憶流失的關係反覆無常。在情境喜劇、脫口秀和八卦趣聞中，這是個老梗了，往往是某人喝了一夜的酒，醒來之後發現自己身處於意料之外的場所，周圍是交通安全錐、不熟悉的衣物、打鼾的陌生人、暴怒的天鵝，以及其他在正常狀況下不會出現在臥室中的物品。

那麼為什麼這一節的標題會說酒精可能真的有助於記憶？這就得先說明酒精對於腦部記憶系統的影響了。畢竟我們在吃東西時，其實會攝取到許多不同種類的化合物與成分，但為何都不會讓人口齒不清或是對著路燈找碴挑釁呢？

那是因為酒精具備了獨特的化學性質。身體和腦部有數個防禦措施（胃酸、小腸複雜的內裡、阻擋化學成分到腦中的細微障壁等），阻止可能造成危害的成分進入身體內。但是酒精，特別是人類飲用的乙醇，能夠溶在水中，同時又小到能夠穿過所有防禦措施，喝下去的酒精能夠順著血液，散播到全身。當腦中的酒精濃度增加，有些重要的運作過程就受到了嚴重的影響。

酒精是一種鎮定劑。[13]並不是因為酒精會讓你隔天早上難過到動彈不得（雖然也的確會這樣），而是因為酒精會抑制腦部的神經活動，就像是有人把音響的音量調低那樣。但是為什麼又會讓人在酒後做出許多荒謬的舉動呢？如果腦部的活動減少了，喝醉酒的人不是應該安靜坐著流口水嗎？

沒錯，有些人喝醉時的確就是那副模樣，但是要記得人在醒著的時候，腦中便有無數程序在進行，有些程序不但讓某些活動發生，有些程序會阻止另外一些活動發生。腦部幾乎控制了我們所有的行為舉止，但是我們不會在同一時間展現所有行為舉止，腦中有許多部位是專門用來抑制和阻止腦部某些區域的活動。你可以想像在大都市中在控制之下的交通狀況，那是個繁複的工作，需要一些「停車讓行」標誌和紅燈才能辦得到。如果沒有這些設備，整個城市的交通會在幾分鐘之內就陷入混亂而停頓。腦部的狀況也很類似，有許多區域具備了重要且必須的功能，但並不是時時都需要。舉例來說，腦中負責移動腳的部位很重要，但是當你坐著開會時不重要，因此你腦中得有其他部位說：「老兄，現在別動。」好控制腿部。

在酒精的影響之下，那些在正常狀況下要控制或壓抑躁動、狂喜和憤怒的腦部區域中，紅色燈號熄滅或關閉了。酒精也會關閉負責說話清晰或協調步行的區域。[14]

要特別說的是，更為單純和基礎的系統，例如控制心跳的區域，在這個時候更穩固與強健，而處理比較繁複過程的新腦區則更容易受到酒精的干擾與傷害。這和現代科技發展過程相似。一九八〇年代的錄音帶隨身聽從樓梯上滾下去，或許依然可以運作，但是你的智慧型手機如果撞到桌角，就可能要花你一大筆修理費。看來精細複雜的結構比較脆弱。

所以在酒精的影響下，腦部「高等」功能先遭殃，例如遵從社會規範、感到尷尬困窘的部位，以及會在你的腦中說「這樣可能不太好吧」的聲音等，很快都被酒精消了音。喝醉的時候，你比較容易直接說出心裡的話，或是為了搏得一笑而做出瘋狂的冒險行為，例如同意寫一本關於腦部的書。[15]

酒精最後會干擾的面向是基本生理過程（要喝非常多才會如此），例如心跳速度和呼吸。如果你喝多到這種狀態，腦部功能欠缺的程度已經讓你無法擔心這麼多了，但這正是該擔心的狀況。[16]

在這兩種極端的情況之間，記憶系統嚴格來說既基礎又複雜。酒精應該特別容易影響海馬迴，因為那是記憶形成與編碼的主要部位。酒精也會讓短期記憶受限，但那是因為對海馬迴作用而干擾了長期記憶的產生，讓你隔天早上醒來有些事情記不得，而這是讓人擔憂的地方。當然記憶程序沒有完全停頓下來，依然有記憶形成，只是效率下降，而且更為雜亂。[17]

還有件有趣的事情：對於絕大部分的人來說，喝多了會完全阻礙記憶形成，也就是酒精性記憶空白（alcoholic blackout），喝得太醉而無法說話或是好好站著。但是對於酗酒者來說卻不同，他們長時期喝很多酒，身體和腦部已經適應了酒精，甚至需要酒精，因此就算是攝取了超過一般人能夠維持清醒的酒量，依然能夠口齒清晰並且站得好好的（多多少少啦）。

不過他們攝取的酒精依然對於記憶系統造成影響，如果喝得夠多，記憶形成過程會完全「關閉」，這時他們的言行舉止看起來正常，因為身體對於酒精已經有耐受性，外表看起來沒有問題，但是過了十分鐘，他們對於剛才所說所做的事情卻完全沒有記憶。就像是他們打電玩時離開了搖桿，有其他人來接手，對於看遊戲實況的人來說沒有差別，但是一開始玩遊戲的玩家卻不知道自己離開去上廁所時發生了什麼事。[18]

是的，酒精會干擾記憶系統，但是在一些非常特殊的狀況下，卻能幫助回憶。這種狀況稱為「特定狀態回憶」（state-specific recall）。

之前提到過外在背景能夠讓人想起某個記憶，處在和得到記憶相同的環境中，特別容易回想起那份記憶。但是這種聰明的方式對於「內在背景」（也就是「內心狀態」）也有用，稱為「脈絡依賴回憶」（state-dependent recall）。[19]簡單的說，酒精、精神刺激物或是其他任何能夠改變腦部活動的成分，會讓腦部處於某種特別的神經活動狀態。當腦中突然要處理湧來的干擾成分，你不可能不會知道，就像是當房間中突然充滿煙霧時你不會渾然不覺。

對於心情來說也是如此，如果你在心情糟糕的時候，學到或知道了什麼，那麼後來在心情糟糕時便更容易想起來。把情緒和情緒失調描述成腦部「化學失衡」（chemical imbalance）是過度簡化的說法（雖然有很多人都這樣說），但是在特定的情緒之下，腦部的化學活動和電化學活動程度的確會改變，而且腦部也能夠認出這種狀況。所以對於引發記憶來說，腦袋中的情境和外在的情境一樣有用。

酒精的確會干擾記憶，但是那得要喝得夠多。幾杯啤酒或是葡萄酒下肚，只喝到微醺，隔天絕對記得前一天的點點滴滴。你喝了幾杯葡萄酒而有點喝醉時，有人告訴了你一些八卦或是有用的資訊。如果要清楚提取這些記憶，最好是在同樣狀況下也喝了幾杯酒以後（是在之後的某天晚上，不是當天和隔天）。在這樣的前提之下，酒的確能夠增進記憶。

請不要把上述內容當成在準備考試或測驗時大量飲酒的科學證明。喝酒造成的問題多到足以抵銷能夠帶來的些微記憶優勢，尤其在考駕照時千萬不要。

對於臨時抱佛腳的學生，還是有一絲希望存在：咖啡因能夠影響腦部，而且促成一種特殊的狀態，有助於促進記憶。很多學生熬夜死記隔天的考試內容時，會喝下大量咖啡。所以如果考試的時候也得到大量咖啡因造成的刺激，就有助於你想起筆記中更多重要的細節。

我的經驗並非無可辯駁的證據，不過在大學的時候我曾經（無心的）使用了這種策略，當時我熬夜複習一個狀況特別危險的考試，大量咖啡讓我維持清醒，在考試前我又喝了一大杯咖啡，好確保自己考試時能夠保持清醒，結果我得了七十三分，是我當年得到的最高分。

但是我並不建議您採用這種方式。成績的確會不錯，但是我考試期前都常跑廁所，哀求監考老師給我衛生紙，並且在回家的路上和一個笨蛋吵了起來。

我當然記得，那是我的主意！

（記憶總是會美化自我）

到目前為止，介紹了腦部處理記憶的方式，以及為何記憶不會以直接有效又始終如一的精確形式保存起來。事實上，腦部的記憶系統有許多尚待改善之處，不過至少你的腦袋中還好好儲存著可靠確實的資訊，讓你將來可以拿出來用。

如果真的是這樣就好了，對吧！可惜腦部的運作通常稱不上「可靠確實」，特別是在記憶方面。腦部提取出來的記憶，有的時候可比貓咪咳出的毛球，是身體內部一團亂的運作之下的產物。

人類的記憶並非靜態的資料紀錄，或像是書中的頁面那樣不變，而是經常會扭曲修改，好配合腦部做出的詮釋，以滿足我們的需求（結果有可能是錯誤的）。讓人驚訝的地方是，記憶具有相當的可塑性（也就是並非僵硬不變，有彈性且能延展），能夠以許多方式修改、壓抑，甚至誤導，這類狀況稱為記憶偏誤（memory bias），通常是由自我意識造成的。

有些人的自我意識顯然比較強烈，可以都只想到自己，甚至設想普通路人會設計出許多巧妙的方式來殺死自己。不過就算大多數的人自我意識沒有那麼強烈，但依然有自我意識，而自我意識會影響回憶的本質與細節。為什麼會這樣呢？

這本書的筆調到目前為止，都一直把「腦部」當成一個獨立自主的實體，絕大部份關於腦部的書籍和文章都是這麼寫的，這是很有道理的。如果你要以科學方式分析某個事物，就必須盡量保持客觀與理性，得把腦部當成心臟或是肺臟這樣的器官來看待。

但事實上不是如此，腦就是你本人，討論腦部時，客觀的主題已經延伸進入了哲學領域。我們人類只是一團神經活動的產物，不只是各部位的總合而已。心智真的來自於腦部，或其實是其他不同的實體，兩者在本質上有關聯，但是並不「相同」？自由意識的意義是什麼？我們為什麼要為更高的目標而奮鬥？自從發現到意識位於腦中之後，思想家就一直苦苦思索這些問題。（現在來看答案很明顯，但是很久以前，人們相信心臟才是心智所在的位置，而腦部負責日常平凡的功用，例如降低血液溫度或是過濾血液之類的。當時這種概念依然留存在我們現今的語言中，例如我們會說：「你心裡到底在想什麼？」）[20]

有很多人討論過這個問題了，現在我們有足夠的信心指出，科學理解與證據都強烈支持自我感覺和相關的種種（記憶、語言、情緒等），都是由腦中進行的程序所呈現的。你自己的種種面向，都是你腦部的特徵，你的腦部所作所為，全都是為了盡可能讓你看起來體面、感覺良好，就像是對名人阿諛諂媚的僕從，為了不要讓她不開心，會避免讓她聽到批評或是負面媒體消息。而其中的方法之一，便是修改她的記憶，好讓她自我感覺良好。

記憶的偏誤和缺陷的種類繁多，其中許多並沒有顯著的自我中心特性。不過有些的確滿自我中心的，特別是自我中心偏誤（egocentric bias），腦部修改或是扭曲了記憶，目的是讓在事件中的自己比較體面。[21]舉個例子，如果回想自己參與群體決策的過程，人們往往會記得自己對於整合最後決定的影響程度，要大於實際上發生的。

關於這種偏誤，最早的報告出自於水門案醜聞。當年吹哨者告訴調查員相關的計畫與討論內容，調查人員因此循線查出了政治陰謀和遮掩的事情。不過後來他們聽了那些會議的錄音，以及一份確實的會議紀錄，發現到約翰．狄恩（John Dean）有掌握到整個事件的要點，但是許多他所宣稱的事情其實完全不正確。主要的問題是他把自己描述成計畫中深具影響力的要角，不過錄音帶的內容指出他最多只是個配角。他並沒有要說謊，只是自我膨脹了而已。他的記憶受到了「修改」，以便符合他認為自我重要的那種感覺。[22]

事情不一定要涉及到讓政府改朝換代的陰謀，像是相信自己運動的表現要好過實際上也是如此，還有明明只是釣到一條普通小魚卻記得釣上了大鱒魚。這裡要指出一項重點：這種事情發生，並不是某人要說謊或是在吹牛，好讓別人對自己的印象良好，這也會經常發生在沒有告訴過其他人的記憶中。最後還有一個重點：我們是真的相信我們記得的事件內容是正確公平的。這種扭曲和修改是為了讓自己覺得好棒棒，而且絕大多數的時候都是無意識進行的。

還有另一個記憶偏誤和自我中心有關，是選擇支持偏誤（choice-supportive bias）：當你在數個選項中做出選擇之後，你會記得這個選擇是所有選項中最好的，即使當時那並非最好的選項。[23]其中每個選項的優點和可能的結果都是相同的，但是你的腦部卻更改記憶，貶低其他選項，拉抬你當初的選項，讓你覺得自己當時做出了聰明的選擇，但當時你可能只是隨便選的。

還有一個是自我生產效應（self-generation effect）。對於自己說的話，會記得比較清楚，但是其他人說的內容就不是這樣了。[24]你無法確實記得當時到底有哪些人在場，但是記得自己當時說的話，而且認為自己記得的就是真的內容。

還有更糟糕的「本族偏見」（own-race bias）：人們不容易回想起非我族以外的人的樣貌和身分。[25]自我中心的念頭並不纖細與周到，表現出來的方式可能很粗野，例如看重具備與自己相同或類似種族背景的人，或是優先考量他們，忽略其他種族的人，這就好像是自己的種族才是「最好」的。你可能並沒有這樣想，但是下意識想得並沒有那麼周延。

你可能聽過「事後諸葛」這個俗語，總是用來說諷刺有人在事後宣稱自己早就知道會如何如何，聽起來好像是說那個人在自吹自擂或是說謊，因為他們並沒有把這個「早知道」在該用的時候拿來用，例如你會說：「如果你那麼確定老王有喝酒，那麼為什麼還要他載你到機場呢？」

當然，毫無疑問，的確有些人用這種方式誇大自己的先見之明，好讓自己看起來聰明智慧，高人一等。不過實際上記憶會有所謂的「後見之明偏誤」（hindsight bias），就是真的以為當時事情的結果可以預料，而實際上在當時根本不可能預料。[26]這種狀況依然不是為了自我吹捧所造成的子烏虛有之事。腦部改變了記憶，強化與修飾自我，讓我們看起來更有見識與掌控能力。

再來看看「情感衰退偏誤」（fading-affect bias），[27]這是負面事件的情緒記憶消失得要比正面事件的情緒記憶來得快。記憶的本身或許還保持完整，但是其中的情緒元素卻隨著時間而淡化了，而且不愉快的情緒要比愉快的消失得更快。腦部顯然喜歡愉快的經歷，而不想惦記著相反的。

這些偏誤都可以看成是自我不理會真實記憶的案例，你的腦部一直都是如此。但是腦部這樣做的原因是什麼？*對於事件的真實記憶不是要比某些自私自利的扭曲記憶有用得多嗎？

嗯，對也不對。只有一些偏誤和自我本位之間有顯著的關聯，另一些則完全相反。有些人的記憶卻持久不退，那些創傷事件的記憶反覆出現，但是當事人完全不想回憶起來。[28]這是很常見的現象，而且不一定是造成嚴重傷害或是難過的事件。你可能在路上晃著的時候，並沒有特別在想啥事，腦部突然就說：「記得在學校的派對上，你邀請一個女孩去約會，她當著所有人的面嘲笑你，你人跑開了但是撞到桌子，臉砸在蛋糕上面嗎？」這個二十年前的記憶無緣無故地跳了出來，你心中馬上就浮起尷尬羞恥的感覺。還有其他的偏誤，例如童年失憶症（childhood amnesia）和情境依賴（context dependence）等，都指出了除了自我本位之外，記憶系統的運作方式有其限制，而且會出現不精確之處。

有件重要的事情要記住：經由這些記憶偏誤所造成的改變（通常都）很有限，不會是重大的更動。你可能會記得在工作面試的時候表現得比實際情況還要好，但是你如果你沒有錄取，你也不會記成自己有錄取。腦部的自我本位偏誤沒有強大到能夠創造出不同的真實記憶，只能夠在回憶記憶時加以扭曲或是調整，無法創造新的記憶。

腦部為何要產生這些偏誤呢？首先，人類需要下許多決定，如果有某種程度的自信，會比較容易下決定。腦部會建立這個世界運作方式的模型，以便在真實世界中活動，因此需要有自信認為這個模型是正確的。（在第八章「幻覺」這一節中會有更多相關的內容）如果每次做決定時，都要估量每個可能的結果，會花上非常多時間。假若對自己和自己的能力有信心，那麼就可以省時間了。

第二，每個人的記憶都是站在自己主觀的角度所形成的，在評斷的時候也只能以自己的角度去詮釋，導致我們在排定記憶的優先順序時，「對的」會排在前面，好讓自己的判斷看起來是正確的，並且在記憶不完全正確時加以改造。

除此之外，自我價值感和成就感都屬於維持人類正常行動的要素（見第七章）。舉

---

*實際運作的方式是另一回事了，現在還不完全清楚，其中牽涉到了意識對於記憶編碼與提取的影響，以及自我導向的知覺過濾和其他許多相關的程序等，那些內容足以用一本書的份量來說明。

例來說，如果有人罹患了憂鬱症，喪失了自我價值感，會造成身體損傷。但就算在身心狀況正常時，腦部也會傾向擔心，並且憂慮負面的後果，像是一直想面試工作之類重要事情可能的後續結果，但實際上可能不會發生，這個過程稱為「反事實思考」（counterfactual thinking）。[29]即使是操控記憶，某程度的自信和自我本位主義對於正常行動也很重要。

有些人認為因自我本位而使得記憶並不可靠，是很恐怖的事情。如果每個人都這樣，那麼能夠真的信賴其他人所說的話嗎？由於這種下意識的自我吹噓，讓每個人記得的內容都是錯誤的話怎麼辦？幸好不需要恐慌，很多事情依然順利而且有效率的進行，因為那些自我本位而造成的偏誤整體來說不會造成什麼傷害。比較聰明的做法是聽到有人在自我吹噓時要抱持懷疑。

例如在這一節中，我一直在解釋記憶和自我之間的關聯，好讓讀者留下深刻印象。但說不定我只記得支持我論點的內容，而遺忘了其他的。我說人們對於自己說的事情比較容易記得清楚，對於他人說的就比較隨便，這種「自我產生效應」出自於自我本位的心態。但是可以有另一種解釋：既然是你自己說的內容，那當然和自己的腦部關聯要密切得多。你必須要思考說話的內容，加以處理，並且身體需要動起來才能說出來，同時得聆聽，以及注意他人反應，當然會記得比較清楚。

在「選擇支持偏誤」中，我們會記得自己的選擇是「最佳」的，這是自我本位的例子之一，但會不會是為了讓腦部免於思考不會發生和不可能發生的可能性。人類總是會這樣，浪費了許多寶貴能量，通常也沒有實際的收穫。

那麼「跨種族效應」（cross-race effect）呢？人們難以記得非己種族者的特徵。這是自我本位偏好得所產生的負面效應，或只是因為在和自己的同族人包圍下長大，所以腦部經常練習區分種族相近者的特徵，所以才顯得容易呢？

上面所說的各種偏誤，都有自我本位以外的解釋方式，所以這一節的內容都只是我的自我膨脹結果嗎？並不是，自我本位偏見是真實現象，並且有許多證據支持，例如研究指出，人們會批評自己多年前行為的意願，要遠超過批評自己最近行為的意願，最可能的原因是近來的行為比較接近一個人目前的模樣，近到難以批評，因此受到壓抑或是忽略。[30]人們甚至有種傾向，會批評「過去」的自己而表揚「現在」的自己，但是實際上批評或表揚的行為實際上並沒有改進或是變化（例如：「我青少年時沒有去學開車是當時我太懶了，現在沒有學開車是因為太忙了。」）這樣批評過去的自己似乎違背了自我本位記憶偏誤，但並沒有，因為強調了現在自己已經不懶惰，有所成長，值得誇耀。

不論根本的原因是什麼，腦部經常把記憶修改得更美好，而且這種修改與編輯能夠自行維持下去。如果我們所記得或描述的事件中，自己所扮演的角色更為重要（一群人釣魚時釣到最大的而不是第三大的），那麼這份記憶因為有新的修改版本而「更新」（修改版本是新的世界，但是和現存的記憶關係密切，因此腦部得從中協調）。下次回憶的時候，類似的過程會再度發生，如此反覆持續，發生的時候你本身並不知道，而且腦部非常複雜，經常對於同樣的狀況可以做出不同的解釋，全部都可以同時發生，而且效力相等。

而這樣的好處在於，就算你不了解這一節的內容，但可能會記得自己了解，所以結果都一樣呢！幹得好。

我在哪兒？我是誰？

（記憶系統出狀況的時刻和方式）

本章到這裡，說明了腦部記憶系統厲害與古怪的特性，但是這都是假定在記憶運作的狀況是正常的（沒有更好的形容詞了）。但是如果發生狀況了呢？如果腦部的記憶系統受到了干擾會怎樣？之前提到自我本位會扭曲記憶，但是幾乎不會扭曲到對於沒有實際發生的事情產生記憶。那時是想要說服你。現在就當沒有這回事，因為我也沒有說過這樣的事情絕對不會發生。

舉例來說，有「偽記憶」（false memory）這回事。偽記憶可能會造成危險，特別是有關恐怖事情的偽記憶。一直有報導指出，應該也是本著善意的心理治療師和精神治療在盡力揭開病人受到壓抑的記憶時，到頭來可能製造出恐怖的記憶（應該是意外的），而那些恐怖的記憶是他們原先想要「揭露」出來的。在心理治療中，這種狀況就好比是在水源中下毒。

最令人擔心的，是你並不需要因為心理問題，便可以在腦袋中製造出偽記憶，每個人基本上都可以製造。某人僅僅是和你說話就能夠把偽記憶植入你的腦中，聽起來有點荒謬，但是從神經學的角度來看卻並不離譜。語言是人類思考的基礎，我們的世界觀，有許多是依靠他人的所想與所說的話所建立的（見第七章）。

許多關於偽記憶的研究，聚焦在目擊證人的證言。[31]在重大法律案件中，目擊證人記錯了一個細節，或是記得了根本沒有發生的事情，就可能永遠改變無辜者的一生。

在法庭上，目擊者的證詞很有價值，但是法庭是取得證詞的最糟場所，氣氛往往非常緊張，充滿威嚇感，作證的人都很清楚這是個非常嚴肅的場合，並且承諾「我以上帝之名宣誓，我提供的證據屬實，完全真實，而且唯有真實。」向法官承諾不說謊，還把宇宙的造物主扯進來，會有幫助嗎？那不是可以漫不經心的狀況，當然可能引起相當大的壓力和不安。

面對自己認為是權威者的人時，自己往往非常容易受到對方的暗示。科學研究一直都發現，當詢問他人的記憶內容時，提問的內容可以大幅影響所記得的內容。和這種現象有密切的關連的名人，是伊莉莎白·羅夫塔斯（Elizabeth Loftus）教授，她對這個題目進行了大量的研究[32]，經常指出一些讓人憂慮不安的案例，其中有些人因為接受了可疑而且沒有經過驗證的心理療法，（應該是意外的）「被植入」了極端痛苦的記憶。一個特別著名的案例是娜汀·庫爾（Nadine Cool），她在一九八〇年代因為創傷經驗而尋求治療，最後得到了自己加入殘酷好殺魔鬼教派的詳細記憶。當然根本沒有這回事，於是她提告治療師，最後獲得數百萬美元的賠償。[33]

羅夫塔斯進行了數個詳細的研究，其中受試者要看車禍或是類似事件的錄影帶，研究人員接著詢問相關的問題。（在這些和其他的研究）結果都發現，提問句子的結構會直接影響受試者所記得的內容，[34]在目擊證人作證時，這種狀況的影響特別大。

在這種特別的狀況中，證人很容易緊張，來自於權威者（例如法庭中的律師）問題中特定的詞語表達，能夠「創造」出記憶。舉例來說，如果律師問：「在切達乳酪大搶案發生時，被告在乳酪店附近嗎？」」*這時證人可以回答「有」或是「沒有」。但是如果律師問：「在切達乳酪大搶案發生時，被告在乳酪店中的哪兒？」這種問法就認定了被告在店中。證人可能不記得是否看到被告，但是那個由地位比較高的人提出的問題中陳述了事實，使得證人腦部質疑自己的記憶，並且真的加以調整，以符合「可靠」的消息來源。最後證人可能會說：「我想他當時站在戈根佐拉乳酪旁邊。」而且是認真的回答，可是證人當時並沒有看到。證言對於社會運作來說是基本要項，但是卻如此脆弱，這讓人不安。有次我受到邀請，要在法庭上作證說檢察官起訴時所用的證言全部都可能來自於偽記憶。我拒絕了，因為我擔心可能會意外摧毀整個司法系統。

我們可以看到，在記憶系統正常的狀況下，就能夠輕易加以干擾。但是如果腦部和記憶相關的機制如果真的出錯了，又會怎樣呢？出錯的方式有很多，沒有一種結果是好的。

在最嚴重的狀況下，腦部發生嚴重損傷，例如由阿茲海默症造成的強烈神經退化。阿茲海默症（和其他類型的失智症）肇因於腦部各處有許多細胞死亡，引發了多種症狀，其中最知名的是無法預料的記憶流失和破壞。實際的原因目前還不明，主流理論認為，神經

---

*譯註：《切達乳酪大搶案》（the great cheddar robbery）是本童書。

纖維糾結（neurofibrillary tangle）造成了細胞死亡。[35]

神經元具有很長的分支結構，分支中含有由蛋白質長鏈組成的「骨架」，稱為細胞骨架（cytoskeleton）。那些長鏈稱為神經絲蛋白（neurofilament），數個神經絲蛋白組合在一起，如果絲線絞成繩子狀，便成為更為牢固的結構神經原纖維（neurofibril）。這些結構支撐了細胞，並且幫助重要成分沿著纖維傳送。但是出自於某些原因，有些人的神經原纖維不再整齊排列，而是花園澆水管打開後放著不顧五分鐘後扭曲的形狀。可能是相關基因發生了一個微小但是舉足輕重的突變，使得蛋白質摺疊的方式產生了意外的變化，也可能是目前未知的細胞程序在年長的時候變得更常發生。不論原因為何，神經纖維糾結的程度嚴重到干擾神經元的運作，阻礙了必要程序的進行，最後造成神經元死亡。整個腦部都出現這樣的情況，和記憶有關的部位幾乎全部都會受到影響。

不過，並非只有細胞層級出問題才會造成記憶損傷。中風會打斷腦部的血液供應，對於記憶來說也很糟糕。海馬迴負責隨時進行記憶的編碼和處理，需要源源不絕的營養成分和代謝物，特別是燃料，中風會中斷燃料供應，縱使為時短暫也會造成影響，就像是把筆記型電腦的電池抽出來。時間長短無關緊要，損害已經產生。記憶系統之後的運作將不會那麼完善了。不過我們還是可以抱持一些希望，要嚴重的中風或是特定區域發生的中風，才會造成重大的記憶問題，因為腦中有很多不同的血管可以讓血液通過。[36]

中風可以分成「單側」和「雙側」。簡單來說，腦部分成兩個半球，各具備一個海馬迴，中風發作如果影響到兩個海馬迴，後果就很嚴重，如果只影響一個半球，就比較有救。許多關於記憶系統的知識，便是研究因為中風或是特定部位受損而記憶有嚴重缺陷的患者所得到的。在記憶的科學研究中，有一個患者的失憶原因是撞球桿從鼻孔中插入而傷到了腦部。[37]真的沒有所謂的「非接觸性」運動這回事。

在有些案例中，經由手術刻意移除腦中處理記憶的部位，而以這樣的方式發現了這些部位。在腦部掃描和其他亮眼的技術出現之前，有位叫做HM的病人。HM有嚴重的顳葉癲癇，由於經常發作，最後醫生決定要把顳葉中引起癲癇的部位切除。手術成功了，癲癇不再發作，但不幸HM的長期記憶也不再生成了。從那時候起，HM只能記得手術前的事情，沒有更多的了。在不到一分鐘前發生的事情他能記得，但是之後就忘了，因此我們知道腦中記憶形成的過程是在顳葉中發生的。[38]

因為海馬迴損傷而失憶的病人，現在依然備受研究，大規模的研究正在尋找海馬迴的各種功能。二〇一三年的一項研究就指出，海馬迴損傷會波及創造性思考能力。[39]這是有道理的：如果你無法保留與取得有趣的回憶，並且和種種刺激結合起來，就難以進行創造性思考。

同樣有趣的是，HM 並沒有喪失記憶系統，他顯然保有短期記憶，但是在短期記憶中的資訊已經沒有地方可去了，所以就漸漸消失。他能夠學習新的運動技巧和能力，例如特殊的繪畫技術，每次測試他的新能力時，他都表現得十分熟練，可是他會確信自己是頭一次嘗試使用這種技術。顯然下意識的記憶在其他部位，由不同的機制進行儲存，那些部位沒有受損。*

肥皂劇讓人相信逆行性失憶症（retrograde amnesia）很容易發生，這種狀況發生時會不記得的創傷發生前的事情。電視上演的通常是角色頭部受到重擊（在刻意設計的離奇情節中跌倒撞到了頭），恢復意識之後問：我是誰？你們是誰？在慢慢恢復之前，人生過去二十年來發生的事情全部都不記得。

電視上演的情況其實很不容易出現，那種「打到頭而忘記了自己和過去種種」的案例非常非常罕見。個人的記憶分布在整個腦部，能夠讓這些記憶受損的傷害，很有可能也把整個腦都毀了。[41] 如果是那樣，「回想起最好朋友的姓名」這件事可能就已經無關緊要了。同樣的，在額葉負責回想記憶的區域，對於決策與思考也相當重要。如果那些區域受到損傷，造成的問題更為嚴重，相較之下失去記憶就沒有那麼迫切了。人的確會出現逆行性失憶症，但是通常為時短暫，記憶最後都會回來。這個實情對於寫出好劇本來說不利，但是對人類卻是好的。

如果逆行性失憶症真的發生了，這種疾病本質使得它難以研究。因為你不知道他之前的生活經歷，也就難以了解與檢查記憶流失的程度。患者可能會說：「我想我記得在十一歲的時候搭公車去動物園。」這看起來好像是記憶恢復了，但是除非當時醫生也在那輛公車上，不然誰又能夠確定呢？記憶是很容易創造或是經由暗示形成，為了要檢驗與測量某人早年生活記憶的流失程度，必須要知道患者早年生活的正確紀錄，才能夠正確的測量記憶空缺或流失的程度，但是那種紀錄很罕見。

＊有位演講者告訴我，HM極少數能夠記得的事情是餅乾放置的位置，但是他從來都不會記得才剛吃過餅乾，會一直去拿來吃。HM的記憶不會增加，但是體重會。這個故事我無法確認，我沒有發現任何直接說明這個案例的報告或是相關的證據。不過英國布里斯托大學的傑佛瑞·布朗斯壯（Jeffrey Brunstrom）團隊研究指出，告訴飢餓的受試者將要喝五百毫升或三百毫升的湯，然後他們的確喝了那麼多的量。但是這個實驗巧妙的設計在於利用了隱藏的幫浦改變了湯的量，那些喝三百毫升湯的人，湯碗中會暗地裡再把湯的份量加到五百毫升，而喝五百毫升人的那碗湯偷偷吸走了一些而剩下三百毫升。[40]結果相當有趣：實際喝下去的量其實無足輕重，受試者記得自己所喝的量（與實際喝的量不符）才能夠指出受試者什麼時候會覺得餓。那些認為自己喝三百毫升湯但實際喝了五百毫升的人，說自己感到餓的時間，會比自認為喝五百毫升卻只喝下三百毫升的人來得早。顯然在決定食慾時，記憶能夠壓過真實的生理訊息，那麼嚴重的記憶干擾對於節食可能有很好的效果。

魏尼克—高沙可夫症候群（Wernicke-Korsakoff syndrome）所引起的逆行性失憶症，有受到研究。這種症候群是因為長期酗酒而使得硫胺素（thiamine，維生素B1）不足所造成的。[42]有位叫做X的魏尼克—高沙可夫症候群患者，由於之前寫了自傳，讓醫生有參考依據在手，可以精確的研究他失去記憶的程度。[43]之後我們或許可以見到更多的案例研究，因為有越來越多人在網路社群媒體上紀錄自己的生活點滴。不過呢，人們在網路上留下的內容，並非完全反應出真實的生活。你可以想像一下，臨床心理學家去看某個失憶症者的臉書，只會認為患者的過往記憶大概都是在看有趣的貓咪影片。

海馬迴很容易受到破壞或損傷，原因可能是物理性創傷、中風，以及多種類型的失憶症。就算是引起唇泡疹（cold sore）的單純皰疹病毒（Herpes Simplex），有時候也會攻擊性強烈，襲擊海馬迴。[44]除此之外，由於海馬迴對於新記憶形成而言是必須的，受傷後更容易出現的是順行性失憶症（anterograde amnesia）：創傷之後無法形成新的記憶。HM這位病人就有這類型失憶症（他在二〇〇八年去世，享年七十八歲）。如果你看過電影《記憶拼圖》（*Memento*），就是主角所發生的狀況。如果你看過《記憶拼圖》卻不記得了，那麼這樣的說明也沒有啥用了（只是很諷刺就是了）。

以上就是人類記憶過程因為受傷、手術、疾病、飲酒等原因而出錯的簡單概述。還有一些非常特殊的失憶症類型（例如失去了對於事件的記憶但是沒有忘記事實），而且有些記憶缺陷並沒有顯著的生理原因（有些失憶症可能是完全心理性的，來自於對於創傷體驗的否定或是反應）。

如此繁雜、混亂、不連貫、脆弱又容易受損的系統怎麼能發揮效用呢？原因很簡單：在絕大部分的時候，都運作順暢。這是個了不起的系統，所具備的能力和適應力，完全輾壓當代最先進的超級電腦。人腦記憶系統的內在的彈性與奇特的組織方式，是數百萬年演化而來的產物，所以我又有什麼能批評的呢？人類的記憶並不完美，但已經夠好了。

第三章

沒有什麼好怕的

——腦部產生恐懼感的多種方式

你現在忐忑不安嗎？可能擔心很多事吧。

孩子即將到來的生日派對用物品都準備好了嗎？工作中的大型計畫能夠順利進行嗎？能夠負擔得起瓦斯帳單嗎？母親上次打電話來是什麼時候？她還好嗎？臀部的疼痛久久沒好，真的不是關節炎嗎？吃剩的碎肉放在冰箱中一個星期了，有人吃了該不會食物中毒吧？我的腳為什麼癢起來了？九歲在學校的時候自己的褲子鬆脫了下來，還有人記得這件事嗎？車子好像有點不靈光了？這是什麼聲音？老鼠嗎？如果有傳染病怎麼辦？如果因此生病打電話請假老闆才不會相信。還有其他許多許多許多事情。

在之前「戰與逃」的部分中提到過，腦中很容易去設想潛在的威脅。人類具備複雜的智能，其中之一的缺點就是很容易就能夠想到「威脅」。在人類遙遠的演化歷史中，有一段時期只會專注在會傷及性命的真實災禍之上，因為當時世界上到處都是災禍。但這樣的日子已經過去，世界改變了，可是人類腦部的變化卻跟不上，結果變成任何事情都能讓人擔憂。

上面所列林林總總要擔心的事情，只佔了腦部巨大神經系統擔心內容中的九牛一毛。其中任何一項都可能導致糟糕的結果，而且不論多瑣碎、多主觀，都會貼上「值得擔憂」的標籤。有的時候並不需要這樣擔心，你是否曾經因為迷信而不願意從梯子下面走過、在肩頭上灑鹽，或是十三號星期五時不願意出門？如果有，你就是在沒有現實根據之下，單純因為那些狀況而緊張而已。也就是說，你那些舉動對於實際的狀況不會有任何影響，只是讓自己覺得比較安全感。

同樣的，人們會深信陰謀論，對於理論上有可能但是實際上幾乎不會發生的一些事情產生偏執，並且因此憤怒。腦部也會創造出恐懼：明明了解某些事物不會造成傷害，但是卻沒由來的深深感到恐懼。有的時候，腦部甚至連雞毛蒜皮的事情都沒有在想，單純只是出現憂慮而已。你應該聽到許多人曾說：「現在太安靜了。」或是在事情平靜穩當的進行時說之後「必定」有風波。這類的事情會影響到罹患慢性焦慮症的人。這只是腦部傾向擔憂真的會對身體造成實質影響的例子之一（影響包括了高血壓、神經緊張、顫抖、體重增加或減少），同時也影響了日常生活：害怕原本無害的事物會造成真實的傷害。英國國家統計局（Office for National Statistics）和其他機構調查發現，在英國有十分之一的成年人，在一生當中出現和焦慮相關的症狀。[1]英國精神健康署（UK Mental Health）在二〇〇九年的報告《面對恐懼》（*In the Face of Fear*）中，提到了在一九九三年到二〇〇七年之間，焦慮相關疾病增加了十二．八%，[2]也就是在英國將近有一百萬名成年人受到焦慮所苦。

人類的頭顱變大了，更能持續產生壓力，這時哪還需要掠食者來讓你恐懼害怕？

幸運草和不明飛行物體之間的共通之處是？

（迷信、陰謀論和其他怪異信仰之間的關聯）

告訴你一些有趣的小事：我參與了許多暗地裡進行的陰謀活動，秘密地控制了社會。我是「大製藥」（Big Pharma）聯盟的一員，這個聯盟為了製藥廠的收益，打壓所有的自然療法、另類療法和癌症療法（「賺大錢」顯然是讓他們潛在客戶紛紛死亡的原因）。我參與了一個計畫，確保大眾不會發現登陸月球只是個精心策畫的騙局。我白天從事正職的心理健康和精神治療工作，顯然就是危險的非法勾當，為的是打擊自由思想，並且強化思想統一。我也加入了全球科學家參與的重大陰謀，一起推動眾多迷思，諸如氣候變遷、物種演化、疫苗接種和地球是圓的等。畢竟在地球上，最有錢有勢的莫過於科學家，他們不願意讓人們知道世界運作的真相，以免失去現在擁有的崇高地位。

聽到我參與了那麼多陰謀，你可能會大之一驚，我當然也目瞪口呆。這些是從《衛報》（*Guardian*）網站上我的文章評論區中，意外發現到的，那些孜孜不倦的評論者說我是古往今來全人類中最糟糕的作者，應該去和我的母親／寵物／家具進行一些不可告人的身體接觸，其中還提出了我參與各種惡毒陰謀的「證據」。

當你在主流媒體平台上發表文章，顯然就應該要預料到會有這種事情發生，但是我依然大受震撼。有些陰謀論完全沒有道理。有篇特別惡毒的文章攻擊跨性別者（我得先聲明那篇文章不是我寫的），我便寫了一篇文字為跨性別者說話，結果有人就指控我說我參與了反跨性別者的陰謀（他們認為我那篇文字措辭不夠嚴厲），也有人指控我參與了支持跨性別者的陰謀（因為我那篇文字是為跨性別者說話）。我不但參與了許多陰謀，而且還參與了彼此對立的陰謀。

讀者很容易就這樣，在看到批評自己看法或信仰的文章時，馬上就認為作者屬於盡一切手段要打壓自己信念的邪惡勢力，而非一個在卡迪夫沙發上打字的少年禿家伙。

隨著網際網路時代的來臨，社會交流更加頻繁，陰謀論也跟著百花齊放，現在人們光是待在家中，就可以找到許多「證據」，支持自己對於九一一事件起因的理論，以及和志同道合的人分享關於美國中央情報局或是愛滋病的瘋狂論點。

陰謀論並非新鮮事[3]，難道是出自於腦部的特性，讓人們能夠生生吞下那些偏執的想法並且堅信不疑嗎？就某方面來說，真的是。不過回到這一節的標題，這和迷信有什麼關聯呢？宣稱真的有不明飛行物，並且盡力要入侵傳說中的五一區，和認為四葉草能夠帶來幸運，應該是八竿子打不著的事情，其中會有關連嗎？

這個問題本身就充滿了諷刺味道，陰謀論和迷信都有把（通常沒有關聯的）事物中找出共通模式的傾向。其實有一個名詞專門用來指稱把明明沒有關聯的地方看成有關聯的念頭，叫關聯妄想症（apophenia）。[4]舉例來說，有次你意外反穿了內褲，接著刮刮樂中獎了，從此之後你去買刮刮樂時都會刻意把內褲反穿，這就是一種關聯妄想症。你的內褲是否內外反穿，根本不可能影響你刮刮樂的號碼。但是你覺得有某種模式存在，並且遵守這個模式。同樣的，如果在同一個月中，有兩個不相關的知名人物因為自然因素或是意外相繼去世，這當然是悲劇。但如果你研究這兩個人物，發現他們都批評某個政治團體或政府，就認為這兩人是死於暗殺，這也是關聯妄想症。陰謀論和迷信這兩者如果窮究其最基本的層面，就可以發現兩者傾向在無關的事情之間建立出有意義的關聯。

並非只有極端偏執或是迷信的人才會有關聯妄想症，每個人都會出現，而且也很容易看出來關聯妄想症是怎麼出現的。

腦部持續接收到各式各樣的資訊，而且必須解釋這些資訊所代表的意義。我們所感知到的世界，其實是經由腦部進行各種處理之後的總結果。從視網膜、視覺皮質、海馬迴到額葉皮質，腦部中許多不同的區域，各自執行不同的功能，這些區域全部都井然有序的一起運作。（那些新聞報導的神經科學「發現」，都指出腦中有特別部位執行特別功能，而且只由那個部位執行，這種說法會造成誤導，最多只是說明了部分原因。）

腦中有許多區域參與了感知周遭的環境，但是依然有其極限，並不是腦部的能力不足，而是隨時隨地都有眾多資訊轟炸而來，但是其中只有某些和我們自身有關，腦部只有不到一秒的時間加以處理資訊，讓我們能夠加以利用。這時間太短了，所以腦部有很多抄捷徑的方式，好讓運作多多少少算得上順暢。

腦部用來區分重要資訊與不重要資訊的方式之一，便是辨認出模式，並且專注在模式之上。最直接相關的例子是視覺系統（見第五章），不過我可以說，腦部會持續找尋所見事物之間的關聯，毫無疑問，這是一個為了保住性命而產生的策略。因為在原始時代，人類這個物種一直面對危險，不是要戰就是要逃。毫無疑問會出現一些假警報，但是如果你能夠活下來，一些假警報又算得了什麼？

但是假警報的確會引起問題，我們最後都會胡亂聯想，再加上腦中的「戰或逃」反應，以及人類思考時往往容易跳到最糟糕的發展結果，心理面有千斤重的負擔。我們看到了世界上並不存在的模式，並且認為那模式有少許的機率會帶來負面結果，而賦予那些模式重要的意義。想想看有多少迷信的行為是為了要避開厄運與不幸。你從來沒有聽說過以助人為目標的陰謀，那些神秘的菁英組織從來沒有策畫過烘焙糕點義賣會。

腦部也傾向用記憶中的資訊來辨認出模式與傾向。我們體驗到的事物會影響到思考方式，這是有道理的。畢竟人類最早的經驗在兒童時期產生，這份經驗對將來的生活很重要。你第一次教父母使用最新的電視遊樂器後，通常就不再認為他們什麼都知道，什麼都辦得到了，但是在你小的時候，往往認為雙親全能又全知。在成長期間，我們所處的環境大部分都在控制之下，我們所知的事情幾乎都是由認識與信賴的成年人告知，周遭的事情都是在他們的監控下進行。在對人格形成而言最重要的童年生活中，他們是最重要的指標。如果你的雙親迷信，那麼就算你根本沒有見過任何支持迷信的證據，很可能也會跟著迷信。[5]

最重要的是，這代表了我們最早期的記憶，是在一個由權威者所組織與控制的世界中所形成的（而非充滿隨機事件與渾沌的世界），而我們難以了解那些權威者。當時形成的看法可以根深蒂固，所建立的信仰系統可以持續到成年時期。對於有些成年人來說，相信世界是經由力量強大的權威人物所策畫組織起來的，心裡會覺得比較舒坦，那些人物可以是巨賈大亨、嗜吃人肉的外星蜥蜴，或是科學家。

上面這一段文字可能暗示相信陰謀論的人，缺乏安全感而且不成熟，在下意識中渴望得到在成長時期所缺乏的父母認可。其中有些人的確如此，但是也有許多如此但是並沒有相信陰謀論的人。我不會再花費數大段的篇幅，說明在毫無事實根據下把兩件無關的事情連接在一起所造成的風險，然後自己就真的這樣做。上面所說的內容只是一種建議，說明腦部發育的過程可能會讓人更「有可能」相信陰謀論。

人類傾向找出模式的重大結果（也有可能是起因）在於，腦部並沒有辦法好好處理隨機性（randomness）。有些事情發生的原因就只是出於機率而已，但是腦部似乎難以接受這個概念。這可能是腦部到處留意危險的另一個結果：如果發生了事情但沒有實際的原因，因此這個沒有辦法有任何作為，卻又會造成危險的事就會令人難以忍受。不過也有可能是其他完全不相干的原因。腦部反對任何隨機的事物，可能只是隨機突變的結果，而且這個突變結果有用處。別的不說，這是一個相當殘酷的諷刺。

不論原因是什麼，排斥隨機性會引起許多連鎖後果，其中之一是條件反射般認為每件事情發生了必定有其理由，通常拿來用的理由是「命運」。實際上，有些人就是運氣不好，但這並非腦部能夠接受的解釋，所以腦部就自個兒找理由，並且編排了一個站不住腳的邏輯。最近事事都不順利嗎？一定是之前打破了鏡子，裡面有你的靈魂，現在靈魂破碎了。也有可能是調皮搗蛋的精靈纏上了你，祂們討厭鐵，隨身帶個馬蹄鐵就能夠讓牠們離得遠遠的。

你可能會爭辯說，陰謀論者相信有邪惡組織在控制世界，是因為總比沒有控制好。他們的想法是所有人類社會都因為各種隨機事件而不安騷動。從許多方面來說，幸好有暗地裡活動的精英在控制，否則情況會更悲慘，就算那些菁英是自私自利也罷。駕駛艙中的飛行員喝醉了，總比沒有人要好。

在人格研究的領域中，這個概念稱為「外顯制握信念」（pronounced locus of control），意思是說個人對於影響自己信念的事件的掌控度。[6]自己的制握信念越大，就越相信自己能夠「掌控」得越多（多到你所掌控的事情是不相關的）。為什麼有些人認為自己掌控的事物要比其他人多？這點我們還不了解，有些研究指出海馬迴比較大的人，[7]制握信念比較大，但是壓力激素皮質醇（cortisol）能夠讓海馬迴縮小，覺得掌控較少的人往往更容易覺得有壓力，所以海馬迴的大小可能是制握信念高低所造成的結果，而不是原因。[8]腦部一向讓人難以研究。

不論如何，制握信念越高，就代表你覺得能夠影響的起因越多（那個起因並非真的存在，但這不重要）。如果起因來自於迷信，你可能會把鹽撒過肩頭、摸摸木頭，或是避開梯子與黑貓，並且確定這些完全沒有理性解釋的行動能夠真的避免災禍。

制握信念更高的人，甚至會讓眾人警覺到自己所發現的「陰謀」，好讓陰謀敗裂，同時會「深入研究」相關的細節（來源是否可靠則幾乎不在他們的考慮範圍之內），並且見人就說這些陰謀，還說那些不願意聽的人是「愚笨的綿羊」或是之類的廢物。迷信就比較被動，人們可能只是遵守相關的說法，在日常生活中照著做而已，例如沒有人曾經努力說服你兔子腳代表幸運的這個迷信背後的實情吧。相較之下，相信陰謀論的人往往會對此投注心力。

整體來說，腦部喜歡模式、厭惡隨機的特質，導致許多人會生出一些極端的論點。這不是問題，但是腦部也讓你難以說服其他人內心深處的觀念與結論是錯誤的，你提出再多的證據都沒有用。迷信者和陰謀論者面對理性世界中迎面而來的每件事實，依然堅守自己怪異的信念，這都要怪罪人類的笨蛋腦。

但真的是這樣嗎？我目前所說的內容，都是基於當前神經科學研究和心理學研究所得到的結果，但是我們的了解依然有限，光是非常主觀的事物就難以研究了。從心理學的角度來看，迷信到底是什麼？在腦中以什麼樣的形式活動？信仰是什麼？是一種概念嗎？我們或許進步到能夠指出迷信在腦中活動的部位，但是就算是看到了活動也不代表我們了解其中代表的意義，就像是能看到鋼琴的琴鍵並不代表能夠演奏出莫札特的音樂。

科學家不是沒有嘗試過，舉例來說，馬亞拉·林德曼（Marjaana Lindeman）和同事利用功能性磁振造影（fMRI）掃描了十二位自稱超自然力量信仰者以及十一位懷疑者的腦部。[9]研究人員告訴受試者想像一個生活中的重大關鍵時刻（例如即將丟掉工作或是和伴侶分手），然後讓他們看到「含有感情力量的無生命物品或是景象」（例如兩個連在一起的紅色櫻桃），就是那些你在雞湯長輩圖中會看到的，壯麗山頂之類的景象。超自然力量信仰者說從景象中得到了解決當前難題的啟示與訊息。如果想像的情況是和伴侶分手，他們會覺得之後能夠順利維持下去，因為兩個連在一起的櫻桃代表了穩固的關係與承諾。懷疑者一如你所料，不會這樣想。

這個研究中有趣的地方是所有受試者看到影像時，左腦的下側顳葉迴（inferior temporal gyrus）會活躍起來，這個部位與影像處理有關。與懷疑者相較，超自然力量信仰者右腦的下側顳葉回活動明顯比較少，該部位和認知抑制有關，也就是說能調節並且減少認知過程。[10]在這個實驗中，右腦的下側顳葉回抑制了非邏輯模式與連結活動的產生，這個結果能解釋為何有些人很快就相信非理性或是不合理的事件，而其他人則需要說服力強大的證據。如果右腦的下側顳葉回活動微弱，腦中傾向非理性程序的活動所造成的影響就越強。

由於種種原因，這不是決定性的實驗。首先，受試者人數非常少，但是主要的理由是要怎麼測量或是確定某個人的「超自然傾向」？那個不在公制系統中。有些人喜歡相信自己是完全理性的，但諷刺的是，這個念頭本身就是自欺欺人。

陰謀論者就更難研究了。研究的原理相同，但是出自於研究主題的關係，難以招募到志願者。陰謀論者往往神秘偏執，同時不相信有組織的機構，如果科學家對一個陰謀論者說：「你願意到我們的安全機構，讓我們對你進行實驗，其中一項是可能會把你放到一個大鐵管中好掃描你的腦部。」這樣的話不太可能得到首肯。所以在這一章中相關的內容，都是來自於當前研究結果的合理的理論與推測。

但，我說過了，對吧？這整章的內容，都是為了讓人們無法接觸到事實真相的陰謀之一。

有些人寧願對野貓吹口哨也不願唱卡拉ＯＫ

（恐懼症、社交焦慮與種種相關的表現方式）

卡拉ＯＫ是在全世界都廣受歡迎的娛樂。有些人（通常已經喝醉了）就愛不顧自己的歌唱實力，站在陌生人面前，演唱自己只記得一點點的歌曲。*雖然還沒有實驗證明，不過我認為演唱熱情和演唱能力之間是負相關的。唱卡拉ＯＫ的風潮主要是酒精消費所帶動起

＊譯註：在西方社會鮮少有包廂式的卡拉ＯＫ，大多在酒吧中唱。

來的，現在電視選秀節目大行其道，人們演唱時面對的不再是一小群對自己不感興趣的醉客，而是數百萬個陌生人。

對有些人來說，那是可怕的景象，是惡夢中的場景。要他們站起來在一群人面前唱歌，他們的反應好像是你要他們全裸在所有的分手伴侶的注視之下表演手榴彈雜耍。他們臉上的血色消失，全身都緊張起來，呼吸變得急促，出現了許多典型的「戰或逃」的跡象。如果在唱歌和加入戰場兩者之間選擇，他們寧願加入戰鬥至死（除非戰鬥現場也有觀眾）。

到底是怎麼回事？不論你對卡拉ＯＫ有什麼想法，它都不會有危險，除非面對的是一群濫用類固醇的音樂愛好者。當然情況可能會不太妙，你有一個音錯得離譜，每個人都聽出來了，這時你恨不得以死解脫。但是又怎樣？有些你再也不會照面的人認為你的歌唱能力在平均之下而已，有什麼好受傷的？但是對於腦部來說，的確受到傷害。羞愧、尷尬、眾人的嘲笑，這些都是強烈的負面感覺，除了最究級的變態之外，沒有人會想主動陷入那種情境。只要其中一種或是全部的感覺有可能發生，就足以讓人卻步。

人們所害怕的事物，還有比卡拉ＯＫ更為稀鬆平常的，例如講電話（這是我盡量避免的）、付帳時有一長串人排在後面、記得大夥兒要點的酒、上台演講、去剪頭髮。這些每天有數不清的人都在做而且沒有發生意外的事情，卻讓有些人害怕得不得了。

這是因為社交焦慮，基本上每個人或多或少都會有，但是如果焦慮的程度太高，這就提升為社交恐懼症（social phobia），真的會干擾正常生活。社交恐懼症是最常見的幾種恐懼症之一，要了解其中的神經科學，就要先來知道恐懼症的基本內容。

恐懼症是對某些事物不合理的恐懼。如果蜘蛛突然掉到手上，當然會讓人驚聲尖叫、揮舞手臂，這點大家都知道：蜘蛛的恐怖模樣嚇到你了，大家都不喜歡蟲子碰到自己，你的反應是恰如其分。如果蜘蛛掉到你的手上，你失控大叫，敲打桌子，然後用漂白水洗手，把全身衣服燒掉，並且一個月內都無法離開自己家，那麼這就可能是「不合理」的，畢竟那只是一隻蜘蛛而已。

恐懼症中一個引人興趣的現象是，具有恐懼症的人通常完全了解自己的恐懼是不合邏輯的。[11]有恐蛛症（arachnophobia）的人通常在意識上很清楚，大小沒有超過硬幣的蜘蛛實際上不會對自己造成危害，但是就是克制不住自己過度的恐懼反應，因此安慰恐懼症的老話（「牠又不會傷人」），雖然出自善意，但完全沒有意義。知道那些東西並不危險，實際上並沒有差別。也就是說，對於那些事物的恐懼，來自於意識的更下層，所以恐懼症頑強而且難以治療。

恐懼症可以分成「特定」（或是「簡單」）與「複雜」的。這兩者之間的差異在於引發恐懼的事物。簡單恐懼症代表害怕某個特定物品（例如刀子）、動物（蜘蛛、老鼠）、狀況（搭電梯），或是事物（血液、嘔吐）。只要能夠避開這些東西，就能夠好好過日子。有的時候不可能完全避開引發恐懼的事物，但通常接觸的時間很短。你可能害怕搭電梯，但通常一趟電梯只花費幾十秒，除非你是像威利・旺卡（Willy Wonka）搭乘透明電梯飛到太空。

有各種不同的原因會產生恐懼症。在最基本的層面上，來自於聯想學習（associative learning），把特定的反應（例如恐懼反應）連結到特定刺激（例如蜘蛛）之上。就算是神經系統沒有那麼複雜的生物也具備這種能力。例如加州海兔（Aplysia），這種長度將近一公尺的海洋腹足綱動物（gastropod），在一九七〇年代被科學家用於實驗中，進行最早期的學習與神經元改變之間關連的實驗。[12]加州海兔構造簡單，神經系統以人類為標準來說相當原始，但是具備了聯想學習的能力，更重要的是牠們的神經元很大，大到能夠把電極插入其中，紀錄神經元的活動。加州海兔的神經元具有軸突（axon），類似於神經元伸出的「主幹」，粗達一毫米。感覺好像很細，和其他動物的相比卻非常粗了。如果人類神經元的軸突像是吸管那麼粗，那麼加州海兔的軸突就粗到如同英法海地隧道。

重點在於，如果這種動物沒有聯想學習的能力，那麼大的神經元也派不上用場。在第一章提到飲食和食慾之間關連的部分就稍微提到過這類情況：腦部能夠建立蛋糕與疾病之間的關聯，在想到蛋糕時便會覺得不舒服。同樣的機制也可以應用在恐懼症與害怕之上。如果你受到警告要避免一些事情（和陌生人見面、電線、老鼠、病菌等），腦部就會推測如果接觸到這些事物的種種惡果。如果你真的接觸到了，腦部便會想到所有「可能的」結果，並且啟動「戰或逃」反應。杏仁核負責編碼記憶中的恐懼元素，會把這次的遭遇貼上「危險」的標籤，下次再遇到時，你會記得危險，並且有同樣的反應。當我們學到哪些東西要值得注意，最後就會害怕那些東西。對於有些人來說，最後就會演變成恐懼症。

這個產生過程代表了任何事物都可以成為恐懼的對象，如果你看過現在已知恐懼症種類的清單，就會同意這一點，其中值得一提的恐懼症有「懼乳酪症」（turophobia），顯然和懼乳酪症有重疊的懼黃色症（xanthophobia），以及懼長詞彙症（hippopotomonstrosesquipedaliophobia，從這個詞看來，心理學家基本上很邪惡），還有懼恐懼症症（害怕得到恐懼症，因為腦部經常會恢復邏輯概念，並且說：「閉嘴，你又不是我的親生父親！」*）。不過有些恐懼症比較普遍，代表了還有其他影響因素。

我們演化成有能力去恐懼某些事物。在一項行為學實驗中，科學家教黑猩猩害怕蛇。

---

*譯註：這句話是個英語迷因。

實驗過程相當簡單直接，通常是讓他們看一條蛇，然後給予不愉快的感覺，例如輕微的電擊或是難吃的食物等，就是牠們想要盡可能避開的玩意兒。有趣的是，其他黑猩猩看到受實驗的黑猩猩對蛇感到害怕，不需要訓練，也很快的學到要怕蛇，[13]這通常描述成「社會學習」（social learning）＊。

社會學習和社會暗示的力量強大，腦部「謹慎為上以免後悔」的思路應用在處理危險方面，代表了如果看到有人害怕某個東西，會認為自己也應該害怕。在童年時期更是如此，那時候正在逐漸了解這個社會，主要的認識來自於自己認為對於這個世界更為了解的人。如果雙親有特定的恐懼症，那麼最後自己也有可能出現這種恐懼症，就像是某件會造成不安的傳家物。這種狀況是有道理的：小孩如果看到雙親或是主要教育者／照顧者／學習對象遇到老鼠時發出尖叫、驚慌失措，這個造成不安的經驗，一定會在幼小的心靈中留下鮮明的印象。

腦部有恐懼反應，代表恐懼症很難消除。絕大部分學習而來的連結可以由著名的帕夫洛夫狗實驗中所用的程序加以移除。鈴聲和食物連結起來，讓狗聽到鈴聲時便出現了學習反應（分泌唾液）。如果鈴聲重複但是一直都沒有食物出現，連結會慢慢消失。同樣的程序也可以用在許多狀況下，稱之為「消退」（extinction），英文中和物種滅絕是同一個字。[16]腦部學到鈴聲刺激和其他的事情沒有關聯，因此無需特別的反應。

你可能認為恐懼症也可以用類似的方式治療，因為每次遇到害怕的事物幾乎都不會受到傷害。但事實上就是如此才更為棘手：由恐懼症引起的恐懼就足以讓這種恐懼症持續下去，這是循環邏輯的經典案例：腦部認為某事物是危險的，遭遇到的時候會出現「戰或逃」反應，激發種種生理反應，讓全身充滿腎上腺素，使人緊張惶恐等。「戰或逃」反應消耗心神、讓人疲憊，這種感覺通常不愉快，因此腦部會記得「上次遇到這種事情時，身體反應陷入瘋狂，所以我是正確的，那件事的確危險。」所以不論恐懼的對象是否真的對人造

＊社會學習能夠解釋很多。我們從其他人的行動中，能夠學到許多知識與恰當的行為，特別是對於威脅要採取的反應。黑猩猩在這方面也很類似，在第七章中會提到更多常見的相關社會現象，但是這項說法並不能把所有現象都解釋清楚，因為在實驗中用花朵代替蛇的時候，奇怪的現象出現了。那些受到訓練的黑猩猩依然會怕花朵，但是其他看著受訓黑猩猩的黑猩猩卻很少習得對於花朵的恐懼。對於蛇的恐懼很容易就傳遞開來，但是對於花朵的恐懼就不會。我們演化成天生就對於可能致命的危險物產生疑慮，因此害怕蛇和蜘蛛就很普通。[14]相較之下，沒有人害怕花朵（懼花症），除非罹患了特別嚴重的花粉症。同樣也是演化出來的恐懼傾向包括害怕電梯、打針和牙醫。在電梯中受困了，會讓腦部的警報聲響起。打針和看牙都可能會造成疼痛，並且破壞身體的完整，因此激發恐懼反應。另一個傾向是提防與害怕屍體（屍體可能帶有病原體，或是代表附近有危險，同時也讓人厭惡），「恐怖谷效應」（uncanny valley）[15]也可能是因此產生的：電腦動畫完成的人物或是機器人看起來像人但是並不邪惡也不討厭，眼睛掉到襪子上也沒關係。但是很近似人的東西又缺乏真人所具備的細節或是氣息，看起來就為像是「了無生機」而非「好玩有趣」。

成傷害，恐懼症都受到強化而非減弱。

恐懼症的本質也很重要。到目前為止都只提到單純恐懼症（由特定事物引發的恐懼症，很容易就找出這個事物並且能夠避免）。不過，還有「複雜」恐懼症（由情境或是狀況等更為複雜事物所引起）。空間恐懼症（agoraphobia）是一種複雜恐懼症，通常受到誤會，以為害怕的是開放空間。更精確的來說，空間恐懼症害怕的是無法逃脫或是欠缺幫助的狀況。[17]嚴格來說，可以是自己家以外的任何地方，嚴重的空間恐懼症甚至會讓人不敢離家，造成「害怕開放空間」的誤解。

空間恐懼症和恐慌症（panic disorder）之間的關聯相當密切。每個人都可能會恐慌發作，那是恐懼反應太強烈，以至於讓人手足無措，無法應對，同時會感到沮喪、恐懼、呼吸困難、身體不舒服、天旋地轉，或動彈不得，症狀因人而異。二〇一四年的《哈芬登郵報》（*Huffington Post*）刊登了一篇由林西·荷姆斯（Lindsey Homes）與艾莉莎·謝勒（Alissa Scheller）所寫的文章，標題是〈恐慌發作的感覺〉（This is what a panic attack feels like），其中收錄了一些發作者對於自己發病時的描述，其中一段是：「我覺得自己站不起來、說不出話，全身到處都痛得不得了，好像是有人把我擠到小球中，糟到好像無法呼吸。我開始大力吸氣，就嘔吐了。」

其他許多人的狀況各自不同，但是同樣糟糕[18]，全部都可以總結成一件相同的事：有的時候，沒有任何可能造成恐懼的事情出現，腦部卻跳過了許多程序，直接引發恐懼反應。由於沒有可見的原因，實際上也就沒有能夠解決的方式，恐懼突然的「勢不可擋」，那便是恐慌發作。發作者會在完全不會造成傷害的情境中驚慌恐懼，並且與害怕和恐慌連結在一起，最後開始害怕一些不會造成傷害的情境。

恐慌症一開始是怎麼產生的，現在還不清楚，但有幾個可信的理論。可能是之前受到了創傷，但是腦部沒有處理掉所造成問題，一直延續下來造成的結果。有可能是某種神經傳遞物不足或是太多。也有可能是遺傳，直屬血親具有恐慌症的人，自己也更容易出現恐慌症。[19]甚至有個理論指出，恐慌症者更容易有災難性念頭，擔心身體上一些小問題小毛病，把它們想得要比實際上嚴重得多。[20]也有可能是上面的狀況結合在一起，或是有其他尚未發現的原因。在非理性恐懼反應上，腦部有很多選擇。

到頭來，就會出現社交恐懼，如果這份恐懼嚴重到傷害身體，就成為社交恐懼症。社交恐懼症源自於害怕得到其他人的負面反應，例如唱卡拉ＯＫ時害怕聽眾的反應。我們不只懼怕敵意與攻擊，只要非難就足以讓人止步不前。其他的人，就足以作為恐懼症的主要成因，這個另一個例子，說明了我們知道腦部會利用其他人的看法來調校我們的世界觀，以及自己在世界中的位置。其他人的非難非常重要，通常那個「其他人」是誰則變得無關緊要。許多人努力追求名聲，但是名聲也只不過就是陌生人的認可而已吧。之前提到腦部是自我本位主義者，因此所有名人都渴望得到大眾的認可？這真的有點哀傷（推薦這本書的名人例外）。

腦部傾向預測最壞的結果並且因此擔心，再加上腦部需要他人的接納與認可，這幾點加起來，構成了社會焦慮。打電話給別人，代表是在看不到對方表情與肢體的狀況下與之互動，因此有些人（例如我）覺得打電話很困難，並且如果冒犯到對方或是讓對方無聊，就會恐慌。結帳時有許多人排在自己的後面，足以讓人緊張不安，因為實際上這就是在拖延一大群人的時間，他們都瞪著你，看你奮力動用數學能力好完成付帳的工作。諸如此類的狀況讓腦部想到自己會讓他人生氣或是沮喪，造成尷尬，得到負面評價。總的來說就會引發焦慮，擔心在聽眾面前犯錯。

有些人面對聽眾完全沒有問題，但是有些人就會。為什麼會這樣？有許多不同的解釋。羅絲琳德．利伯（Roselind Lieb）進行研究發現，教養方式和焦慮症的形成有關，[21]你能夠發現其中的道理。過度苛責的雙親會讓小孩緩緩陷入持續的恐懼中，害怕做什麼小事都會動輒得咎，極度重視大人的不愉快。過度保護的雙親則會防止小孩體驗到自己行為所帶來的些微不良結果，小孩長大離開了父母保護之後，若自己做的事情的確引來的不良結果，因為無法適應，造成很大的衝擊，也就是說他們難以面對這類的結果，就更害怕類似的事情再度發生。僅僅是小時候一直受到耳提面命要當心陌生人，就有可能讓你對陌生人的恐懼莫名地高。

有這些恐懼症的人通常會展現出迴避行為（avoidant behaviour），也就是主動避免任何有可能會引發恐懼反應情境。[22]這或許能夠讓心情平靜，但是長久來說只會讓恐懼症更加惡化。越是避免，強烈恐懼維持的時間就越久，在腦中也越鮮明。這就好像是用紙覆蓋住牆壁上的老鼠洞，偶爾經過的人可能沒有發覺異常，但是鼠患依然存在。

現有的證據指出，社會焦慮和社會恐懼顯然是最普遍的恐懼症。[23]由於我們都需要其他人的認可，而且腦部的偏執傾向讓人害怕不危險的事物，有這個結果並不讓人驚訝。把這兩項因素加起來，人類最後會非理性的害怕其他人對於自己的能力不足有負面意見。我可以證明這一點。你現在看的是我修改了九、十、十一、十二、二十八次的版本，而得到了這個結論，但是我依然確信有很多人不喜歡這個結論。

別做惡夢，除非你喜歡這一套

（為何有人喜歡受到驚嚇並且主動找罪受）

有些人聽到能夠處在危險之下便會雀躍，讓自己身處不祥狀況好追求短暫刺激，例如那些從事低空跳傘、高空跳傘和高空彈跳的人。本書的內容之前都是描述腦部為了保護自己而產生的行為，以及由神經緊張與迴避行為所引發的各種結果。不過史蒂芬·金（Stephen King）和狄恩·昆茲（Dean Koontz）等作家所寫的小說中，有令人恐懼的超自然現象，書中的角色受到暴力傷害，死狀甚慘，但是他們都賺大錢，兩人的寫書加起來快賣了十億本。《奪魂鋸》系列電影中，裡面角色因為枝微末節的小事，年紀輕輕就死於各種充滿創造力的殘酷殺人手法之上，目前已經拍到第八部*，全都在世界各地的電影院中上映，而不是封在鉛盒中，發射到太陽加以銷毀。大家露營晚上圍在營火邊時都會說鬼故事，也會搭乘鬧鬼列車、參訪鬼屋，在萬聖節時打扮成活死人四處要糖。我們享受這些活動的原因是什麼？就是為了讓人受到驚嚇？其中有些還是專門為兒童設計的。

很巧的，因為恐懼而顫抖，以及從甜食得到的滿足，兩者可能都需要用到腦部同一個區域：中腦邊緣路徑（mesolimbic pathway），通常也稱為中腦邊緣報償系統，或是中腦邊緣多巴胺生成路徑（mesolimbic dopaminergic pathway），因為這個部位負責腦中的報償感覺，而且利用到多巴胺神經元（dopamine neuron）完成任務。參與報償的迴路和路徑有好幾個，但是這個咸認是位於最「中央」的，因此對於「喜歡享受恐懼」而言，特別重要。

這個路徑由腹側被蓋區（ventral tegmental area）和依核（nucleus accumben）組成，[24]位於腦中深處，其中有非常密集的迴路和傳訊神經元，並且連結到腦部其他更為複雜的區域，例如海馬迴與額葉，以及比較原始的區域，例如腦幹，對於腦部運作的影響很大。

腹側被蓋區的功能是偵測刺激並且判斷這個刺激是正面還是負面、需要追求或是避免。之後腹側被蓋區會傳訊息到依核，後者會對於刺激的體驗做出適當的反應。如果吃到美味的零食，腹側被蓋區會認為這是好事，告訴依核，依核會產生愉悅和享受的感覺。如果你意外喝到發臭的牛奶，腹側被蓋區會認為這是壞事，告訴依核，引起厭惡、噁心、嘔吐等各種感覺，這樣腦部傳達的訊息是確保你「不會再幹這件事」。這兩個區域聯合在一起，成為了中腦邊緣路徑。

在這裡，「報償」一詞的意思是做了腦部認可的事時所產生的正面、愉快感覺。那些

*譯註：第八部於二〇二一年上映。

事通常和生物功能有關，例如餓的時候進食，或是吃的食物富含養分與能量（就腦部來說，碳水化合物是最有價值的能量來源，因此節食者難以抵抗碳水化合物的誘惑）。還有其他事情能夠讓報償系統的反應更為強烈，例如性愛，因此人們花費大把時間和心力追求性愛，但事實上沒有性愛也能活下去。事實就是這樣。

還有不一定要對維生而言必須或強烈鮮明的物事才能夠帶來報償，一直在癢的部位去抓一下也讓人舒服起來，這也是由報償系統負責的。這是腦部在說：「剛才的事情真棒，你應該再來一次。」

從心理學的角度來看，報償是所發生事情的（主觀）正面反應，為的是讓你改變行為，因此哪些事情能夠產生報償，可就多采多姿了。如果大鼠壓桿子，就能得到一塊水果，牠就會繼續壓桿子，水果在這裡就是有效的報償。[25]但如果得到的不是水果而是最新的ＰＳ遊戲，就不會那麼頻繁壓桿子了。一般的青少年或許無法認同，但是對於大鼠而言，ＰＳ遊戲毫無用處，不會帶來動力，因此不算上是報償。這個例子的要點是強調不同的人（或是動物）覺得能帶來報償的事物是不同的，有些人喜歡受到驚嚇或是不安，有些人就是不會，而且不了解那些人為何會喜歡驚嚇與不安。

恐懼與危險可以經由數種方式變得「討喜」。首先，人類天生就好奇，就算大鼠這樣的動物，在有機會的時候也會展露探索新事物的傾向，人類這種傾向更強烈。[26]想想看我們有多少時候做事的動機僅僅是為了想知道後果如何而已。有小孩的人絕對會熟悉這種經常造成破壞的傾向。人就是會受到新奇事物的吸引，我們面對了各式各樣的新感覺和體驗，所以和眾多同樣不熟悉但是無害的選項相較，選擇那些具備恐懼與危險的體驗也不錯吧。

當你做了好事情，中腦邊緣報償路徑便會提供愉悅的感覺，但是「好事情」涵蓋的範圍非常廣，其中各種可能的事情都有，包括了「壞事結束」。由於涉及了腎上腺素和「戰或逃」反應，恐懼害怕的時刻刺激都非常強烈，感覺和全身系統都啟動，準備好面對危險。不過通常造成危險或恐懼的因子會遠離（特別是因為腦部容易過度緊張）。腦部之前認為有威脅，現在威脅遠去了。

你本來在一間可怕的房子中，現在離開了。你本來在空中飛馳直奔死亡，現在你活得好好的站在地上。你聽了一個恐怖的故事，現在故事結束而嗜血連環殺手並沒有出現。在每種狀況中，報償路徑都察覺到危險突然消失了，不論你是怎樣讓危險消失，但是重要的是你下次也可以讓危險消失，這樣便引起了非常強烈的報償反應。在絕大部分的狀況（例如飲食和性愛），你只是做了能夠讓自己的存在稍微延長一段短時間的事情，但是這些可是避免了死亡呢！重要得多了！除此之外，遍布全身的腎上腺素和「戰或逃」反應，讓所有感覺都加強放大。恐怖事件後的衝擊感和放鬆感是很強的刺激，強過絕大部分的其他事情。

海馬迴及杏仁核和中腦邊緣路徑之間有神經連結和實際連結，讓中腦邊緣路徑能夠強化自身認為重要事件的記憶，並且和強烈的情緒結合在一起。[27]這不但能夠在行為發生時給予報償或沮喪，也讓這個事件的記憶特別強烈。

拉高的知覺、強烈的衝擊，以及鮮活的記憶，這些加起來代表了遇見極度恐怖的事情，可以讓某人要比其他時候更有「生氣」。當其他事件帶來的經驗相較之下變得平淡無味，那麼恐怖事件帶來的「快感」，就能夠讓人追求類似的事件，如同喝習慣雙倍份義式濃縮咖啡的人覺得加奶拿鐵無法滿足。

而且，通常那個恐怖事件必須要是「貨真價實」的，而不是仿冒品。腦中負責思考的意識在許多狀況下可以受到愚弄（本書中有許多例子），但是並沒有那麼容易受騙上當。讓在電動遊戲中你高速開車，不管視覺效果多麼真實，都不可能提供真正開快車的衝擊與感覺。同樣的道理也適用於打殭屍和開星艦，人類的腦能夠分辨出來真實與非真實，應對其中的差別，只有一直老生常談「電玩造成暴力行為」的人，才認為腦部無法區分。

如果逼真的電玩並不恐怖，那麼像是恐怖小說這樣抽象的內容為何會讓人害怕？這可能與「控制」有關。玩電玩時，你能控制整個環境，能夠讓遊戲暫停，機器會遵守你的指令。但是在恐怖小說或是電影中就不是這樣了，讀者與觀眾是被動的觀察者，只能跟隨著劇情前進，毫無發生影響力的空間（你可以把書闔上，但是這樣並不能改寫故事）。有時候在看完後，影片或是故事中的印象和經驗依然能夠持續，讓人不安好一陣子。這是因為留下了鮮明的記憶，記憶會引發體驗。總的來說，如果腦部對於事件的控制程度越高，那麼事件就越不恐怖。因此事情「留下充分想像空間」，會比最駭人的特效更恐怖。

在一九七〇年代，電腦動畫和特效化妝都還沒有那麼進步，但是影迷都認為那是恐怖電影的黃金年代。那些恐怖來自於暗示、時間掌控、氛圍營造和其他聰明的拍攝技巧。腦部會傾向找尋和預期威脅和危險事件，因此絕大部分的事情都在腦中補完，讓人看到影子就嚇一跳。好萊塢的大片廠引進了最尖端的技術，所呈現出來的恐怖內容更為露骨與直接，大桶大桶的假血和電腦動畫取代了心理懸疑片段。這兩種手法以及其他手法都有發揮空間，但是當恐怖的內容直接呈現出來，腦部就不用參與其中，有餘裕思考和分析畫面，並且能夠知道那全部都是虛構的內容，隨時都能夠離開，恐怖情節造成的衝擊便減弱了。電玩設計師了解這一點，生存恐怖遊戲這個類別中，玩家角色身處充滿緊張與不確定性的環境中，得避開壓倒性的危險狀況，而不是用巨大的雷射槍把怪物轟成碎片。[28]

極限運動和其他找刺激的活動，背後的道理應該也相同。人類腦部能夠完美區分真正的危險和人造的危險，通常要很可能真的帶來不愉快後果的事情，才能夠引發真正的顫慄感覺。利用大螢幕、安全繩具和巨大風扇等複雜的舞台設備，有可能複製出類似高空彈跳的感覺，但是不可能真實到說服你的腦部，相信自己正在從高空中墜落，要撞到地面的危險便不存在，體驗也就有差別了。快速在空中上升下降的經驗，除非真的去做，否則很難複製，所以我們有了雲霄飛車。

對於恐怖的場景，你所控制的程度越低，得到的顫慄就越多，但是其中有個分界點，恐怖事件應帶來的影響，是要有「愉快」的感覺，而不是單純的可怕而已。揹著降落傘從空中跳下來可以是有趣刺激的，但是從飛機上掉落但背上沒有降落傘可就不刺激了。對於腦部來說，要享受令人顫慄的活動，前提是其中雖然有真正的風險，但是依然能夠控制結果，迴避風險。在車禍中生存者，絕大部分會因為還活著而覺得鬆了口氣，但是極少數會願意再經歷一次。

而且腦部有一個習慣，之前提到過，叫做「反事實推論」：傾向專注思考從沒有發生過的事情所帶來的最糟糕結果。[29]而且會更注意到恐怖的事件，好像真的會帶來危險。如果你過馬路時差一點被車撞到，你在接下來幾天中會可能會思考如果被撞到會怎樣。但實際上你沒有被車撞，身體毫髮無損，但是腦部就會一直想到過去、現在和未來可能發生的危險。

喜歡這類活動的人通常稱為「腎上腺上癮者」（adrenalin junkie）。「感官刺激追求」（sensation seeking）是一種人格特徵。[30]有這種特質的人會持續找尋各種新鮮、複雜又強烈的經驗，總是追求身體／經濟／法律上的風險（金錢損失和遭到逮捕是許多人極力避免的危險）。前面提到，要享受顫慄事件的前提是能夠有一定程度的控制，但是感官刺激追求的傾向可能會蓋過評估、辨認與實際控制風險的能力。一九八〇年代末，有一項心理學研究的對象是滑雪者。在比較了受傷滑雪者和無傷滑雪者之後，[31]研究人員發現受傷滑雪者中具有感官刺激追求傾向的比例比較高，代表他們為了追求顫慄感覺，做出的決定或是展現的行動，超出了自己的控制範圍，於是受了傷。這真是殘酷又諷刺：追求危險的慾望可能也讓人辨認風險的能力受到蒙蔽。

為何有些人具備這種極端的傾向，現在還不確定，有可能是漸漸養成的，短暫的危險經驗帶來了一些愉快的顫慄感，讓人找尋更多，同時更為強烈的危險刺激。以上是傳統的「滑坡」（slippery slope）論點，這個詞真的滿適合滑雪者的。

有些研究探查的生物與神經原因。有些證據指出，有感官刺激追求的 DRD4 等基因突變了，這些基因所編碼的蛋白質是一種類多巴胺受體，代表了那些人的中腦邊緣報償路徑可能有所改變，使得產生報償感覺的活性改變。[32]如果中腦邊緣路徑比較活躍，強烈的刺激就會變得更強，但是如果比較遲鈍，那麼就需要更為強烈的刺激才能真正有娛樂效果，絕大多數人覺得夠驚險的事件，對他們而言，對生命造成威脅的效果還遠遠不足。不論是哪樣，他們最後都會追求更多刺激。要釐清某個基因在腦部中的作用，是個長期又複雜的過程，因此現在我們都還無法確定。

另一項研究是莎拉·馬丁（Sarah B. Martin）和同事在二〇〇七年發表的，他們招募了數十名感官刺激追求人格測驗上分數不同的受試者，掃描他們的腦部。在這篇論文中，他們宣稱感官刺激追求行為和右海馬迴前端比較大有關聯。[33]這項證據的意義是，腦中和記憶系統中，右海馬迴前端負責處理與辨認新奇事物。基本上，記憶系統經由那個部位處理資訊，並且說：「來看看這個，我們以前見過嗎？」右海馬迴前端會說是或不是。我們並不確定該部位增大有什麼意義。可能是因為個人體驗到了許多新奇事物，辨認新奇事物的腦區便增大以因應。或者是辨認新奇事物的腦區過度發育，因此需要更不尋常的事物才會被當成是新奇的。如果真是這樣，對這些人來說，新奇的刺激和體驗可能就會更重要。

不論讓右海馬迴前端增大的實際原因是什麼，但對於神經科學家來說，看到人格特質這樣複雜又難以捉摸的面向，居然反應在腦部實際可見的差異上，真的很酷。這類發現並不如同媒體上所說的那麼常見。

總的來說，有些人真的喜歡遭遇到引起恐懼的事件，遭遇時能夠引發「戰或逃」反應，讓腦部充滿興奮的體驗（以及事件過後強烈的放鬆感），並且在確定變因的狀況下當成娛樂。有些人腦部的結構或是功能有些許不同，因此會更為積極追求強烈的危險或恐懼所帶來的感覺，有時甚至到造成危害的程度。不過這沒有什麼好多批評的，撇開腦中結構上的共通性，每個人的腦都是不同的，這些差異並不值得害怕，就算你喜歡沉浸在害怕之中。

你氣色真好，沒有擔心自己體重真是太好了。

（批評的影響力大過稱讚的原因）

「棍子和石頭可以打斷我的骨頭，惡評卻不會。」這句話其實經不起仔細推敲，對吧？首先，骨折造成的傷害顯然很痛，否則不會用來當作疼痛的參考標準。第二，惡評和羞辱不會造成傷害，那麼這句俗語應該就不會存在。沒有類似的俗語，例如「刀鋒和利劍會砍傷我，但是棉花糖是無害的。」受到稱讚感覺很棒，但老實說，批評能刺傷人。

從表面上來看，這一節的標題是一句恭維話，其實恭維到兩個地方，稱讚了外貌和態度。但是收到這句話的對象不太可能會如此詮釋。這個批評拐彎抹角，需要想一想才會知道其中的意思，因為畢竟是非常含蓄的批評。儘管如此，那也是因為批評的效果比較強烈。這種現象只是人類腦部運作方式中無數例子中的一個：批評造成的衝擊通常比稱讚來得強。

如果你剪了新髮型、穿了新套裝，或是對一群人說了個笑話。讓人在意的並不是有多人稱讚你的外表，或是因為你的笑話而莞爾，而是有人在說話之前停頓了幾秒，或是無聊得翻白眼，這些事才使人在意，並且讓人感覺很差。

為什麼會這樣？如果批評讓人不高興，腦部為何又很重視批評？其中實際相關的神經機制嗎？抑或人類有受不愉快感吸引的病態心理傾向，例如想要摳下結痂或是戳鬆掉的牙齒。當然，可能的答案不只一個。

對於腦部來說，壞事通常造成的影響要比好事深遠。[34]在最基礎的神經運作層次上，批評是經由皮質醇這種激素的活性造成影響。遭遇壓力時，腦部的反應之一是釋放皮質醇，這種化合物會引發「戰或逃」反應，普遍認為是長期壓力所造成的所有現象都和這個激素有關。皮質醇的釋放主要由下視丘—腦垂腺—腎上腺軸（hypothalamic–pituitary–

adrenal, HPA）控制，這是由腦部和身體經由神經和內分泌（由激素調節）部位結合而成的系統，用以協調全身對於壓力的反應。之前科學家認為下視丘—腦垂腺—腎上腺軸對於任何壓力事件都會產生反應，但是後續研究發現是有選擇性的，只有在一些特定狀況才會啟動。當今有一個理論的內容是，下視丘—腦垂腺—腎上腺軸只有在「目的」受到威脅時才會啟動。[35]舉例來說，你在走路時，如果有鳥糞掉到你身上，的確讓人很不爽而且可能有衛生方面的影響，但是不太可能啟動由經由下視丘—腦垂腺—腎上腺軸引起的反應，因為「不要被白目的鳥弄髒身體」並非是你有意識的目的。如果在你走路趕赴重要的面試時，同一隻鳥又瞄準了你，那麼就很有可能引發下視丘—腦垂腺—腎上腺軸反應，因為你有一個特定的目標：要去面試，要留下好印象以得到工作。現在這個目的幾乎無法達成。對於面試工作時的服裝穿著，各家說法不盡相同，但是其中都不會包括「厚厚塗上一層鳥類消化作用的副產品」。

最顯著的目的是「自我保護」。如果你的目的是活得好好的，而某些事情出現，會讓你無法活著而影響到這個目的，下視丘—腦垂腺—腎上腺軸就可能會啟動壓力反應。這是之前有人認為下視丘—腦垂腺—腎上腺軸反應對任何事情都啟動的原因之一，因為人類到處都能夠看到對自己的威脅。

只不過人類很複雜，威脅是否是真的威脅，有很大一部分取決於他人的意見和回饋。社會自我保護理論（social self-preservation theory）指出，人類會發自內心想要保護自己的社會地位（讓自己認可的人持續喜歡自己），由此出發，他人對自己的評價也會造成威脅，如果威脅到自己社會地位或形象，進而影響到「自己受歡迎」這個目的時，就會讓下視丘—腦垂腺—腎上腺軸啟動，把皮質醇釋放到全身。

批評、侮辱、拒絕、嘲弄，這些對自己的攻擊可能傷及自我價值感，如果是在公開場合發生就更為嚴重，自己受到喜愛與接納這個目的就會遭到阻礙。這種壓力會刺激皮質醇釋放，引發出許多生理效應（例如把葡萄糖釋放到血液中），也直接影響腦部。我們都很清楚「戰或逃」反應會讓人注意力集中，讓記憶更鮮活。皮質醇和其他同時釋放出來的激素，有可能在人受到批評時造成同樣的效應（只是程度上可能有差異），此時身體的反應讓人對於這個事件特別敏感，記憶也特別深刻。本章主要的內容，基本上是在說明腦部找尋威脅時，往往會做過頭，沒有實際理由便把批評歸類為威脅。當壞事發生而自己又親身面對，相關的負面情緒和感覺都會出現，海馬迴和杏仁核又再次活躍，引發的情緒加深記憶，並且讓這份記憶更為鮮明。

受到稱讚這類的好事情也會使得催產素釋放出來，引起神經反應，讓人感到愉悅，但是效果比較弱，而且消失的速度快。催產素的化學結構使得它在血液中只能存在五分鐘，相較之下，皮質醇就能夠超過一小時以上，甚至長達兩個小時，造成效果的時間會比較久。[36]愉悅訊息轉瞬即逝，這種特質似乎有點嚴苛，但是能夠讓人愉悅感持續很長一段時間的東西，通常也能夠讓人喪失能力，這點後面會討論到。

不論如何，把腦部活動的原因歸諸於特定的化合物，通常比較輕鬆，但是會造成誤導，卻也是有些比較「主流」神經科學報導經常會幹的事。讓我們看看其他讓人更看重批評的可能原因。

新奇的體驗可能是原因之一。雖然程度依文化不同而異，但出自於社會規範與禮貌，絕大多數的人和其他人互動時會尊重對方（只不過從網路上的評論區內容看不出來有這麼回事），正派體面的人不會當街罵人，除非是對交通督導員（Traffic Wardens），他們顯然屬於例外。體貼和小小的讚美，屬於社會規範，就像是你買東西時店員找錢給你時你會道謝，而那些錢本來就該給你，他們沒有權力留著。當有些事情成為常規，喜好新奇的腦部就更常經由習慣化這個程序而摒除了對那些事情的注意。[37]如果有些事情隨時都發生，忽略了也不危險，那為什麼要浪費寶貴的腦力在那上面？

如果小小的讚美是所謂的「基本反應」，那麼批評所造成的衝擊就會比較大，因為屬於不尋常發生的事件。在一群發笑的觀眾中有一個板著臉的人，因為和其他人不同，會特別顯著。人類的視覺和注意力系統本來就就會注意在新奇、異常和「威脅」之上，一張發火的臉基本上就包含了以上三個要素。同樣的，如果平常較聽慣了「幹得好」之類的話，並且認為這類稱讚是無意義的陳腔濫調，那麼有人說「糟透了」，將會分外刺耳，因為這並不常發生，應該要多注意這種讓人不悅的經驗，釐清發生的原因，下次才能夠避免。

在第二章中提到，腦部的運作方式往往為讓所有人多多少少以自我為中心，在做出解釋和形成記憶時，往往會讓自己的形象比較好。如果這是人類的基本狀態，那麼稱讚就是在告訴自己原來已經「知道」的事，直接的批評就難以自我誤解，所以更會造成衝擊。

如果你以某些方式「展露自己」，像是表演、製作物品，或是分享你認為有價值的意見，你基本上就是在說「我覺得你們會喜歡這個」，顯然就是要祈求他人的認同。除非你的自信心爆棚，不然總是會對自己有一絲懷疑，並且知道自己有可能錯了。在這樣的狀況下，對於「否定」的風險就會更為敏感，傾向找尋否定或是批評自己的蛛絲馬跡，特別會展露在你非常引以為傲或是投注了大量心力的內容。當你刻意去尋找自己擔憂的事情，就更容易找到，如同慮病症者（hypochondriac）總是能夠在自己身上發現某些罕見疾病的恐怖病癥。這種狀況稱為確認偏誤（confirmation bias）：人類會抓緊自己要找的目標，而忽略其他不相符的。[38]

人類的腦部只能基於自己所知的內容去作出判斷，而所知的內容又建立在自己的論點和經驗之上，因此我們往往以自己的行為來判斷他人的行為。如果自己有禮貌、會恭維，僅僅是出自於要遵守社會規範，那麼當然其他人也是這樣的。結果便是自己得到的每句讚美之餘，其實多少都會懷疑他人是不是發自內心的。但如果有人批評你，那表示不只是你不好，而且是糟糕到有人願意違背社會規範去指出來，批評的衝擊也就會大過稱讚了。

腦部確認與應對威脅的系統，精密複雜，或許能夠讓人類在野外中長久續存，演變成現在這樣高度複雜又具有文明的物種，但是卻帶有短處。複雜的智能讓人類不只能夠找出威脅，也能夠想像和預期威脅。有太多事情能夠威脅人類、嚇著人類，導致腦部會因為神經因素、心理因素或社會因素而產生反應。

很悲哀，這個過程讓人類有弱點，而其他人會利用這種弱點，結果就造成了真正的威脅。你可能聽過「惡意差評」（negging）這個詞，那是擅長把妹者所用的策略，方法是接近一個女孩，說出表面上是稱讚但是骨子裡是批評或羞辱的話。如果有男性對女性說這一節的標題，那就是「惡意差評」，還有其他的說法，例如：「我喜歡你的髮型，絕大多數有你這種臉型的女性不會冒險留這種髮型。」或是：「我通常不喜歡像你這樣矮的女孩子，但是你很棒。」還有：「如果你再瘦一點就很適合這套洋裝了。」以及：「我一直都不知道要怎麼和女性說話，因為我都是用雙筒望遠鏡遠遠的看著她們，所以我用了卑劣的心理把戲玩弄你，希望對你的自信心造成足夠的傷害，好讓你和我上床。」最後一句很明顯不是典型的惡意差評，但是就是所有惡意差評所要表達的意思。

當然沒有必要這樣帶著惡意。當然我們都知道有一類人，在其他人做了值得自豪的事情時，會馬上插話指出他們有那裡那裡做得不好。因為何必要花心力達到某些成就？只要貶低他人就可以讓自我感覺良好了。

腦部努力找尋威脅其實是種殘酷的矛盾，因為腦部最後自己會創造出威脅。

第四章

你認為自己聰明，對吧！

——關於智能，目前依然難解

人類的腦部獨一無二的特別之處是什麼？答案可能有很多個，但是最有可能是讓人類的智能超群。許多動物能夠展現出人腦的所有基本功能，但是到目前為止，還沒有發現到哪種動物具有自己的哲學、交通工具、衣服、能源、宗教、或是某一種義大利麵，更別說如今人類有三百多種義大利麵。雖然這本書的主要內容是說明人類腦部有多麼效率低落或是奇異怪誕，但是也不可以忽略事實：人腦的確能夠辦好某些事情，讓人類能夠擁有多樣的內在本質以及豐富多面的外在生活，以及現在眾多的成就。

有一句常被引用的話是這樣說的：「如果人腦簡單到我們能夠了解，那麼人類就簡單到無法了解人腦。」如果你深入了解人腦的科學，以及腦部和智能的關聯，會發現這句話很有道理。人類腦部讓人類聰明到足以知道人類自己具有智能，觀察力強到足以了解到這份智能並不尋常，好奇到足以去探究為何如此。但是我們似乎還沒有聰明到足以輕易了解到這份智能從何而來，以及智能運作的方式。因此我們只好後退一步，研究腦部和心理學，以了解整個過程中的任何蛛絲馬跡。科學建立在人類有智能這個基礎之上，而現在我們利用科學研究人類智能的運作方式。這是合理論證還是循環論證？我還沒有聰明到足以區分出來。

你可能覺得智能令人困惑、複雜難解、自相矛盾，讓人摸不著頭腦，這些描述的確都滿符合的。智能難以測量，甚至沒有可靠的定義，但是在這一章中，我將會說明人類利用智能的方式，以及智能的奇特性質。

我的智商大約在二七〇左右。

（測量智能為何比你想的更困難？）

你具備智能嗎？

能問自己這個問題，代表答案絕對是肯定的。這個問題顯示出你能進行許多種認知過程，直接的讓你具備了「地球上最聰明物種」這個頭銜。你能夠了解並且記得「智能」這個概念，它並沒有明確的定義，在真實世界中也不以實體的方式存在。你知道自己是獨立的實體，在世界是有限的存在。你也能夠思考自己的特質與能力，並且將這些特質與能力和某些理想但目前並不存在的目標比對，而測量出高低，或是加以推論，指出這些特質與能力和其他人相比之下有其限度。地球上沒有其他種類的動物的心智有這種程度的複雜性。對於一種基本上屬於輕微精神官能症（neurosis）的特性而言，還算不錯。

因此人類可以算得上是地球上最聰明的物種了。但是這代表了什麼？智能好比諷刺的話語或是夏令節約時間，幾乎所有人都有基本了解，但是卻難以詳細解釋。

對於科學界來說，這顯然是個難題。數十年來許多科學家對給了智能許多不同的定義。法國科學家比奈（Binet）與賽門（Simon）發明了最早的嚴格智商測驗之一，他們對於智能的定義是：「良好的判斷能力、理解能力與推理能力，這些是智能的基本活動。」美國的心理學家大衛·韋克斯勒（David Weschler）設計了許多說明與測量智商的理論與方式，時至今日依然使用於智能測量，例如魏氏成人智力測驗量表（Weschler Adult Intelligence Scale），他把智能描述成：「所有讓行動有所目的的能力總和，好有效的應對環境。」菲利普·弗農（Philip E. Vernon）是這個領域的另一位名人，他認為智能是「全面性的認知能力，能夠有效的理解，以掌握關係與因果。」

別認為以上那些都是毫無理由的推測，智能中有許多面向是普遍受到認同的：智能反映了腦部去「做事情」的能力。更精確地來說，是腦部處理與探索資訊的能力。「推理」、「抽象思考」、「演繹模式」、「理解」之類的詞常用來說明高等智能的特性，這其實是有道理的。那些能力都牽涉到資訊的提取和運用，只是整個過程都難以捉摸。簡單的來說，人類的智能高到能夠不直接和事物接觸就能夠了解並且加以研究。

舉例來說，一般人走到門前看到門關上，上面有掛鎖，馬上會想說：「門鎖上了。」

然後找其他入口。看起來是瑣碎小事，但卻清楚的彰顯出智能。這個人觀察到某種狀況，推導出其中代表的意義，並且做出適當的反應。在發現到「啊，門鎖了」時，人不會真的想要打開門，並不需要這樣。邏輯、推理、理解、計畫，這些都利用來主導行動。這就是智能。但是這並不能讓我們知道如何研究和測量智能。在腦中，資訊以複雜的方式受到良好的操控，但我們無法直接觀察到那些過程（就算是藉由最先進的腦部掃瞄儀器，到目前為止只能夠顯示出不同的色塊，並沒有什麼用處），因此我們只能夠藉由觀察人類在特別設計的測驗中所展現的行為和成果，間接的測量智能。

說到這裡，你可能認為沒有提到一個重要的事情：智商測驗（IQ test）。每個人都知道智商代表一個人有多聰明。你的質量多寡可以用體重來代表，你的高度可以用身高來代表，你酒醉程度可以用把呼出的氣吹到警察手中的小儀器來測量，你的智能高低可以用智商測驗來判定，就這麼簡單，對吧？

並沒有那麼簡單。智能的本質難以捉摸、無法具體說明，智商測驗有把一些本質納入考量，但是絕大多數的人卻認為智商數值能夠清楚明確的代表智能。有件重要的事情你得清楚：一個族群的平均智商是一〇〇，毫無例外。如果有人說：「（某個國家）的平均智商只有八五。」那就錯了。這基本上就好像是在說：「那個國家的一公尺只有八十五公分。」

完全不合邏輯。這點就智商來說也是相同的。

正統的智商測驗能夠指出，你在所屬的人群中的智商常態分布中自己所在的位置。智商的常態分佈中，平均值就是一〇〇，在九〇到一一〇之間屬於「平均」，在一一〇到一一九之間是「高於平均」（high average），在一二〇到一二九之間是「優異」（superior），超過一三〇是「非常優異」（very superior）。反過來，智商在八〇到八九之間是「低於平均」（low average），在七〇到七九之間是「邊緣水準」（borderline），低於六九都算是「極低」（extremely low）。

使用這個系統，一群人中超過八成會位在屬於「平均」的範疇中，也就是智商在八〇到一一〇之間。數字越大或越小，所對應的人數就越少。只有五%的人智商落在「非常優異」或是「極低」的範圍。標準的智商測驗並沒有直接測量出你原本的智商，而是指出你的智能和族群中其他人相比之後的結果。

所以，智商計算方式會造成一些令人困惑的結果。假設有種強大但是非常獨特的病毒，能夠殺死世界上每個智商在一〇〇以上的人。剩下的人，智商平均值依然會是一〇〇，那些在病毒肆虐之前智商為九九的人，突然間智商就會成為超過一三〇的人，並且被歸類為智能卓越的超菁英。我們可以用貨幣這個例子來思考。在英國，英鎊的價值會隨著經濟狀況而漲跌，但是一英鎊總是等於一〇〇便士，也就是說英鎊的價值是可以隨經濟改變，但是和便士的兌換率是固定的。智商基本上也相同，平均智商一定會是一〇〇，但是一個智商為一〇〇的人實際上有多聰明，那是會改變的。

族群的智商平均值會標準化（normalisation）並且固定住，使得智商數值有點受到限制。愛因斯坦或是霍金這類人據說智商有一六〇，超級優異，但是如果你認為族群的平均值是一〇〇，那麼好像聽起來也沒有多厲害。如果你遇到某些人宣稱自己的智商有二七〇左右，那麼他們可能搞錯了。他們應該使用了沒有受到科學界認同的智商測驗方式，或是嚴重誤解了測驗結果，才會讓他們宣稱自己是超級天才。

但是這並不表示有高等智商的人完全不存在，根據金氏世界紀錄，有些最聰明的人智商應該超過二五〇，不過在一九九〇年，最高智商這個分類取消了，因為這種程度智商的測驗有不確定性，而且意義不明。

科學家和研究人員所採用的智商測驗是經過詳細周密設計的，可以當成真實的工具來使用，一如顯微鏡或是質譜儀。這類測驗要耗費大量成本（因此無法在網路上免費進行），設計成盡可能評估大範圍人群的標準、平均智能，因此如果你的智商越極端，就越不適用於這類測驗。你可以使用每天都見得到的物品在教室中演示許多物理概念（舉例來說，可以用不同物品的重量演示重力大小是固定的，或是用彈簧說明彈力），但如果你要深入複雜的物理學，就需要粒子加速器或核子反應爐，同時加上令人卻步的複雜數學。

所以說，面對智能極高的人，是非常難以判斷他們智商高低的。那些科學的智商測驗所測量內容，包括了模式匹配測驗（pattern completion test）、空間知覺測量（spatial awareness），專門設計的問題以測量理解速度，條列某些領域中的詞彙以測量語文流暢性（verbal fluency）等內容，都是相當合理的安排，但是卻無法逼超級天才現出他們智力的極限。這就好像用一般的體重計測量大象的重量。體重計可以測量一般人的體重範圍，但是把大象放上去卻無法得到有用的數據，只會讓體重計變成一堆破爛的塑膠和彈簧。

另一個需要考量的地方，在於智能測驗宣稱能夠測量智能，而我們知道智能是啥，是由智能測驗的結果呈現的。你可以從這裡了解到為何有些比較憤世忌俗的科學家對這種狀況並不滿意。事實上，比較常見的測驗一直反覆改版，以便時時維持可靠程度，但是依然有些人還是認為忽略了這個基本問題。

許多人喜歡指出，在智能測驗上的表現，反映出往往是社會背景、健康狀況、回答測驗題目的能力、教育程度等。換句話說，那些特質其實並不是智能。因此測驗或許有用，但是測量出來的並不是原本要測量的內容。

其實狀況也非全然黯淡無光。科學家是一群深富才智之人，也沒有對那種種批評恍若未聞。現在的智能測驗更有用，因為不只是尋常測驗而已，也能夠用於評估各種特質，例如空間知覺性和算術能力，讓人對於能力展現的了解更為紮實與完整。研究指出，人的一生當中雖然學習到更多知識，經驗也持續累積，但在智能測驗中的表現成果依然相當穩定，智能測驗所評估出的必定是某些內在特質，而不是隨機表現。[1]

現在你知道我們所知道的狀況，或是知道了我們認為自己知道的狀況。有一個廣為人們認可的智能象徵：了解自己可能有些事情不知道，並且能夠接受這一點。所以說，你幹得好啊！

教授，你為什麼沒穿長褲？
（為什麼有的時候聰明人會幹蠢事？）

對於學術工作者的刻板印象，是穿著白袍的白髮中年人（而且幾乎都是男性），說話速度很快，談的內容幾乎圍繞著自己研究的主題，而對於周遭世界幾乎一無所知，能夠輕鬆描述果蠅基因組，沒有注意到領帶沾到了奶油。對他們而言，社會常識和日常事務既陌生又棘手。他們對於自己研究主題的範疇知之甚詳，除此之外則幾乎一無所知。

聰明的人和強壯的人並不相同。強壯的人在任何場合中都是強壯的，但是在有些場合中聰明耀眼的人，在其他的場合中卻顯得愚笨彆腳。

這是因為智能和體能不同，來自於一直都很複雜的腦部。智能背後的腦中所進行程序是什麼？智能為何如此變化多端？首先要說的是，在心理學界中有個持續已久的爭論：人類是否只使用單一種的智能，或是有多種不同類型的智能？就目前的資料來看，人類的智能可能結合了多種特性。

主流看法是，人類智能由單一種特質所建構，但是表現出來的方式變化多端。這個觀點通常稱為「斯皮爾曼普遍因子」（Spearman's g），或是簡稱為「普遍因子」（g）。科學家查爾斯．斯皮爾曼（Charles Spearmen）在一九二〇年代發展出分析智能因子的方式，對於智能研究和一般科學研究有重大貢獻。在前一章中提到了智商測驗雖然經常被使用但是有些人提出異議，而智能因子分析是一種讓智商測驗（和其他類型測驗）有所用處的理論。

智能因子分析使用到了大量數學，不過你只需要知道這是一種統計分解（statistical decomposition）即可。在分析過程中，會把大量資料（例如智商測驗所得到的結果）用數學以不同的方式分解，好找出與結果相關或是影響結果的因子。在分析之前這些並不知道這些因子，在分析方法會把它們找出來。如果學生在校的考試成績中等，班導師可能會想要更深入了解學生為何取得這個成績。因子分析能夠用來分析經由從考試分數得到的資訊，一窺細節。發現的結果可能是這個學生對於數學問題回答得很好，但是歷史方面就差了。班導師這時可能會認為對歷史教師大叫說他們浪費了時間和金錢，應該滿合理的（但可能並不合理，因為成績不好還有其他許多可能的原因）。

斯皮爾曼利用類似幾個方式處理智商測驗，發現可能有一個根本因子影響了測驗成績，並且把這一個普遍因子簡稱為 g。如果在科學界中有個代表一般人所謂的智能，就是這個 g 了。

但是如果把 g 和所有可能的智能之間劃上等號，那可能就錯了，因為智能可以由許多方式顯現出來。g 智能的「核心」，可以看成是房屋的地基和骨架，你可以在這之上增建和添加家具，但是如果基礎結構不夠穩固，就可能會跨下來。同樣的，你可以學習所有艱深的概念和記憶技巧，但是 g 如果不夠水準，那麼學到那麼多也無法好好運用。

研究指出，腦中有一個部位可能和 g 有關。在第二章中詳細描述了短期記憶，並且稍微提到了「工作記憶」，代表了實際的處理和操控過程，是在「使用」短期記憶中的資訊。

在二〇〇〇年代初期，克勞斯·奧博拉爾（Klaus Oberauer）和同事進行了一連串測驗，發現到受試者在工作記憶上的表現成果，和在測試 g 的表現成果上有密切的關連，代表了工作記憶能力對於整體智能來說影響很大。[2]最後，如果你在工作記憶作業中拿到高分，就很有可能在智商測驗中也拿到高分。這很合理，智能的運作牽涉到盡可能高效率的取得、保留和利用資訊，而智商測驗在設計時就是要測試這種能力，而這個過程基本上就是工作記憶負責進行的。

腦部掃描研究以及腦部受傷者的調查結果都提供了可信的證據，指出在 g 和工作記憶所處理的過程中，前額葉皮質都位於樞紐地位。額葉受傷的人，會出現很多不同的罕見記憶障礙，追根究柢，往往會發現是因為工作記憶出了問題，再次應證了工作記憶和智能之間有密切關聯。前額葉皮質就位於額頭後方，是額葉的前端，通常牽涉到比較複雜的「管理」功能，例如思考、注意與意識。

但是工作記憶和 g 並不是智能的全部。工作記憶處理的幾乎都是語意資訊，語意資訊的基礎是能夠說出來的字詞，像是內在獨白。但是智能處理的是所有類型的資訊（視覺、空間、數字等），這促使研究人員在定義和解釋智能時，得找尋 g 以外的因子。

斯皮爾曼的學生雷蒙·卡特爾（Raymond Cattell）和他的學生約翰·霍恩（John

Horn）在一九四〇年代到一九六〇年代之間，設計了更新的因子分析方法，找出了兩種類型智能：流體智能（fluid intelligence）與晶體智能（crystallised intelligence）。

流體智能是能夠應用資訊、使用資訊等的能力。轉魔術方塊就需要流體智能，想知道自己明明沒犯錯為什麼伴侶就是不和自己說話時，也需要流體智能。在上面的各種狀況中，你得到的是新的資訊，需要研究這些資訊，好得到對自己有利的結果。

晶體智能是在記憶中儲存資訊並且能夠加以使用來提升自己的能力。背誦一九五〇年代無名電影中的主角而讓你贏得酒吧猜謎遊戲，需要用到晶體智能。記下北半球所有國家的首都需要晶體智能。學習第二（或第三與第四）種語言需要晶體智能。晶體智能是累積下來的知識，而流體智能是在面對不熟悉事物時加以利用或是應對的能力。

我們可以說，流體智能是 g 和工作記憶的另一種變化形式，用以使用和處理資訊。現在越來越多人認為晶體智能屬於另一個不同的系統，由腦中運作的方式也不同。一個很明顯的事實是，流體智能會隨著年紀增長而減弱，有些八十歲的人，在流體智能的測驗成績會比不上三十或五十歲的測驗結果。神經解剖學（和死後解剖研究）指出，前額葉皮質是腦中各部位隨著年齡增長而萎縮得最嚴重的，而前額葉正是負責流體記憶的部位。

相較之下，晶體智能在一生當中都相當穩定。在十八歲學會法語的人，除非在十九歲就不再用法語而且忘得一乾二淨，否則到了八十五歲依然能夠說法語。長期記憶遍布腦部，往往有足夠的彈性對抗時間的摧殘，支撐著晶體智能。前額葉需要大批能量，好一直維持活躍以便支持流體智能的運作，這種方式充滿動態變化，因此更容易慢慢的造成損耗（神經元密集活動，容易排放出大量廢棄物，例如自由基，這種飽含能量的分子團會傷害細胞）。

這兩種智能的關聯密切，如果無法取得資訊就無法操控資訊，反之亦然。為了進行研究而把兩者分開是很棘手的。幸好智能測驗能設計來專門主要針對流體智能或是晶體智能。要求受試者分析陌生圖形並找出特殊圖形，或是圖形間彼此關聯的測驗，用以研究流體智能。所有的資訊都是新鮮而且需要加以處理，因此幾乎用不到晶體智能。同樣的，相關單詞列表測試的對象是記憶和知識，還有之前提到的酒吧猜謎，主要測試的是晶體智能。

當然情況沒有那麼單純。歸類不熟悉模式的這項作業，依然需要用到對於影像、顏色的知覺，甚至完成測試的方式都會影響到成績（如果是重新分類一堆卡片，你會使用到關於那些卡片本身的知識，以及如何分類的知識）。這是另一個讓腦部造影研究變得棘手的原因：就算只是從事簡單的任務，也會牽涉到好幾個腦區。不過通常來說，在測試流體智能的作業，前額葉和相關區域變得更活躍，而在測試晶體智能的作業用到更大範圍的腦區，通常包括頂葉（腦的中上部），例如緣上迴（supramarginal gyrus）和布羅卡區（Broca's area）。前者通常被認為對儲存與處理情緒相關資訊和某些感覺資料而言是必須的。後者則是語言處理系統的關鍵部位。這兩者之間有連結，而且執行的功能需要能夠接觸到長期記憶中的資料。雖然現在還沒有完全確定，但是有許多證據指出普遍智能可以區分為流體型和晶體型。

邁爾士·金斯頓（Miles Kingston）精準的解釋了這個理論：「知識是知道番茄屬於水果，智慧是知道水果沙拉中不要放番茄。」我們需要晶體智能以知道番茄屬於水果，也需要流體智能知道做水果沙拉時不要放番茄。你現在可能會認為流體智能聽起來很像是普遍常識。確實如此，這就是流體智能的另一個例子。不過也些科學家認為兩種不同的智能還不夠，他們想要更多類型。

其中的道理在於，單一種普遍智能還不足以解釋人類所展現出來的各式各樣智能表現。例如足球員，他們通常學業成績並不亮眼，但是從事足球這種複雜運動時，如果要有專業水準，必須要有很多智能，例如精確的控制身體、計算力量與角度、大範圍地區的空間知覺能力等。要在觀賽足球迷的擾人叫囂聲中集中精神從事運動，需要相當堅強的心理素質。對於足球員，普遍的「智能」觀念顯然不足以說明。

最明顯的特例應該是「學者」（savant）了，他們具有某些類型的神經異常，能夠展現出某一種極端的偏好或是進行複雜任務的能力，其中往往牽涉到數學、音樂或是記憶。在電影《雨人》（*Rain Man*）中，達斯汀·霍夫曼（Dustin Hoffman）飾演雷蒙·巴比特（Raymond Babbit），一位自閉但具有數學天賦的精神病患。這個角色的靈感來自於真實人物金姆·皮克（Kim Peek），他的記憶力驚人，具有「超級學者」的稱號，清楚記得一萬兩千本書中的一字一句。

上面和其他的例子讓科學家發展出多重智能的理論，因為如果智能只有一種類型，那麼為何有些人在某領域中完全不靈光，而在某個領域中卻能大展天分？對於這個狀況，最早提出理論的應該是路易斯·列昂·瑟斯頓（Louis Leon Thurstone），他在一九三八年指出，人類智能由七種「基本心理能力」構成：

語文理解（verbal comprehension）：了解字詞的意義，「我知道這句話的意思。」

語文流暢性（verbal fluency）：使用語言，「你這個沒腦袋的笨蛋，過來再說一遍。」

記憶（memory）：例如，「等等，我記得你，你是綜合格鬥世界冠軍。」

算術能力（arithmetic ability）：「我打贏的機率是八二五三三分之一。」

知覺速度（perceptual speed）：察覺細節並且建立細節之間的關聯，「他是不是帶著一條用人類牙齒串成的項鍊？」

歸納推理（inductive reasoning）：就狀況推演出概念與規則，「就算是想要安撫這個怪物，也只會讓他更生氣而已。」

空間視覺（spatial visualisation）：心裡能夠呈現外在環境的立體狀況並且加以利用：「如果我推翻桌子，能夠讓他的行動慢下來，我可以趁此從窗戶衝出去。」

瑟斯頓設計了自己的因子分析方法，並且用在數千名大學生智商測驗的結果，最後發展出了「基本心理能力」理論。[3]不過利用比較傳統的因子分析方式去分析它的結果，會發現有一個能力影響了所有的測驗，而不是有各種不同的能力。他的發現基本上就是g。這個分析結果和其他的因素（例如他只研究了大學生，就人類普遍智能來說，幾乎不具備代表性），代表了「基本心理能力」理論無法被廣泛接受。

一九八〇年代，多重智能理論捲土重來，當時著名的研究人員霍華德・嘉納（Howard Gardner）認為，智能有數個模組（類型），而把這個理論稱為多元智能論（Theory of Multiple Intelligences），他研究了依然還保有某些類型智能能力的腦部受損病人。[4]這個理論在有些地方類似瑟斯頓的理論，但是還包括了音樂智能和個人智能（和其他人互動良好的智能，以及判斷自己內在狀況的智能）。

多元智能論有忠誠的追隨者。這個理論受到歡迎，主因是代表了每個人都可能「很聰明」，只是並不是具備了「尋常」聰明科學家所具備的聰明而已。這種普遍性也是多元智能論受到批評之處。如果每個人都「很聰明」，那麼就科學的觀點來看，這個理論本身就沒有意義。就像是在學校運動會的時候，每個出席的人都會得到獎牌。讓每個人自我感覺良好是好事，但是就失去了「競技」的意義了。

到目前為止，支持多元智能論的證據都備受爭議，更多人認為那些資料都可以看成是更支持g或是類似理論的證據，只是多加入了個體差異與表現水準罷了。意思是，如果有兩個人，一個展現音樂智能，另一個展現數學智能，兩者都是普遍智能應用在不同類型作業之上而已。同樣的，職業游泳選手和網球選手在從事各自的專業運動時，用到相同的肌肉群，人類身體中沒有專門用來打網球的肌肉。但是游泳冠軍也不可能自然而然的成為網球頂尖好手。智能的運作方式可能也是如此。

許多人認為，一個人g很高但是偏好以特定的方式加以利用，是完全有可能的。如果我們以特定的方式探究，呈現出來的樣子便是不同「類型」的智能。另外有些人認為，那些看起來不同類型的智能所代表的，更有可能是個人的傾向，這個傾向建立在出身背景、個人偏好、外在影響等之上。

目前神經科學的證據依然站在g和流體／晶體智能理論這一方。腦部所展現出的智能，應該是來自於組織與協調各類型資訊的能力，這受到腦部整體結構的影響，而不是腦中不同的系統各自對應不同的智能，這一章稍後會更詳細說明這個特性。

我們都會因為偏好、成長背景、環境，或是某些神經系統細微的特性差別，讓自己的智能朝向某個方向發展。所以有些應該是非常聰明的人，也會做出讓人覺得蠢的事。這並非他們沒有聰明到不幹蠢事，而是他們太專注在其他事務上而沒有注意到。從好的方面來看，嘲笑他們可能也沒有關係啦，因為他們注意力太集中了而不會注意到。

半瓶水搖得最響

（聰明的人為什麼總是辯輸人）

最讓人生氣的事情之一是和人爭執時，你確信對方明明是錯誤但自以為正確，而且還提出了證據和道理證明他們是錯的，但是他們依然分毫不變。我曾經目睹兩人激烈的爭執，其中一個人堅決認為現在是二十世紀而非二十一世紀，因為「現在不是二〇一五年嗎？笨蛋！」他們爭論的點就在這裡。

與上述完全相反的心理現象是「冒牌者症候群」（impostor syndrome）。在許多領域中，有些成就不凡的人一直低估自己的能力和成就，而其實有真正的證據證明他們有能力並且得到的成就實至名歸。許多社會因素造成了「冒牌者症候群」。舉例來說，在傳統上由男性主導的環境（也就是絕大多數的環境）中獲得成功的女性，因為很容易受到成見、偏見、文化規範等的影響，特別容易出現冒牌者症候群。但也不只有女性如此，冒牌者症候群最有趣的地方在於，主要是出現在成就極高的人身上，那些人通常都具備非凡的智能。

猜猜看哪個科學家死之前說了下面這段話：「我畢生的工作得到了過度的尊崇，讓我覺得非常不自在。我總是覺得自己非出於本意的欺騙了眾人。」

愛因斯坦，絕對不是沒啥成就的人。

聰明的人有冒牌者症候群，以及沒那麼聰明的人異乎尋常的自信心，通常牽連在一起，但是不會帶來任何幫助，現代的公眾爭執因為這緣故而受到了嚴重的扭曲。疫苗接種和氣候變遷等重要的議題中，總是充滿慷慨激昂的無知者提出大量個人意見，而不是由受過訓練的專家心平氣和的解釋，這全都要怪罪腦部一些奇怪的特性。

基本上，人類需要其他人作為資訊的來源，並且需要其他人支持自己的看法、信仰，以及自我價值感。在第七章關於社會心理學的部分會詳細深入相關的內容。不過在今日，一個人越是自信心爆棚，其他人就越容易相信他所說的話。有許多研究證實了這個現象，包括潘洛德（Penrod）和卡斯特（Custer）在一九九〇年代對於法庭所進行的研究。他們看的是陪審員相信證人證詞的程度，結果發現，證人的態度越是有自信，說出的證詞就越容易說服陪審員。相反的，如果神經緊張、猶豫遲疑，或是無法確定證詞中的細節，那麼就難以說服陪審員。這個發現顯然讓人擔憂，因為證詞內容對於判決的影響力，還不如證詞說出的方式，對於司法系統而言是個嚴重的狀況。而且這種狀況並不會只限於出現在法庭中，政治也以類似的方式受到影響。

現代的政治家接受過公關訓練，對於任何議題都能夠充滿自信的侃侃而談好一陣子，儘管其中沒有任何有意義的內容。更糟糕的是有些內容根本就是蠢，例如「他們錯低估我了。」（喬治・布希），或是「我們大部分的進口貨物來自於海外。」（也是喬治・布希）。你可能會認為，最聰明的人最後能夠主導事務，比較聰明的人因為比較能幹所以得到比較好的工作。但事實卻違反直覺，越是聰明的人，對於自己的看法越缺乏自信；他們表現得越沒自信，就越不受到信任。而政治，是眾人之事。

聰明理智的人通常比較缺乏自信，因為大家通常對於用智性說服的方式（intellectual persuasion）具有敵意。我是訓練有素的神經科家，但是除非有人直接問，我是不會說自己是神經科學家的，因為有次我得到的反應是：「哦？你認為你很聰明對吧？」

其他領域的人會得到這樣的對待嗎？如果你告訴人自己參加過奧林匹克的短跑競賽，會有人說：「哦？你認為你跑得很快對吧？」不太可能這樣吧。但是不論如何，我最後還是得說「我是神經科學家，但是沒有聽起來那麼厲害。」諸如此類的話。反智主義（anti-intellectualism）的出現，有數不盡的社會原因和文化原因，其中一個可能的是腦部自我中心特性（自利性偏誤），同時又容易畏懼。人類很在意自己的社會地位與福祉，如果遇到有人比自己更聰明，會覺得受到了威脅。身體更為強大健壯的人當然比較有威嚇感，但是這是用看的就可以知道。我們很容易就了解身體強壯結實的原因：經常去健身房，或是經常從事某些運動，對吧，肌肉就是這樣鍛鍊出來的。如果自己這樣鍛鍊，也可以讓身體強壯結實，當然前提是要有意圖，時間上又能配合。

但是如果是比自己聰明的人，可就讓人搞不懂了，他們的行動你無法預期、原因無法了解，這種狀況代表了你的腦部無法研究出來他們是否會造成危險，這時古老的「謹慎為上以免後悔」的本能便發作，引發疑慮和敵意。人當然可以經由學習和研究變得更具智性，但是比起增強體能來要更為複雜而且具備不確定性。舉重可以讓手臂更強壯，但是學習和智性之間的關聯就鬆散多了。

比較不聰明的人反而更有自信，其實有個科學專有名詞，叫做「鄧寧－克魯格效應」（Dunning–Kruger effect），是以美國康乃爾大學的大衛・鄧寧（David Dunning）與賈斯汀・克魯格（Justin Kruger）兩人的名字來命名的。他們看到了一個新聞，說是有個搶匪聽說了檸檬汁可以用來當成隱形墨水，於是在搶銀行前並用檸檬汁塗在臉上，希望監控鏡頭不會拍攝到自己的臉。這讓他們產生了研究的靈感。[5]

讓我們來好好看看這個研究。

鄧寧與克魯格讓受試者進行許多測試，同時也詢問受試者評估自己在這些測驗中的表現，結果出現了一個明顯的模式：在測驗中分數低的人，幾乎總是認為自己表現要比實際好得多，那些實際測驗成績優異的人總是認為自己的表現不好。鄧寧與克魯格認為，比較不聰明的人不但缺乏聰明才智，也少了知道自己缺乏聰明才智的能力。這個腦部自我中心傾向又發作了，壓抑了可能會導致自己受到負面意見的念頭。除此之外，要體認到「自己的能力有極限以及他人所具備的卓越能力」，本身便需要聰明才智。因此你會聽到有人聲嘶力竭的爭辯自己完全沒有相關經驗的主題，而爭辯的對象往往是一輩子都投入這個主題的人。人類的腦部所想的事情都是從自己的經驗而來，而且基本的假設是其他人都和自己一樣。所以如果我們是笨蛋……。

這個論點所指出的是，不聰明的人實際上無法「察覺」到聰明得多會是什麼樣子。基本上就像是請色盲者區分紅色和綠色。

一個有「聰明才智」的人活在世上也可能有類似的想法，但是表現的方式不同。如果聰明的人認為有些事情很容易懂，可能就會認為其他人也覺得那些事情很容易，便假定自己的能力很普通，然後就認為自己的智能普通了（而且聰明的人找到的工作、所處的社會階層，所接觸到的人往往和自己類似，所以很容易得到一大堆支持自己想法的證據）。

如果聰明的人習慣學習新知，得到新資訊，那麼就更容易了解到自己並不是凡事都知道，以及要了解某個主題要學習許多知識，這讓他們在發表言論的時候比較缺乏自信。

在科學界，理想的狀況是你得費盡千辛萬苦爬梳資料與研究結果，才能夠宣稱說了解了某個現象的運作方式。你周圍的人聰明才智和你相近，那麼如果你犯了錯或是誇大結果，他們很可能就能找出來並且要你好好解釋。因此合理的應對方式是要小心在意自己不知道或是無法確定的內容，但這種態度在爭論的時候往往會讓人縛手縛腳。

這種狀況或許經常發生，人人都熟悉，且對於某些人造成困擾，但同時並非總是這樣。並不是每個聰明的人都會因為懷疑自己而痛苦，也不是每個沒那麼聰明的人都會自我吹捧。有許多聰明的人很喜歡自己的聲音，喜歡到對來聽自己說話的人收費數千英磅。也有許多沒有那麼聰明的人，優雅而謙虛的願意承認自己的心智能力有限。文化也會有所影響。鄧寧與克魯格所測試的人幾乎都在西方社會中生活長大，但是東亞文化出身的人則有截然不同的行為模式，對於這種差異的解釋之一是那些文化具有（健全）的態度，認為缺乏認識反而代表了改進空間，所以優先考量的事情和行為就有所不同。[6]

這種現象背後實際上有哪些腦區負責嗎？腦中有某個部位會說：「我手中的這件事情幹得好嗎？」令人驚訝的是好像真的有。二〇〇九年，霍華·羅森（Howard Rosen）測試了約四十名具有神經退化疾病的人，發現他們自我評價的正確程度，和前額葉的左腹內側（right ventromedial）大小有關。[7]這項研究指出，在評估自己的傾向和能力時，需要由前額葉皮質的這個部位處理情緒和生理狀況。這點符合目前公認前額葉皮質所具備的功能：主要處理與操控複雜的資訊，回應這些資訊和做出最佳選擇。

必須要指出，單就這項研究，並非是決定性的結果，資料只來自於四十多位病人，還不足以說每個人都會這樣。正確評估自己表現能力的能力，稱之為「後設認知能力」（metacognitive ability），也就是「思考自己的思考能力」。這種能力能夠正確的評估自己的智能表現，失智症的著名病徵之一便是無法正確評估自己的表現。對於額顳葉失智症（frontotemporal dementia）患者而言更是如此，患者的額葉受損得特別嚴重，該處是前額葉皮質所在的位置。有這種類型失智症的患者通常無法了解並且評估自己的行為能力已經嚴重受損。這種對於自己各種表現能力都無法準確評估的現象，不會發生於其他腦區損傷所造成的失智者，代表了額葉和自我評價有密切的關連。和之前的研究結果一致。

有些人認為，這是失智症患者攻擊性變強的其中一個原因，他們有些事情辦不到了，但是卻不了解原因或是根本沒有發覺，這當然會讓人生氣。

但是就算是沒有神經退化疾病，前額葉的功能也完全正常，也只是代表具有自我評估的能力，並不表示結果就是正確的，因此我們最後看到的便是自信滿滿的跳樑小丑，以及缺乏安全感的聰明人，而人類的天性顯然是會注意比較有自信的人。

填字遊戲並不會真的讓腦筋更靈活

（為何腦力難以增強？）

有許多方式可以讓人看起來更聰明，例如裝模作樣的說出艱難的詞彙，或是隨身帶著一本《經濟學人》（*The Economist*），但是你真的能夠變得更聰明嗎？真的有可能「強化腦力」嗎？

身體的「能力」，通常代表的意思是能夠以特定的方式完成某些事情或展現某些動作。「腦力」所牽涉到的能力，一定讓人想到和智能有關。你的確可以用腦連接到工業發電機讓電路暢通，同時也讓你腦中的能量增加，但是對你並沒有任何好處，除非你很喜歡讓自己心智炸裂（物理）。

你可能見過一些廣告，說某種成分、工具或是技術能夠提升腦力，通常要價不斐。那些玩意基本上難以讓人產生任何顯著的改善，因為如果真的有廣告宣稱的效果，就會大為流傳，那麼每個人應該都會變得更聰明，腦子也變得更大，直到顱骨支撐不住為止。若真的有能夠提高腦力、增強智能的方式，會如何進行？

要了解這點，應該先要知道聰明的腦和不聰明的腦之間有什麼差異，以及如何把後者變成前者。有一個看起來完全是錯誤的因子：聰明的腦使用的能量比較少。

這個違背直覺的論點來自於直接紀錄腦部活動的掃描研究，例如功能性磁振造影（fMRI）。這是一種厲害的技術，讓人躺在 fMRI 掃描儀中，紀錄身體的代謝活動（也就是細胞和組織在做事情）。代謝活動需要氧氣，氧氣由血液供應。fMRI 掃描儀能夠區別出含有氧氣的血液和缺乏氧氣的血液，身體部位代謝活動高會把前者變成後者，例如腦部某些區域在從事任務而快速運轉。基本上，fMRI 能監測腦部活動，並且指出其中哪些部位特別活躍。舉例來說，如果受試者進行的是記憶性任務，那麼腦部與記憶處理相關的區域活更為活躍，在掃瞄儀器上便能夠顯示出來。那些活動增加的部位，可以看成和記憶處理有關的部位。

當然事情沒有那麼單純，因為腦部時時都在進行多種活動，要找出「更為」活躍的區域，需要進行過濾與分析。話雖如此，許多當代辨認腦部各區域特定功能的研究，都用到了fMRI掃描。

到目前為止也都還好，你會認為負責某個特殊活動的腦區，在從事那個活動的時候會特別活躍，就像是舉重選手在舉起啞鈴的時候，二頭肌會使用到更多能量。但對於腦部而前其實不然。一九九五年，拉森（Larson）等人的研究發現，[8]在設計用來測驗流體記憶的任務中，的確看到了受試者前額葉皮質處於活動狀態，但是非常順利執行任務的受試者，卻是例外。

說得清楚一點：流體智能非常高的人中，並沒有使用到假定為負責流體知能的區域。這完全沒有道理吧，就像是你幫人量體重的時候發現只能量到體重比較輕的人。進一步分析發現，比較聰明的人前額葉皮質的確會活躍，但是要在接受困難任務時才會活躍，例如需要多花一些心力才能應付的問題。這個結果讓我們得到一些有趣的論點。

智能並不是由腦中某個專屬區域所執行，而牽涉到多個腦區，這些區域彼此相關。看來在聰明人的腦中，這些區域連結得更緊密、組織得更好，整體上就不需要那麼多活動了。你可以想像成汽車：如果有輛車的引擎發動起來像是一群雄獅狂叫怒吼，另一輛車子則安靜無聲，那麼前一輛當然就不是比較好車款。發出噪音和產生震動的汽車，是為了完成效能更高車款所完成的事，後者所花費的能量更少。目前逐漸形成的共識是，腦區（例如前額葉皮質、頂葉等）之間連結的範圍與效率，對於智能有很深的影響。腦區之間溝通與互動的狀況越好，處理資訊的速度就越快，進行計算與做出決定時就越不費力。

這個論點受到其他研究的支持。白質（white matter）的完成度與密度高低，可以做為智能高低的有效指標。白質是腦中另一類組織，往往受到忽視。人們的注意力總是放在灰質（grey matter），但是腦中有一半屬於白質，它的功能也很重要，沒有得到那麼多關注，是因為「功能」沒有那麼多。所有重要的活動都是在灰質中進行的，白質的功能則是把活動內容傳到其他部位的連接線所組成（連接線便是神經元伸出的軸突）。如果灰質是工廠，白質則是傳送貨物與補充原料的道路。

兩個腦區之間的白質連接如果越是完善，那麼彼此之間合作時所需要的能量和作業也就越少，在掃描時也就更難偵查到。這就像是在是在乾草堆中找針，只不過這時的乾草堆是由比較大一點點的針組成，而且全部都混在一起了。

進一步的掃描研究指出，胼胝體（corpus callosum）的厚薄和普遍智能高低有關。胼胝體是一大束白質，為連接左腦和右腦的「橋梁」，越厚代表兩個半腦之間的連接越多，有助於促進彼此溝通。如果儲存在腦中某一側的前額葉皮質要用到另儲存在一側的記憶，比較粗的胼胝體讓這個過程更輕鬆快速。腦區之間連接的效率與效能，看來對於運用智能在完成任務、解決問題上，有很大的影響。也因此，腦與腦之間的結構可以有很大的差異（某些腦區的大小、腦區在皮質上的分布等），但是表現出來的智能水準卻相近，就像是不同廠牌出的電玩搖桿用起來都差不多順手。

我們現在知道，效能比計算能力更重要，但是如何從這點讓我們的智能提高？教育和學習是明顯的答案。主動接觸到更多真相、資訊和概念，代表你所記得的點點滴滴都會增加你晶體智能的內容，而且經常讓流體智能在許多狀況下運作，將能讓智能提升。這並非推託之詞，學習新事物、練習新技能，能夠讓腦部的結構改變。腦是具有可塑性的器官，結構能夠因應需求改改變，也的確會改變。在第二章中提到，神經元在編碼新記憶時，會產生新的突觸，整個腦中都會進行這種程序。

舉例來說，位於頂葉（parietal lobe）的運動皮質（motor cortex）負責規劃與控制自主運動。運動皮質中的各部位負責身體各部位的運動，負責某個身體部位運動的皮質面積有多大，取決於對於該部位所需的控制程度高低。運動皮質中負責軀幹的部位面積小，因為軀幹不常動。當然軀幹對於呼吸運動來說很重要，也是手臂與身體的連接之處，但是從運動來說，就只能轉動和稍微彎曲一下，最多就這樣了。運動皮質中有很多區域專門負責臉部和手部，這些身體部位需要細膩的控制。一般人是這樣的，研究指出受到古典訓練的演奏家，例如小提琴家或是鋼琴家，控制手部和手指的運動皮質往往比較大。[9]他們現場演出時，手部往往需要進行複雜而且細微的運動（而且速度往往很快），腦部便改變以適應這些活動。

同樣的，海馬迴對於空間記憶（位置與導航的記憶）和事件記憶來說都很重要。這是有道理的，海馬迴負責處理複雜又彼此關聯的知覺，好讓個體在環境中能夠移動。艾蓮娜．馬圭爾（Eleanor Maguire）教授和同事研究英國倫敦的計程車司機，發現到通過《知識大全》（*Knowledge*）考試的司機（需要熟記倫敦龐大又複雜的道路網），海馬迴前端（負責導航）和非計程車司機相比更大。[10]這個研究主要在衛星導航和GPS流行之前進行，現在的狀況是怎樣就不知道了。

甚至還有些證據指出，學習新技術與能力能夠導致相關的白質增加（其中許多來自於小鼠實驗，牠們能有多聰明），因為包圍神經的髓磷（myelin）變多了。髓磷脂包裹住神經元，能夠調節訊息傳遞的速度與效率。所以基本上來說能夠提升腦力。

以上就是好消息了，接下來是壞消息。

上面說的種種方法，都需要花費大量時間與心力，但是增加腦力的程度相當有限。腦是如此的複雜，負責的功能是如此之多，以至於很容易增加某個部位的功能但是其他部位絲毫不受影響。音樂家對於解讀音樂、聆聽提示、剖析聲音這方面的知識豐富，但是並不代表他們也能精通數學或是語言。提高普遍性的流體智能很困難，因為流體智能是由腦中眾多區域與連結方式所產生出來的，代表了以有限的作業或是方法是很難「提升」流體智能。

在一生當中，腦都具備一定程度的可塑性，但是腦中各部位的配置與結構有許多都已經「設定」好了。白質中的通道和路徑在年幼的發育過程中便打造完成。到了二十多歲，腦部基本上已經發育成熟，之後只會進行微調，目前的共識便是如此。也就是說，普遍的看法是，到了成年，流體智能便「固定」下來了。在成長過程中，遺傳和發育過程（包括雙親的態度、社會背景和教育）是影響流體智能的主要因素。

對於絕大多數入的來說，這是個悲劇結局，特別是那些想要能夠以快速、輕鬆的捷徑增進心智能力的人。腦部的科學現實並不允許這樣的事情發生。很哀傷，但總是有許多人提供那種種捷徑。

現在有數不清的公司在販賣「腦力訓練」遊戲與訓練，宣稱能夠大幅提升智能。內容一成不變，都是解謎遊戲，以及破解各種不同的難題。如果你經常練習，當然能夠玩得好，但是只是在那些遊戲中表現優異。到目前為止都還沒有被廣泛接受的證據指出，這類產品中有哪一個真的能夠增進普遍智能，那些產品都只能讓你擅長某一個特定遊戲而已。腦部實在太複雜了，只會讓受到訓練的能力增強，其他的都不會。

有些人（特別是學生）在準備考試時，會服用利他能（Ritalin）和阿德拉（Adderall）這類本來用來治療注意力不足／過動症（ADHD）的藥物，好增加集中力與注意力。他們或許能得到短暫但是有限的效果，但是在沒有需要用到這些藥物治療的疾病時，服用能夠改變腦部的強力藥物，長期下來，後果堪憂。除此之外還有可能有副作用：用藥物不自然的提升注意力和集中力，會把體能消耗殆盡，也就是說你儲備的體能太快用光了，後果可能是在考試時睡著。

真正用來增強心智功能的藥物是神經賦活藥（Nootropic），也叫做「聰明藥」。其中絕大部分都是新藥，而且只能影響特定的心智程序，例如記憶或是注意力，對普遍智能的長期效用現在幾乎無法確定。效用更強的神經賦活藥限制用於治療阿茲海默症之類的神經退化疾病，這時腦部實際上已經以恐怖的速度退化中了

也有許多種類的食物被認為能夠有助於增加智能，例如魚油，但是這類說法依然可疑。那些食物可能對於腦部的某個面向有小小的幫助，但是並不足以永久且廣泛的增進知能。

現在甚至還有科技方式招徠顧客的，特別是一種稱為跨顱直流電刺激（transcranial direct-current stimulation）的技術。德嘉米拉·班納比（Djamila Bennabi）和同事在二〇一四年發表了一篇回顧論文，指出跨顱直流電刺激（用微弱電流穿過特定腦區）似乎能夠促進記憶及語言能力，在健康與心智疾病患者身上都有效，而且幾乎沒有副作用。但是其他的回顧論文和研究都還沒有指出這種方法有足以實用化的效果。顯然這種方式要能夠廣泛的用於治療之中，還需要進行很多研究。[11]

話雖如此，但還是有許多公司目前在販售儀器，宣稱利用跨顱直流電刺激能夠提升某些方面的表現，例如電玩成績。為了避免犯毀謗之罪，我不會說那些玩意兒沒有效用。但是如果真的有效，代表了那些公司販賣了主動改變腦部活動的產品（就和效果強大的藥物一樣），但是其中應用的方式沒有經過科學證明，科學界也不了解，而且買的人並沒有經過專業訓練，或是在專家的監督下進行。這有點像是在超級市場販售抗憂鬱劑，而且就放

在巧克力棒和電池旁邊。

所以說，你可以讓智能增加，但是要長期投入大量時間和心力，而且你不能只做自己已經擅長或是通曉的事情。如果你已經有些強項，代表腦部對於那些事情都能夠有效率地進行，基本上就不可能了解到是怎麼發生的。如果腦部不知道那些事情怎麼發生，就無法改善或是應對，因此本身就受到了限制。

主要的問題就是這些，如果你想要提升智能，那麼就要意志非常堅定，或是聰明到比自己的腦還要聰明。

在矮個子中你算相當聰明的了。

（為什麼高的人比較聰明，以及智能的遺傳性）

高的人比矮的人聰明。雖然有許多人覺得驚訝，甚至覺得受到了冒犯（因為自己矮），但這是事實。不過，如果說身高和智能之間有正相關，這也很荒謬，顯然就不是這樣子。

在我被一群矮小又憤怒的暴民圍攻之前，要指出這點並不是絕對的。籃球員並不會就比馬術騎師還要聰明。摔角手巨人安德烈（André the Giant）並不會比愛因斯坦聰明，《哈利波特》中的海格（Hagrid）的聰明也不會勝過瑪莉·居禮（Marie Curie）。身高與智能之間的相關性通常為〇·二，也就是五個人中只有一個人的身高與智能有關聯。

除此之外，這種關聯性造成的差異也不大。雖然找個高的人與矮的人配對，比較兩人的智商，幾乎不可能猜出哪個會高。但是如果你比較的數量夠大，例如一萬個高個子和一萬個矮個子比較，那麼呈現出的模式是比較高的人平均來說，智商要比比較矮的人高出一點，大約在三到四之間，不過這只是模式而已，在許多研究中都發現到相同的現象。[12] 為什麼會這樣呢？為什麼比較高的人會比較聰明？這是人類智能中詭異又令人困惑的特性之一。

根據目前的科學知識，讓身高與智能之間有關連的可能原因之一是遺傳。智能已知在某種程度上是可以遺傳的。這裡要說清楚，遺傳性（heritability）代表的是某個特性或是性狀變化受到遺傳影響的程度。某個性狀的遺傳性為一·〇，其中的意義是該性狀所有的變化都是由基因造成的，遺傳性為〇·〇便代表變化和遺傳無關。

舉例來說，你所屬的物種完全由基因決定，因此「物種」的遺傳性是一·〇。如果你的雙親是豬，那你也一定是豬，和生長發育過程都不相干，也不會有任何環境因素讓豬變成牛。相較之下，如果你現在著火了，那完全是環境所造成的，遺傳性便是〇·〇，因為沒有任何基因會讓人冒出火焰，你的DNA不會讓你身上持續冒火，並且生下會冒火的小嬰兒。不過，腦部有數不清的特性，是基因與環境共同打造出來的。

智能的遺傳性高得有些意外，湯瑪斯．布夏德（Thomas J. Bouchard）在一篇回顧論文中收集了證據，[13]指出成年人的智能遺傳性為〇．八五，有趣的是在兒童中只有〇．四五。這聽起來很奇怪，為何基因對於成年人的智能影響力要大過對兒童的？但這只是因為對於遺傳性意義的錯誤詮釋所造成的。遺傳性測量出來的是群體中自然變異程度的高低，而不是哪些基因造成了什麼變異。基因對於成年人和兒童智能的影響程度可能是相同的，但是對於兒童來說，可能還有其他因素也影響了智能。兒童的腦部處於發展中狀態，持續學習新事物，有許多事情會影響表面上的智能。成年人的腦部歷經了發育和成熟的過程，就比較「定型」了，外界因子的影響程度下降，使得（典型社會中有受到義務教育而有類似學習背景的）個體之間的差異，比較多來自於內在（遺傳）差異。

上面的內容可能會讓人誤解了智能與基因，認為兩者其實都相當的單純，彼此的關聯也很直接。有些人偏好認為（或是希望）有一個負責智能的基因，只要能夠啟動或是加強，便能夠讓人變得更聰明。但這似乎不太可能，因為智能是許多不同程序的總和，那些程序又由許多不同的基因所控制，全部都和智能有關。要找出哪個基因負責智能這種特徵，就像是出那個高音的音符構成了交響曲*。

身高也由大量因素所決定，其中有許多屬於遺傳因素，有些科學家認為可能有一個或數個基因，影響了智能也影響了身高，使得身高和智能之間有關聯。一個基因展現出多種功能也是完全有可能的，稱之為「多效性」（pleiotropy）。

另一個說法是並沒有哪些基因同時調控身高與智能，兩者的關聯是經由性擇（sexual selection）所造成的，因為身高和智能通常是男性能夠吸引女性的特點，結果就是高又聰明的男性能夠得到最性感的伴侶，能夠經由後代把自己的DNA傳播到群中，這些後代的DNA中全部都有讓身高和智能增加的基因。

這是一個有趣的理論，但是沒有受到普遍接受。首先，這個理論極度偏向男性，認為只要有兩個具有吸引力的特徵，女性就會不明所以的受到吸引，像是飛蛾撲火般奔向玉樹臨風的聰明男子。身高又不是唯一具備吸引力的人類特徵。除此之外，高的男性往往有高的女兒，許多男性面對高的女性會退卻與害怕（我身材高的女性友人如是說）。

對於聰明的女性來說也是如此（我聰明的女性友人如是說，在這裡要聲明，我所有的女性友人都這麼說）。並沒有真實的證據指出女性一定會受到聰明男性的吸引，原因很多，舉例來說，有自信的人往往比較性感，但是在之前提到，聰明的人往往比較缺乏自信。更別說聰明的人有的時候會讓人緊張不安或是退避三舍，用現在會經常用「宅宅」或是「怪胎」來形容，不過在以前，這些字眼是侮辱人的，而其中代表的刻板印象對於異性來說是糟糕的。光從這幾點來看，就可以說明讓人長高又聰明的基因散播時有其限制。

另一個理論是說，長得高需要身體健康、營養良好，這也有助於腦部，智能隨之發展。這個理論非常簡單：在發育期間生活更健康、營養更完整，可能的結果便是長得比較高而且腦部比較聰明。但其實不然，因為有數不清的人，過著極度優渥與健康的生活，最後還是矮，或是笨，或是又矮又笨。

可能和腦部大小有關嗎？高的人通常腦部的確比較大，腦部大小和普遍智能之間的確也有一點點關聯。[14]這是一個充滿爭論的議題。腦部的運作效能與連結對於個人的智能有很大的影響，但是另一個事實是，在智能比較高的人中，腦中某些區域，諸如前額葉皮質和海馬迴比較大，灰質也比較多。講道理，比較大的腦部可能只代表了在發育與生長時期得到比較多資源。一般來說，比較大的腦部可能是影響智能的另一個因子，但卻非絕對。比

＊老實說，的確有些基因的確可能對於智能有所影響。舉例來說，載脂蛋白E的基因和阿茲海默症和認知有關，這個基因的功能是讓某一種含有大量脂質的分子形成，這個分子在身體中有許多不同的功能。但是基因對於智能的影響複雜得驚人，再加上目前的證據有限，這裡不會再深入探討。

較大的腦部可能讓你比較聰明的機會提高，但是絕對會是如此嗎？花大錢上健身教練課並不會讓你跑得更快，但是教練可能會鼓勵你跑得更快。特定基因實際上的功能可能就是如此。

遺傳因素、教養方式、教育品質、文化規範、刻板印象、健康狀況、個人興趣和疾病等，多少都會影響腦部在智能行為方面可能的表現。人類的智能和文化之間是無法區分的，就如同你無法把魚的發育過程和水分開。如果你把魚和水分開，魚的發育就只會非常「短暫」。

對於智能的呈現來說，文化的影響很大。一個完美的例子是麥克·寇爾（Michael Cole）在一九八〇年代進行的調查。[15]他和研究團隊造訪非洲偏遠地區的卡佩拉族（Kpelle）部落，該部落遺世獨立，和現代文明幾乎少有接觸。研究團隊想知道在缺少了西方文明的影響下，卡佩拉族人所展現的智能和世界上其他人是否相同。一開始的結果令人沮喪，卡佩拉族人只展現出粗淺的智能，甚至無法解開最基礎的題目，在已開發國家中的兒童都能夠輕易解開那些題目。就算研究人員「不經意」提供正確答案的提示，卡佩拉族人依然無法領悟。這種現象指出了他們的原始文化不夠豐富，或是不足以激發出更高的智能，或是卡佩拉族人在生物特性中有所不同，讓他們的智能發展受到限制。不過這個故事接下來有讓人洩氣的發展：一個研究人員告訴部落的人用「像個傻子」的方式進行測驗，族人馬上就做出了「正確」的答案。

由於受到語言及文化的隔閡，那些測驗的內容是分門別類。研究人員請他們將各種東西分門別類，例如工具、動物、石器、木器等，這種分類需要進行抽象思考，是比較高的智能。但是卡佩拉族都是把東西依照功能來分類的（進食用的東西、穿戴的東西、挖土的東西），這看起來好像「比較不聰明」，但是卡佩拉人顯然不同意。他們在偏遠的地區生活，把物品打亂重新歸類並沒有意義，只是浪費心力而已，傻子才會做。這是重要的領悟，我們不該以先入為主的觀念去評判其他民族（而且在進行實驗之前要進行背景調查會比較好）。這個例子指出，智能的觀念深受社會環境與成見的影響。

另一個比較沒有那麼戲劇性的例子是畢馬龍效應（Pygmalion effect）。一九六五年，羅伯特·羅森塔爾（Robert Rosenthal）與萊諾爾·雅各布森（Lenore Jacobson）進行了一個研究，小學老師被告知某些學生功課比較好或是天賦較高，應該要給予他們相應的教育。[16]就如你所想的，那些學生在考試成績和課業表現上都如同真的比較聰明的學生。但其實他們沒有比較聰明，只是普通的學生。如果把他們當成比較聰明的學生對待，他們就真的表現得符合這樣的期待。在大學中也進行了類似的實驗，得到類似的結果。研究人員告訴學生智能是固定不變的，那麼學生的考試表現往往就會比較差。如果和大學生說智能可以改變，那麼表現就會比較好。

這或許是比較高的人比較聰明的另一個原因。如果你在小時候長得比較高，其他人會把你當成比實際更年長的人來對待，交談的內容會更成熟，使得發展中的腦部要趕上這些預期。但不論如何，自信心都很重要。所以在這本書中如果我有提到智能是「固定」的，基本上都阻礙了你的發育，抱歉我錯了。

關於智能，有一個有趣有詭異的事情：全世界的人總的來說，智能增加了，我們並不知道原因。這種現象稱為弗林效應（Flynn effect），出現在全世界的許多國家，各自有不同的環境背景，屬於不同的民族，而且是每一代都增加，不論流體智能或晶體智能都有增加。這可能是全世界的教育逐漸普及、健康照顧水準與意識提高、更容易接觸到資訊與複雜的科技產品，或甚至是某些休眠的突變基因啟動了，使得人類整體慢慢變得更聰明。

沒有證據指出有「休眠的突變基因啟動」這件事，不過應該可以拍成賣座電影。

身高與智能之間的關聯有許多可能的解釋，可能都正確，也可能沒有一個是對的。真相一如既往，可能就在那些極端的解釋之間，是另一個關於「天性與教養影響力孰高」的例子。

從目前對於智能的了解來看，如此不確定的結果令人驚訝嗎？智能難以定義、測量並且獨立分離出來，但絕對存在，我們也能夠加以研究。智能是由多種能力集合起來所構成的特殊又普遍的能力。腦部有許多部位參與了智能的生成，但重點在於這些部位的連接方式，使得每個人的智能有所不同。智能並不保證讓你有自信，缺乏了也並非一定會有不安全感，因為腦部的運作方式能夠做出相應的改變。除非別人待你像個聰明人，而這種對待方式似乎也能夠讓你更聰明。所以說，腦部雖然負責智能，但是也不確定要怎樣才能夠好好運用智能。普遍智能主要取決於基因和成長過程，當然如果你有意願要訓練智能，智能可以提高……或許吧。

研究智能就好似在沒有草圖的狀況下織成一件毛衣，材料用的棉花糖而非羊毛。所以說，我們真正厲害的地方是居然能夠嘗試研究智能。

第五章

你預料到了這一章的內容嗎？

——腦部觀察感知的胡亂特性

人類巨大腦部賦予我們的眾多特性之一，是讓人能夠探究自己的「內在」，這個有趣的特性（顯然）是人類所獨有的。人類有自覺，能夠察覺自己內在的狀況、心裡面的想法，甚至可以詳細研究。因此內省反思和哲學思考受到許多人重視。不過腦部如何認識到頭顱以外的世界，也同樣極為重要，腦部有些機制和部位就專門負責這些功能。我們經由感官知覺到這個世界，注意其中重要的元素，並且做出相應的行為。

許多人可能會認為，我們腦中所知覺到的這個世界，百分之百代表了這個世界的實際樣貌，眼睛、耳朵以及其他感覺器官，基本上就是個被動紀錄系統，接受訊息然後把訊息傳到腦部，腦部會把訊息加以分門別類，再傳送到相關的部位，有如飛行員檢查各項儀器。但實際上完全不是這個樣子。生物並非科技產品，經由感覺器官接收並且傳遞到腦部的資訊，並不是一連串細節滿滿的影像、聲音和感覺，那只是我們一廂情願的見解而已。實際上，感覺器官提供的原始資料更像是涓涓泥流，腦部以非凡的能力加以整理打磨，才讓我們感覺到的世界有條不紊、豐富多姿。

想想看警方的人像素描師，是靠著其他人的描述完成一副人像。現在想像提供描述的人不只有一個，是有數百個，全都在同一時刻描述。結果完成的不是會是某一個人的素描像，而是發生案件小鎮的彩色立體風貌，包含了其中每位居民，同時對於對象描述，每分鐘都會更新。腦部就有點像是那個人像素描師，只是沒有持續受到許多人傳來的資訊騷擾而已。

腦部能夠從有限的資訊中構成複雜的環境樣貌，雖然這過程中錯誤與偏差持續發生，但已經非常了不起了。腦部感知周遭世界的方式，以及眾多資訊中那些重要到能夠得到注意力，都顯示出人腦的強大之處，以及許多不完善的地方。

玫瑰的名字

（嗅覺為何比味覺強大）

每個人都知道，腦部能夠接收到五種感覺。不過神經科學家認為實際上有更多種。一些「額外」的感覺已經找到了，包括本體感覺：對於身體四肢所在位置的感覺、平衡感：經由內耳所感知重力以及偵測身體在空間中運動的感覺。甚至食慾也是一種感覺，因為它來自於偵測血液和身體中營養成分濃度，這也是感覺。以上種種都關乎於身體內部的狀況，而那五種「傳統」的感覺負責偵測與感知周遭的環境。你也知道那五種分別是視覺、聽覺、味覺、嗅覺和觸覺。對於這五種感覺，英文中有更精確的科學詞彙，分別是視覺（ophthalmoception）、聽覺（audioception）、味覺（gustaoception）、嗅覺（olfacoception）和觸覺（tactioception），不過為了節省時間，後面這類專有名詞的英文原文連科學家都不太常用。每種感覺都經由複雜的神經機制所產生，腦部使用來自這些感覺的資訊時，會進行更複雜的過程。所有的感覺都是為了偵測環境中的事物，並且轉譯神經元能夠使用的電訊號，這些神經元最後都會連接到腦部。腦部花了很多時間在協調整個系統與過程事件這件繁重工作上。

對於各種身體的感覺，有很多內容可以寫，也已經有很多相關的文章書籍了，所以讓我們從可能是最奇特的感覺開始吧，也就是嗅覺。嗅覺經常受到忽視，不過只是那個雙眼下面鼻子所負責的感覺吧。這真是不幸的誤解，因為腦中的嗅覺系統（處理味道的知覺）奇特又迷人。現在我們認為嗅覺是最先演化出來的感覺，很早就出現了，那個時候的動物還只是小蟲子。研究指出還在發育中的胎兒就能夠聞到母親所聞到的東西，母親吸入的顆粒最後會抵達羊水，胎兒聞得到。之前人們相信，人類能夠偵測出一萬種不同的氣味，聽起來很多，但是這是從一篇發表於一九二〇年代的研究得出的結果，其中的數據大部分都來自於沒有經過仔細檢查的理論推導或是假設。

很快的來到二〇一四年，卡洛琳・布許迪（Caroline Bushdid）和同事實際檢驗了這個說法，他們要求受試者區別味道非常相近的化學混合物，如果嗅覺系統只能分辨出一萬種氣味，那麼應該無法區分出不同的混合物。出乎意料之外，受試者能夠輕易區分出不同混合物。到最後，他們估計人類實際上能夠聞出的味道有一兆種。這個數字通常用在天文學中表示距離長度之上，而不是平凡單調的人類感覺領域中。這就像是發現在放吸塵器的壁櫥中有路通到鼴鼠人在地底下建立的城市文明。*

嗅覺如何運作？我們知道嗅覺是經由嗅神經傳遞到腦部的。腦神經有十二對，嗅神經是第一對（視神經是第二對）。組成嗅神經的嗅覺神經元在很多方面都獨樹一格，其中最著名的就是它們為極少數具備再生能力的人類神經元。嗅神經是人類神經系統中的金鋼狼（Wolverine），這些鼻子神經元具能夠再生，因此受到了更深入的研究，目的是為了能夠讓其他受損的神經元（例如受到損傷而造成癱瘓的脊隨）也能夠得到相同的能力。

嗅覺神經元要能再生，因為它們是直接接觸到「外在」環境的感覺神經元之一。神經元本身脆弱，容易受到損傷。嗅覺神經元位於鼻子上側內裡，有特定的受器位於其中，能

---

* 有些科學家對於這個結果有疑問，並且認為這個關於嗅覺得驚人數字，來自於研究中所使用的數學工具有問題所造成的結果，並不是人類大鼻子實際具備的能力。[1]

夠偵測顆粒，當接觸到特定的分子，會將訊息傳遞到嗅球（olfactory bulb），這個腦中部位負責收集並且組織嗅覺資訊。嗅覺受器有很多中，理查·艾克塞（Richard Axel）與琳達·巴克（Linda Buck）在一九九一年發表研究結果，發現到人類基因中的百分之三有嗅覺受器蛋白編碼，這項研究讓他們獲頒諾貝爾獎。[2]這個結果也證明了人類嗅覺要比之前所想的來得複雜。

當嗅覺神經元偵測到特殊的成分（乳酪中的某種分子、來自甜食中的某種酮類，或是某人使用不良漱口水後嘴巴飄出來的東西），就會發出電訊號，送到嗅球，接這把這些資訊轉送到嗅核（olfactory nucleus）與梨狀皮質（piriform cortex），這時你便聞到了一種味道。

嗅覺經常和記憶連接在一起。嗅覺系統就位在海馬迴和記憶系統其他主要部位旁邊，相近到早期的解剖學研究會認為記憶系統就是要連接到嗅覺系統的。不過這兩個並不像是住在屠夫旁邊的激進素食者那樣，只是剛好相鄰而彼此無關。嗅球是邊緣系統的一部分，類似負責處理記憶的腦區，而且與海馬迴和杏仁核之間的聯絡頻繁。結果便是與某些味道有關聯的記憶會特別鮮明而且能夠激發情緒，例如一份烤肉午餐能馬上讓你回想到星期天在祖母家中的點點滴滴。

你自己可能有許多類似的經驗。為什麼某個味道或是氣味能夠引發鮮明的兒時印象，激起和這個味道有關的情緒？如果你小的時候經常待在祖父家，而他會抽菸斗，你可能對於菸斗氣味有種哀愁的偏好。味覺屬於邊緣系統的一部分，代表了比起其他種類的感覺，更能引起情緒，這也能夠解釋為何嗅覺往往比其他感覺能引起更強烈的反應。看到一條新鮮的土司麵包感覺平淡無奇，但是聞到吐司麵包的香味令人愉悅，甚至能帶來奇特的平靜感，因為吐司麵包的味道和愉快的記憶有關，是和烘培有關的記憶，那些事件最後都以吃到美食作結。當然嗅覺也可以引發完全相反的結果，看到腐敗的肉會讓人不舒服，但是聞到的話可能直接讓人嘔吐。

味道引發記憶與情緒的力量和傾向，並非沒有人注意到。許多人都想利用這種力量獲利。房地產商、超級市場、糖果製造商等，還有其他許多人，想利用味道去控制人們的情緒，並且讓他們更輕易把錢交出來。這種方法的確有效果，但是效果有限，因為人與人之間的差異很大，曾經因為吃香草冰淇淋而食物中毒的人，並不會覺得香草味能讓自己平靜放鬆。

關於嗅覺得另一個錯誤觀念，是很久以來人們便認為嗅覺是無法「欺瞞」的。但是有數個研究指出這並不正確。人們經常體驗到假的味道，像是依照樣品上的標示就覺得聞起來是好的或是不好的，例如「耶誕樹」或是「廁所清潔劑」，這裡舉的例子不是在開玩笑，赫茲（Herz）和范．克萊夫（von Clef）在二〇〇一年的實驗中就真的用上了。

以前人們相信嗅覺不會出現假的，原因在於腦部只能從嗅覺得到「有限的」資訊。實際的測試結果則指出，人們可以經由味道「追蹤」事物，但是基本上找不到。你聞到了什麼，知道附近有東西發出了這個味道，最多就是這樣，只能知道那東西「在這裡」或「不在這裡」。如果腦部搞混了嗅覺訊息，你自己都無法知道，你聞到的味道與實際產生氣味的東西不同吧？嗅覺非常敏銳，但是對於忙碌的人類來說，應用的範圍有限。

也有嗅幻覺（olfactory hallucination）*存在：聞到不存在的東西。這種幻覺很常見，令人擔憂。人們常會說好像聞到了燒焦的味道，可能是吐司燒焦、塑膠燒焦，或只是普通的「燒焦味」，這種幻覺通常和神經出了狀況有關，例如癲癇、腫瘤或是中風，那些狀況都可能促使嗅球或是嗅覺處理系統其他部位出現異常活動，而被詮釋成為燒焦味。錯覺和幻覺兩者的區別在於，錯覺是感覺系統辨認錯誤、受到愚弄；幻覺通常是系統出錯而產生的，也就是腦部運作出了偏差。

嗅覺由特殊的化合物所啟動，通常歸類為「化學感覺」，不會單獨運作。另一種化學感覺是味覺。味覺和嗅覺經常聯合在一起，我們吃的食物通常有獨特的味道。味覺的機制和嗅覺類似，在舌頭和口腔中其他區域有受器，能夠對於特定的化合物產生反應，通常是溶解在水中（也就是唾液）的化合物。在舌頭上的味蕾是這些受器的集中之處。現在我們認為有五種類型的味蕾：鹹味、甜味、苦味、酸味和甘味，最後一種會對麩胺酸鈉（monosodium glutamate）起反應，主要是感覺「肉的味道」。其實還有其他幾種「類型」的味道，像是澀味（例如柿子）、辛辣味（生薑），還有金屬味（嗯……就是嘗到金屬的味道）。

如果說嗅覺受到低估，那麼相較之下，味覺就有點垃圾了，它是主要感覺中最弱的，許多研究指出味覺受到許多其他因素的影響，舉例來說，你可能參加過品酒會，鑑賞家會啜一口紅酒，宣稱那是陳放了五十四年的希哈葡萄品種（Shiraz）為原料所釀出來的，產自於法國西南部的莊園，帶有一點橡木、肉豆蔻、柑橘和豬肉（這個是我亂猜的）風味，踩葡萄的是當年二十八歲的雅克（Jacques），他的左腳踝長了一個疣。

這個過程看起來既優雅又厲害，但是許多研究指出，這種精準的味覺其實和舌頭關聯沒那麼深，和心智比較有關。專業品酒師之間所下的判斷往往不一致，某一位專業品酒師可能會認為某種紅酒最棒，另一位喝同種酒的品酒師可能會認為這種紅酒喝起來如同池塘

＊這裡需要指出錯覺（illusion）和幻覺（hallucination）是不同的。錯覺是感覺系統的確偵測到了什麼但是做出錯誤的詮釋，因此你接收到的是並非真實的資訊。相較之下，如果你感知到了根本不存在的東西，代表了腦中深處的感覺處理部位運作出了差錯。錯覺是腦部運作時的小毛病，幻覺要嚴重多了。

中的水。[3]難道好的紅酒不是每個人喝起來都該覺得很棒嗎？由於味覺並不可靠，因此答案是否定的。有人請品酒師品嘗數種紅酒，他們並無法喝出來哪些是著名酒廠的佳釀，哪些是大量生產的廉價品。還有更糟的狀況，品酒師喝不同的紅酒，甚至無法分辨出來喝的都是加了紅色食用色素的白酒。所以說，人類的味覺既不准確又不精確。

我要聲明，科學家對品酒師並沒有什麼奇怪的冤仇，只是需要倚靠完善的味覺到如此程度的專業人士真的不多，科學家的選擇有限。同時，品酒師並沒有撒謊，他們幾乎都體驗到了自己所宣稱的那些味道，但是絕大多數的味道都來自於預期心理、經驗，和腦部創造出來的，並非來自於味覺。但話說回來，品酒師可能還是會抗議神經科學家挖他們這一行的牆角。

事實在於，「味道」有很多時候是由多種感覺組合而成的體驗。感冒嚴重或是罹患其他讓鼻子阻塞疾病的人，通常抱怨嘗不到食物的味道。這是因為多種感覺的交互作用才能決定出味道，那些感覺彼此之間緊緊糾纏，並且讓腦部搞混了，其中味覺又是最弱的，總是受到其他感覺的影響，影響力最大的就如同你想的，是嗅覺。我們嘗到的味道有許多來自於食物的氣味。有個實驗是這樣的：讓受試者捏住鼻子、蒙住眼睛（排除視覺的影響），在只倚靠味覺的情況下，無法區分出蘋果、馬鈴薯和洋蔥。[4]

二〇〇七年，馬利卡·奧弗雷（Malika Auvray）和查爾斯·史賓斯（Charles Spence）發表的一篇論文指出，[5]如果有東西的氣味強烈，那麼我們在吃那種東西的時候，腦部往往會把那種味道詮釋成味覺，而不是嗅覺，但其實那個感覺是從鼻子傳遞到腦的。由於感覺大部分來自於口腔，腦部便一概而論，以為所有訊號都來自於口腔，便詮釋成了味覺。腦部花了很多心力產生味覺，因此難以讓它停下做出不正確假設的腳步。

從以上種種，你要記得的教訓是，如果你烹調技術不佳，依然可以辦晚宴，只要你的客人有重感冒而且願意在黑暗中進餐。

來感覺這份噪音

（聽覺和觸覺實際上有密切關聯）

聽覺和觸覺在最基本上是有關連的。這一點絕大部分的人都不知道，但是想想看，你曾經注意到用棉花棒清耳朵的時候有多麼舒服嗎？對吧？其實沒有關聯的啦，我只是在建立某種原則，事實上腦部所接受的觸覺和聽覺是完全不同的，但是用來接收聽覺和觸覺的機制確有很多相同的地方。

在上一節中，提到了嗅覺和味覺，以及兩者之間的功能經常重合。實際上，在辨認食物上，嗅覺和味覺所扮演的角色相近，而且彼此影響（主要是嗅覺影響味覺），但是兩者主要的關聯在於都屬於化學感覺，有特殊的化學成分（例如果汁或小熊軟糖）出現時，味覺受器和嗅覺受器會受到刺激。

相較之下，觸覺和聽覺之間有共通之處嗎？你什麼時候會認為有些聲音聽起來刺刺的，或是「感覺」有高音？從來沒有吧。

事實上有的。喜歡把音量開大的愛樂者經常享受皮膚受到震動的感覺。想像一下你在俱樂部、車子、音樂會等場所的音響系統，把音樂中低音放大帶來的震動。當音量夠大或是在某音高，聲音往往可以帶來非常「實體」的感覺。

聽覺和觸覺都屬於「機械感覺」（mechanical sense），也就是說經由壓力或是物理力量所產生。聽起來可能怪，但是聽覺是基於聲音而產生的，聲音實際上是經由空氣傳播的震動，抵達了鼓膜，讓鼓膜也震動了起來。鼓膜的震動傳遞到了耳蝸（cochlea），這個螺旋狀的結構中充滿了液體，能讓聲音傳到頭中。耳蝸的構造精巧，基本上是捲曲成螺旋狀的長管子，裡面裝滿液體。聲音會沿著耳蝸傳遞，耳蝸的構造和聲音的物理特性，使得聲音的頻率（單位為「赫茲」）決定了震動能夠在管子中傳遞的距離。管子內層上有柯蒂氏器（Corti），這種器官比較像是一層膜，而不是獨立完整的構造。這個器官表面上覆蓋有毛細胞，那不是真的毛髮而是接受刺激的構造。科學家有時候不覺得自己研究的東西已經夠複雜了，才會取這種名字。

毛細胞能偵測耳蝸中的震動，並且傳遞訊息。不過耳蝸中只有某些部位的毛細胞會啟動，因為特定的頻率只能在耳蝸中傳遞到特定的距離。所以說，在耳蝸中基本上會產生聲音頻率的「圖譜」。在耳蝸開頭部位受到高頻聲波的刺激（也就是音調高的噪音，例如吸了氦氣而尖叫的幼兒），終端的部位則受到低頻聲波的刺激（音調非常低的噪音，例如鯨魚演唱貝瑞·懷特的歌。）這兩個極端部位之間的區域，接收到的便是人類聽得到的聲音範圍（二十到二萬赫茲）。

分布於耳蝸中的腦神經是排第八對的前庭耳蝸神經（vestibulocochlear nerve），會把從毛細胞接受到的特定訊息傳遞到腦部的聽覺神經元，該部位位於顳葉上半部，負責處理聲音知覺。來自耳蝸特定部位的訊息，讓腦知道這個聲音的頻率，因此最後接收到的是耳蝸的「圖譜」，這真是很聰明的方法。

但是問題在於這個系統用到的感覺機制非常細微而且精確，基本上隨時都受到震動，顯然就很容易受到損壞。鼓膜本身由三塊小骨頭構成，這些骨頭排列成特殊的形狀，很容易受到液體、耳垢、創傷等各式各樣的因素所傷害或干擾。老化的過程中，耳朵的組織會變得越來越硬，難以振動，沒有振動便代表沒有聽覺。所以說，隨著年紀而發生的聽覺系統退化，生物因素和物理因素同樣重要。

聽覺本身也有各種大大小小的狀況，例如耳鳴之類的，讓人聽到根本不存在的聲音。這些狀況總稱為「耳內現象」（endaural phenomena），也就是聽到的不是從外界傳來的聲音，而是由聽覺系統異常所造成（例如耳垢掉入了重要的部位，或是重要的膜構造變硬了）。這些狀況和幻聽（auditory hallucination）不同，後者是腦部負責處理資訊的「更高級」部位活動異常的結果，而不是哪裡真的有聲音傳過來。幻聽的內容通常是「聽到說話聲」（在精神病的相關章節中會提到），另外還有的是「音樂耳症候群」（musical ear syndrome），患者或聽到莫名其妙的音樂。有些人的狀況是會突然聽到巨大的聲響，這稱為「爆炸頭症候群」（exploding head syndrome），這種疾病歸類於「聽到比實際更糟糕的聲音」那一塊。

雖然會出現上述種種狀況，人類的腦部依然夠厲害，能夠把空氣振動轉譯成每天所聽到的多樣複雜聽覺。

所以，聽覺屬於機械感覺，是把聲音造成的振動與物理壓力轉換成感覺。觸覺是另一種機械感覺，如果對皮膚施壓，就會感覺得到，這是因為皮膚上到處都有機械受器（mechanoreceptor），這些受器發出的訊息會經由專門的神經傳到脊隨（除非刺激發生在頭上，那就由腦神經負責），再傳到腦部，抵達位於頂葉的體感覺皮質（somatosensory cortex），這個部位會釐清訊息是從哪裡來的，讓我們有感覺。整個過程聽起來相當直接，當然實際狀況顯然並非如此。

首先，我們所說的觸覺，是由數種元素組合在一起而形成的感覺。除了物理壓力，還有振動與溫度，皮膚拉伸也是，有的時候還會有痛覺，這些全部都在皮膚、肌肉、器官或骨骼上有受器，全都也屬於體感覺系統（也由體感覺皮質負責），全身都佈滿了相關的神經。痛覺也稱為「傷害感受」（nociception），在全身也有相關的受器和神經纖維。

沒有痛覺受器的器官應該就只有腦而已了，因為這個器官的責任就是接收與處理訊息。你可以這樣想：如果腦也可以感覺到疼痛，會造成混亂，就像是用自己的手機打電話給自己而且還希望有人接聽。

關於觸覺另一個有趣的地方在於它是不均勻的，身體不同部位對於相同的接觸會引發出不同的觸覺，就像是在上一章所提到的運動皮質，體感覺皮質也有一個類似的全身圖譜，應對到相對的身體部位：負責腳部的區域處理來自於腳部的刺激，手臂區域處理來自手臂的區域，以此類推。

但是體感覺皮質上的各部位和相應的身體部位的實際大小並不成比例。也就是說，接受到的感覺資訊量和傳遞感覺來的身體部位大小並沒有關聯。在體感覺皮質中負責胸部和背部的區域很小，負責雙手和嘴唇的很大。身體有些部位對於觸覺更為敏銳，腳底的觸覺沒有特別敏銳，這是有道理的，因為每次踩到小石頭或是樹枝就感到劇痛，其實並無必要。但是體感覺皮質中，負責雙手和嘴唇的部位不成比例的大，因為我們需要雙手和嘴唇進行精細的控制與得到細微的感覺，結果就是雙手和嘴唇非常敏感。陰部也是，不過這個部分就別多談了。

科學家測量觸覺敏感程度的工具相當簡單，就是一種有兩根針的玩意兒，看這兩根針並排得有多近，壓在皮膚上依然能夠感覺是兩根針，越近就表示那個區域的觸覺越敏銳。[6]指尖特別敏感，點字才能夠發展出來，不過其中還是有所限制：點字由特殊的凸點構成，因為手指還沒有敏感到能夠辨識印刷字大小的字母。[7]

一如聽覺，觸覺也會受到「愚弄」。原因之一在於腦部經由觸覺辨認物體的能力來自於得知手指的位置與排列方式，如果你用中指和食指摸到小的物品（例如彈珠），你會覺得摸到的是一個物品。但是如果閉上眼睛，中指和食指交叉再去摸彈珠，會覺得摸到了兩個物體。這是因為處理感覺的體感覺皮質和讓手指運動的運動皮質之間，並沒有直接聯繫，這時雙指交叉眼睛又閉上了，兩者都無法提供任何阻止腦部得出錯誤結論的訊息。這種錯覺稱為亞里斯多德錯覺（Aristotle illusion）。

觸覺和聽覺其他的共通之處，要探究得更深入之後才會發覺，最近的研究發現了證據，指出兩者之間的關係可能要比之前所想得更為基本。我們知道有些和聽覺能力關係密切的基因會增加耳聾的風險。二〇一二年，亨寧．弗倫澤爾（Henning Frenzel）的研究團隊[8]發現到那些基因也會影響觸覺，有趣的是聽覺比較敏銳的人，觸覺也比較敏銳。同樣的，如果具備了讓聽覺比較差的基因，觸覺也會比較遲鈍。他們同時還發現到，有個基因突變了會同時讓聽覺和觸覺受損。

這個領域還需要更多的研究，不過上述研究強烈暗示人類腦部在處理聽覺和觸覺時用到了類似的機制，而且是在非常深層的過程上，以至於會彼此影響。這樣的方式可能並非最合乎邏輯，但是在上一節中提到了味覺和嗅覺之間有所關聯，所以聽覺與觸覺也有關聯，算是合理。腦部把感覺統合在一起的程度要比實際展現的還要高。但是另一方面來說，也代表了人類對於「感受節奏」的能力實際上真的要比我們所想得強。

基督降臨……在一片烤土司上？

（你所不知道的視覺系統奧秘）

吐司麵包、墨西哥捲餅、披薩、冰淇淋、巧克力抹醬、香蕉、椒鹽脆餅、洋芋片、墨西哥玉米片之間的共通之處是什麼？每個都有人在上面發現耶穌的臉（這是真的，你可以去搜尋一下）。當然也不限於食物，耶穌的臉也經常出現在拋光的木板上。不過，會出現的也不只限於耶穌，有時候是聖母瑪利亞，有時候是貓王艾維斯。

實際上的狀況是，世界上有數不清的物體上面所呈現的隨機圖案，或是因為光影，讓那些圖案有的時候看起來像是著名的人物或是影像，這完全都是由機會決定的。如果是名人的臉孔且具備了超自然的特質（對許多人來說貓王艾維斯就屬於這一類），那麼這樣的圖案就會引起更多回響，吸引許多人的注意。

從科學的角度來看，奇怪的地方在於就算是知道那只是一片烤土司，而不是彌賽亞重生於麵包之上的人，依然看得到臉孔。不同的人可能爭論那個臉孔為何會出現，但都看得出吐司上面有人臉。

在所有感覺中，人類腦部最注重視覺，而視覺系統有許多奇怪的特性。視覺經常被比喻，像是兩個軟糊糊的攝影機，接受來自外在世界的訊息，並且完整的傳送到腦部。但就如同對於其他感覺的比喻，這樣的比喻也和視覺的實際運作過程相差甚遠＊。

許多神經科學家認為，視網膜是腦的一部分，因為視網膜和腦都由相同的組織發育而成，同時也連接在一起。光線通過眼睛中瞳孔和水晶體，抵達位於後方的視網膜。視網膜是一層結構複雜的感光細胞，這種細胞是特別的神經元，能夠偵測到光，有些只要幾個光子就能夠活化，敏銳程度非比尋常，宛如銀行的安全系統在有人冒出搶銀行的念頭時就會啟動。具備這樣敏銳程度的感光細胞主要用來察覺明暗之間的對比，稱為視桿細胞（rod），在光線昏暗的時候發揮功效，例如晚上。白天光線明亮的時候，視桿細胞受到的刺激太多，反而無法發揮作用，就像是把一大桶水灌進小酒杯。另一種適合在白天作用的感光細胞偵測的是某些波長的光子，能夠讓人看到不同的顏色，這類細胞稱為視錐細胞（cone），能夠提供環境中的更多細節，但是要更亮的時候才會啟動，因此光線暗的時候我們看不到色

＊這不是因為眼睛功能不強，而是眼睛的功能太強。眼睛的構造實在太複雜了，創造論者和反演化者便經常用眼睛當例子，說明天擇並不是真實的。因為眼睛實在太複雜了，不可能剛好「出現」，必定出自全能創造者的手筆。但是如果你仔細研究眼睛的構造，那麼那個創造者大概是在星期五下午培養周末情緒，或是早班宿醉還沒有清醒時打造眼睛的，其中沒道理的設計一大堆。

彩。

在視網膜上，感光細胞的分布並不均勻，不同區域的感光細胞密度有差異。視網膜中央區域能夠辨識出細節，比較周邊的地區只能辨識出模糊的輪廓。這種差異是由於各區域的感光細胞類型的密度和神經連結的差異而造成的。每個感光細胞都連接到其他細胞，通常是一個雙極細胞（bipolar cell）和一個節細胞（ganglion cell），後者會把來自感光細胞的資訊傳遞到腦部。每個感光細胞都隸屬於某個「接受域」（receptive field），同一塊接受域中的感光細胞都會連接到同一個傳訊細胞上，這些感光細胞位於視網膜的某個區域中。你可以想像成手機的基地台，每個基地台都會接收到覆蓋範圍中所有手機的訊號，並且加以處理。雙極細胞和節細胞就像是基地台，感光細胞就像是手機，這樣組成了一個獨特的接受域。如果光照到這個接受域，將會使得分布在這個接受域中的感光細胞啟動，和這些感光細胞連接在一起的雙極細胞或節細胞也就跟著啟動，腦部可以辨認這些啟動。

在視網膜的周邊區域，接受域相當大，像是高爾夫球陽傘布圍繞著中間桿子，犧牲了精細的程度：一個雨滴落到傘上時，你只知道下雨了，但是不知道雨滴落在哪兒。幸好在視網膜中央區域，接受域很小，而且密度很高，足以提供精確銳利的影像，讓人能夠看到非常小的印刷字。

怪的是，視網膜只有這一個區域能夠辨認細節，稱為中央窩（fovea），就位於視網膜的中央，占視網膜總面積的百分之一都不到。如果視網膜面積如同寬螢幕電視，中央窩就像是在正中央的拇指指紋那麼大而已，而眼睛其他部位只能產生模糊的輪廓、朦朧的色塊而已。

你可能會認為「不是這樣的吧！」因為除了有白內障，人們看到的世界樣貌鮮明又清楚。剛才的描述，好像是望遠鏡的方向不但拿反了，而且鏡片還是用凡士林做的。但是這的確就是人類「看見」的方式，頗值得擔心吧。可是腦部出色之處，就在於我們知覺到影像之前，便把影像變得清晰。相較於腦部對於視覺資訊所進行的處理，最厲害的修圖軟體搞出的影像，不過就是用黃色蠟筆畫出來的草稿的等級。那麼，腦部是怎麼辦到的呢？

眼睛經常轉動，主要的原因在於中央窩需要朝向環境中我們需要看到的目標。在以前，追蹤眼球轉動的實驗中，需要用到特製的金屬隱形眼鏡，只要戴上去，就可以了解有些人對於科學是多麼的熱忱*。

＊現代的相機和電腦技術使得追蹤眼球變得更簡單（而且過程舒服多了）。有些公司甚至把眼球掃描器裝置在購物推車上，觀察消費者在店裡面看那些商品，非常酷的技術。在此之前，科學家使用的是頭戴式雷射追蹤器。現在科學進步到雷射追蹤器已經是落伍技術了。

基本上，我們在看東西，中央窩會盡可能以最快速度掃視那個目標。想像有個咖啡因攝取超過量而躁動的人，操縱一個探照燈，照著足球場，中央窩大概就是這樣。中央窩經由這個過程得到的資訊，加上其周圍視網膜區域所得到的沒那麼仔細但依然有用的影像，就足以讓腦部認真處理，對於所見的東西再加上一些「有憑據的猜測」，成為我們看到的內容。

這個運作方式看起來相當缺乏效率，只靠著視網膜中的一小塊區域就要完成那麼重要的任務。但是你要想想看腦部需要用來處理視覺訊息的部位有多大。如果中央窩的面積加倍，超過了視網膜的百分之一，那麼腦部需要更多部位來處理視覺資訊，會使得腦變得像籃球那麼大。

但這是什麼樣的過程？腦部要如何把那些粗糙的資訊轉變成充滿細節的視覺？感光細胞把光資訊轉換成神經訊號，沿著視神經（一眼一根）*傳送到腦部。視神經會把視覺資訊分送到腦中不同部位。一開始視覺資訊傳到視丘，那是腦部資訊的中央車站，能分送訊息。有些訊息送到腦幹，或是前頂蓋（pretectum），這個部位能夠因應光的強度改變瞳孔大小。有的訊息送到上丘（superior colliculus），這個部位控制眼睛的跳視（saccades）。

當你從左往右看或是從右往左看，集中注意眼球的移動，會注意到眼球的移動並非滑順的掃過，而是一路抖動（要慢慢移動才容易感覺出來）。這種運動稱為「跳視」，在每次跳動之間，視網膜上的影像會傳遞到腦部，腦部會把這些接連傳來的「靜止」影像，快速連接在一起。理論上，每一跳之間影像是很難被「看到」的，跳動的速度太快了，我們注意不到，就像是動畫每一幀之間會有時間間隔（跳視移動是人類身體能夠產生的最快速運動之一，其他的還有眨眼，以及你母親意外走到你房間時你闔上筆記型電腦的速度。）

從眼睛注視一個物體到另一個物體之間，我們可以感覺到跳視。但是如果我們的眼睛盯著某個移動的物體，那麼眼睛的移動就會如打蠟過的保齡球那般平滑的移動。這可以從演化的角度來解釋：如果你在大自然中盯著一個移動的物體，那個物體不是獵物就是威脅者，因此得要持續的注意。但是我們只有在物體移動並且能夠追蹤時視線才可以對在物體之上。一旦物體離開了視野，視線馬上會經由跳視移回到原來的位置，這個過程稱為視動

＊這裡聲明，雖然有些人宣稱在進行眼睛手術時，眼球被「拿出來」，並且由視神經連接，垂在臉頰上，像是滑稽的卡通影片畫面那般，事實上這是不可能發生的。視神經是有些彈性，但是絕對沒有辦法讓眼球像是詭異的鈴鐺那般掛著。進行眼科手術時，都是把眼皮拉開，用鉗子讓眼球固定在原來的地方，並且注射麻醉劑，因此從患者的角度來看會感覺詭異。眼窩很堅固，視神經則很脆弱，所以眼珠子如果掉出來，視神經會受到傷害，在眼科手術中這可不是什麼好事。

反射（optokinetic reflex）。總的來說，腦部可以讓眼球平順的移動，只是不常如此而已。

但是眼睛在移動時，為什麼我們不會感覺到周圍的世界在動？畢竟不論目標移動或是自己移動，落在視網膜上的影像是在移動的。幸好人類腦部有很傑出的系統，足以應對這個情況。負責眼球移動的肌肉，會接收耳朵內部平衡與運動系統的訊息，用以區別是眼球本身在動還是外在環境在動。這種方式也能讓我們在移動時眼睛依然可以盯住目標。不過這個系統也會受到混淆，因為偵測運動的系統有的時候在身體沒有移動時，也會把訊息傳給眼睛，使得眼球不自主運動，這種狀況稱為眼球震顫（nystagmus）。醫護人員檢查視覺系統健康時，會觀察這種現象，因為如果眼睛沒來由的震顫，可能是控制眼睛的基本系統出了某些狀況。眼球震顫對於醫生和驗光師來說，就像是引擎震動雜音對於修車師傅那樣，可能是完全無害，也可能有害，但不論如何都不應該發生。

以上就是腦部控制視線方向的方式，到這裡都還沒說到視覺資訊的處理方式。

視覺資訊主要傳遞到位於枕葉（occipital lobe）的視覺皮質，枕葉位於腦的背面。你曾經頭被敲到然後「眼冒金星」嗎？有一個解釋是，撞擊讓你的腦部在顱腔中晃動，像是噁心的水母在雞蛋杯跑來跑去，腦部也在顱腔中來回動，這個過程對於視覺處理部位造成的壓力與傷害，讓視覺系統暫時受到干擾，結果之一就是讓人突然看見像是星星的奇怪色塊與影像，沒有其他更恰當的形容了。

視覺皮質本時也分成數層，這些層又會再細分。眼睛的資訊最先抵達的是初級視覺皮質（primary visual cortex），這個皮質的構造是由許多均勻的「柱子」組成，就好像是切片好的麵包。這些柱子對於方向很敏感，各自只能對於指著某個方向的線條產生出反應，實際上來說就是以這種方式辨認「邊緣」，這個功能再重要不過了：邊緣代表界線，認出邊緣代表能夠辨認出物體並且注視物體，而不是只看到物體表面勻稱的部分。物體移動的時候，不同的柱子會接連起反應，這樣我們就能夠知道物體移動了。我們能夠認出個別物體和物體的移動，並且閃開飛來的足球，而不是驚覺那個白色團塊怎麼越來越大了。這種「方向敏感度」（orientation sensitivity）由大衛・休伯爾（David Hubel）與托斯頓・維瑟爾（Torsten Wiesel）在一九八一發現，由於非常重要，兩人後來都獲得了諾貝爾獎。[9]

次級視覺皮質（secondary visual cortex）負責辨識顏色，特別厲害之處在於能夠辨別顏色對比。同一個紅色的物體，在光照強弱不同時，映在視網膜上的狀況並不同，但是次級視覺皮質似乎能夠考量到光線的量，而呈現出物體「應該」呈現的顏色。這種系統很了不起，但是也並非百分百可靠。如果你曾經和他人爭論那到底是什麼顏色（例如是深藍色的車還是黑色的車），那麼就能親身體會到次級視覺皮質受到混淆的狀況了。

視覺資訊處理便這樣持續下去，相關的部位散佈在腦的其他區域，距離初級視覺皮質越遠的，處理的對象也越專一，甚至有遠在其他的腦葉，例如頂葉有些部位專門處理空間知覺，下顳葉（inferior temporal lobe）的有些部位處理辨認特殊的物體以及臉孔（這就回到這一節開始的地方了）。由於腦中有專門認出臉孔的部位，因此我們到那兒都看得到臉，就算是在一片烤土司上面都能夠看到，但實際上那並不是臉。

以上只是視覺系統幾個厲害的地方而已，但最基本的是我們能夠看到立體影像，也就是3D。要怎樣看到3D，這是個好問題，因為腦部得由拼湊而成的2D影像創造出豐富的3D視覺。基本上，視網膜是一個二次元的「面」，就像是黑板一樣難以呈現立體影像。幸好腦部有一些竅門能夠解決這個問題。

首先，眼睛有兩個是有用的。雖然這兩個眼睛在臉孔上的距離可能很近，但是已經遠到各自傳給腦部的影像彼此間有些微的差異，腦部會利用這些差異讓我們最後接受到的視覺中，產生透視深度和距離感。

上述來自兩個眼睛影像不同，有個專有名詞，稱為「雙眼差異」（ocular disparity），這種視差要能夠產生，必須兩眼同時運作。但是一隻眼睛閉上或遮上，你看到的世界也不會馬上轉變成平面影像。這是因為腦部也能夠利用來自於視網膜的影像內容，產生透視深度和距離感。遮蔽（有的物體被擋住）、質地（物體表面的細節近的時候清楚、遠的時候模糊）、聚合（越近的物體之間距離看起來越遠，還有路延伸到遠點看起來收束成一個點）等。兩個眼睛同時看，是產生透視深度最有效也最方便的方式。但只有一個眼睛看時，腦部幹得也不錯，甚至能夠讓人進行需要細微操控的工作。我認識一位事業成功的牙醫，只有一個眼睛看得見，如果沒有具備視覺深度，無法在這一行幹得久。

３Ｄ影片便利用了視覺系統辨認出透視深度的機制。看著電影銀幕時，你可以看到所有必要的透視深度，因為影像上有之前提到相關的遮蔽、聚合、質地之類的線索，但是在某方面，你依然知道看到的是平面影像，因為事實上就是平面影像。３Ｄ影片主要是由兩串彼此有些許差異的影像交疊而成。３Ｄ眼鏡能夠過濾這些影像，但是一個鏡片只能過濾某個特殊影像，另一個鏡片過濾另一個，結果兩個眼睛接受到的影像有些許差異，腦部就會認為是透視深度，影像瞬間就從螢幕活生生跳出來，而票價也就加倍了。

視覺系統處理程序複雜而且密集，有許多方法可以加以愚弄。會在一片烤土司上面看到耶穌的臉孔，是因為在顳葉有專門的視覺處理系統，負責辨認與處理臉部影像，任何看起來有點像是臉孔的影像，都會看成是臉孔。記憶系統也會來摻一腳，看看那張臉孔是否熟悉。另一個常見的錯覺是相同的物體放在不同的背景上，看起來的顏色不同，這可以知道是次級視覺皮質受到愚弄了。

其他的視覺錯覺就更微妙了，例如很多人熟悉的「圖中兩個臉對看，或是一個蠟燭台？」，是一種典型案例。一張圖的內容可以有兩種詮釋方式，兩種都是「正確」的，但是彼此不相容。腦部其實不擅長處理兩種解釋，因此採取某一種解釋內容的便捷方法，是剔除另一個可能的解釋。不過腦部也會改變想法，一張圖就出現兩種解答了。

上面種種都是只視覺系統的表面皮毛而已，在幾頁的篇幅中不可能說明其中的複雜性與精密性，但是我覺得還是值得嘗試說明，因為視覺這個複雜的神經過程在生活中非常重要，絕大部分的人在出毛病之前覺得視覺算不了什麼。這一節的內容只是腦部視覺系統的冰山一角，還有大量的內容無法敘述。你能夠了解這樣的深度，是因為視覺系統非常複雜。

你為何會懷疑有人說你壞話？

（人類注意的強項和弱點，以及為何你總是忍不住想偷聽別人談話。）

人類的感官提供了大量的資訊，腦部就算用盡力氣也無法全部都處理。但何必全都要加以處理呢？那些資訊中有多少是重要的？腦部運作需要消耗極多的資源，把腦力放在一塊還沒有乾的油漆上只是在浪費資源。腦部必須要選擇值得注意的資訊，這樣才能把感覺和意識放在有意義的事務上，這就是注意力。運用注意力的方式和我們從周遭世界觀察到的內容息息相關。應該要說，更危險的是沒有觀察到應該觀察到的對象。

研究注意力時，有兩個重要的問題。第一個是腦部的注意力有多強，在無法承受之前實際上能夠注意多少資訊？

另一個是，什麼因素導致注意力放在哪兒？如果感官資訊持續大量湧來，哪些刺激或是資訊比其他的更重要呢？

我們先從注意力多寡開始。絕大多數人都注意到注意力是有限的，可能曾有一群人同時和你說話，都用很大的聲音要吸引你的注意力。這讓人不爽，通常結果是失去耐心然後大喊：「一個一個來！」

早期的實驗指出注意力多寡是有限的，而且是相當「寡」，例如一九五三年科林·謝里（Colin Cherry）進行的「雙耳分聽」（dichotic listening）實驗中，[10]讓受試者戴上耳機，左右聽筒分別發出不同的聲音訊息（通常是一連串字詞）。研究人員先要求受試者之後要說出從某個聽筒聽到的字，但是之後要他們回憶從另一個聽筒聽到的字。絕大多數的受試者只能認出說話的是男性或女性，最多就這樣了，甚至哪種語言都分辨不出來。所以注意力其實是相當有限的，無法多注意一些聲音。

上面這些發現和其他研究結果，讓注意力的「瓶頸」模型得以建立起來。這個模型指出，所有的感官資訊要呈現給腦之前，都需要經過由注意力掌控的狹小空間，就像是使用望遠鏡。用望遠鏡可以看到天空或是遠方非常清晰的影像，但是影像涵蓋的範圍很小，視野之外什麼都看不到。

後繼的實驗又讓事情有了變化。一九七五年，范·萊特（Von Wright）和同事對受試者們列出一個制約的條件：聽到某些詞彙就得預期可能受到電擊。然後他們對受試者進行雙耳分聽實驗，在不放注意力的聽筒傳出預告要電擊的詞彙。當受試者聽到那些詞彙時，依然出現了相當程度的恐懼反應，顯示出腦部顯然也注意到了另一邊耳機的字串。但是這種注意力並沒有提升到由意識處理，因此自己察覺不到。這類的實驗結果指出，在假想的

「注意力範圍之外」的事物，人們依然能夠辨識與處理，瓶頸模型並不正確。

在非實驗的狀況中也可以觀察到相同的現象，有個俗語說「耳朵發熱」是因為有人在自己的背後說壞話。這種情況經常發生，特別是在社交場合中，例如婚禮、餞別宴會、運動賽事，這時許多不同群體的人聚集在一起，同時說話。在這樣的場合中，有時你和興趣相投的人會有愉快的對話（聊足球、烘焙、芹菜，諸如此類的），但是也會聽到他人提及自己的名字。那些人並沒有在和你聊天，甚至不知道你也在現場。但是他們提起你的名字時，後面可能還會接上一句：「那傢伙是個超級廢柴。」這下你突然就會注意他們的對話了，而不是注意正參與的對話，並且懷疑當初為何要請那個傢伙當伴郎。

如果注意力真的如瓶頸模型所說，那麼這種事情應該不可能發生，但顯然並非如此。上述的情況稱為「雞尾酒會效應」，因為專業心理學家是群有教養的傢伙。

由於瓶頸模型並不完備，「容量模式」（capacity model）出現了，主要源自於丹尼爾・康納曼（Daniel Kahneman）在一九七三年的研究，[11] 後來許多科學家也加以詳加闡釋。瓶頸模型認為，注意力只有「一道」，像是探照燈的光線那樣依照需要到處移動照射。容量模式則認為注意力比較像是有限的資源，只要資源沒有耗盡，便能夠分成「數道」（注意力有數個對象）。

兩個理論都能檢視為何同時多工那麼困難。瓶頸模型認為，你只有一道注意力，如果總是在不同的任務中跳來跳去，那麼就很難集中在各項任務上。容量模式允許注意力同時放在不同任務上，但是你得要有足夠的資源有效率地處理這些任務，只要超過能力，就無法持續同時進行任務。當資源大受限制時，看起來注意力就像是只有「一道」而已，許多狀況下都是如此。

但是為何「能力」有限？解釋之一是注意力和工作記憶息息相關。工作記憶用來儲存目前意識正在處理的資訊，注意力會提供需要處理的資訊，如果工作記憶已經「滿了」，那麼要加入更多記憶是很困難的。我們知道，工作記憶（短期記憶）本身的儲存能力是有限的。

在平常的狀況下，這樣的能力就夠用了，但是重點在於所處的狀況。許多研究關注的是開車時注意力集中的狀況，因為這時缺乏注意力的後果相當嚴重。在英國，開車時禁止手持用電話，必須使用免持裝置，讓兩手都放在方向盤上。但是美國猶他大學在二〇一三年發表的研究結果顯示，從對於開車的影響而言，使用免持裝置和手拿電話通話，結果一樣危險，因為兩者所需要的注意力相當。[12]

兩隻手放在方向盤上實際可能比只有一隻手好一些，但是該研究測量了駕駛對於速度的反應、周遭環境的觀察、重要號誌的注意力等，不論在是否使用手持裝置的情況下，全部都大幅下降了，因為這些任務所需要的注意力差不多。你可以兩個眼睛都看著道路，但是如果你沒有注意眼睛傳來的畫面，那就沒有意義了。

還有更糟糕的事情。研究結果指出，讓人分心的不只有電話：轉換廣播電台或是和乘客說話，讓駕駛分心的程度是相同的。車上儀器與手機的功能越來越多（目前開車時看電子郵件基本上並不違法），讓人分心的事項必定會持續增加。

基於上述種種狀況，你可能會想為何每個人沒有開車十分鐘就發生恐怖的車禍。這是因為目前談到的都屬於意識注意力（conscious attention），這方面的能力是有限的。在第二章有提到，如果經常練習，腦部就會調適，形成程序記憶。人們會說「不需思考」就能夠完成一些事情，這滿符合實際情況的。對於新手來說，開車可能讓人焦慮且無法分神，但是後來熟練後，由腦部無意識的系統接手，意識便可以專注在其他事務上。不論如何，開車並非完全無需思考就能夠完成的任務，要留心其他的道路使用者以及種種意外，每分每秒的狀況都不同，全都需要有意識的察覺。

從神經學的角度來看，注意力涉及了腦中許多部位，其中最常提及的是前額葉皮質，這也是理所當然的，因為工作記憶就是在前額葉皮質處理的。另一個部位是前扣帶迴

（anterior cingulate gyrus），這個大又複雜的部位藏在顳葉中，同時還延伸入頂葉，是處理許多感覺資訊的地方，同時也與意識等比較先進的功能有關。

不過注意力系統分得相當散，就有些不良結果。在第一章中提到腦部有負責比較先進功能的部位，也有比較原始的「爬行類動物」部位，兩者通常會彼此干擾。注意力控制系統也有類似的狀況，雖然這些系統組織的方式比較妥當，但是彼此關係依然如同意識過程與下意識過程，而且也會有類似的衝突。

舉例來說，注意力會由來自外界與內在的情況所指引。用白話文來說，就是「下到上」與「上到下」的控制系統。說得更簡單一點，人類的注意力會注意到腦袋以外的事物，或是聽從腦袋中的想法。兩者都可以雞尾酒效應來說明。注意力可能受到特殊的聲音所吸引，稱為選擇性傾聽（selective listening）。自己的名字會馬上讓你的注意力轉移過去。你之前不知道會聽到，也不會有意識的去注意，只有聽到自己的名字時才會。一旦你聽到了而把注意力放過去，就不會再注意其他事情了。外在的聲音轉移了你的注意了，這是一個「下到上」的過程。之後你在意識上想要聽更多關於自己的事情，因此注意力會放在那邊，這是一個內在的「上到下」過程，由腦部有意識的控制*。

不過，最吸引注意力的還是視覺。人類會自然的把眼睛朝向所注意的目標，腦部運作主要依靠視覺資料，這方面顯然應該要研究，也的確研究出許多關於注意力運作的資料。

前額葉眼動區（frontal eye field）位於額葉，會接收來自於視網膜的資訊，以此為基礎，打造出一個視野的「圖譜」，同時參照來自於頂葉的資訊和空間圖譜，讓視野圖譜更完整。如果在視野中出現了什麼有趣的事情，這個系統馬上就會讓眼睛朝那個方向移動，看看到底有什麼發生，這個過程稱為公開導向或是目標導向，因為腦中有一個目標並且說：「我要看這個目標。」舉例來說，你看到一個廣告宣傳說有優惠：免費培根，你的注意力馬上就轉移到這裡，看到廣告內容，然後完成得到培根這個目標。腦部的意識控制注意力，屬於「上到下」系統。在這種過程之外，還有隱蔽導向（covert orientation），屬於「下到上」系統。這個系統在偵測到有生物重要性的事件時啟動（例如附近有老虎的咆哮聲，或是你站著的樹枝發出斷裂聲），注意力自然會轉移過去，此時腦部掌管意識的區域還不知道發

＊人類如何讓聽覺注意力「集中」，目前還不清楚，你不會轉頭讓耳朵朝著聲音來源。美國加州大學的張復倫（Edward Chang）和尼瑪·梅斯卡拉尼（Nima Mesgarani）的研究[13]指出了一個可能的方式，他們研究三位癲癇患者的聽覺皮質，這些患者在相關的部位有植入電極（不是為了好玩，是為了找出癲癇發生的位置並且加以紀錄）。研究人員要求患者注意聽兩三串聲音中的某一串，只有一位能夠集中注意力，聽覺皮質中出現了活動。腦部可能會抑制其他同時出現的資訊，讓注意力完全集中在要聽的語音上。這代表腦部真的會「排除聲音」，例如有人一直在談論尋找刺蝟這個窮極無聊的嗜好的時候。

生了什麼事，屬於「下到上」的程序。這個系統用到了視覺資訊，以及聲音等其他線索，但是由腦中不同的部位執行，其中的神經程序也不相同。

根據目前的證據，受到最多人支持的模型是這樣的：偵測到某個可能很重要的事物時，之前提到和視覺處理相關的後頂葉皮質區（posterior parietal cortex）會讓意識注意系統解除當下進行的任務，像是父母要孩子拿垃圾去丟時，會把電視關掉。位於中腦的上丘會把注意系統的目標轉移到需要的地方，像是父母把孩子帶廚房的垃圾桶旁邊。視丘中的丘腦後結節（pulvinar nucleus）會重新啟動注意系統，像是父母把垃圾袋放到孩子的手中，並且把他推向門邊要帶出去丟掉。

這個運作系統能夠壓過由意識控制的目標導向上到下系統，出自於求生本能。如果視野中出現了不熟悉的形狀，有可能是接近中的攻擊者，當然也有可能是無聊的辦公室同事堅持要來談論他的香港腳。

這些視覺細節並非一定要出現在視網膜中心的重要部位中央窩，才能夠吸引注意力。視覺注意力通常和眼睛的移動有關，但也非必要。之前提到過「周邊視覺」，能讓你看到並非直接盯著的目標，雖然影像中缺乏細節，但是如果你在桌上對著電腦螢幕做事情，視野角落中出現意外的物體在動作，那個物體的大小以及所在的位置，應該是個大蜘蛛。你可能真的不想看到，以免那真的是蜘蛛。當你持續打字時，你會特別注意那個方位的動靜，等著是否能再看到（當然希望是不要）。這個例子代表了注意力並不需要放在視線集中的地方。

聽覺皮質可以專注在某個地方，腦部也可以專注在視野某處而並不需要眼睛朝向那邊。這聽起來像是由下到上的程序所主控，但並不單純如此。注意力系統偵測到重大的刺激，這時注意力就會轉移到那個刺激上，但通常是由腦的意識部分參考了當下的狀況，以決定哪個刺激是「重大的」。空中突然出現轟然巨響，當然可以算是很重要的刺激，但是如果你在新年期間走在街上，如果沒有聽到巨響，那才算是「重大的」事情，因為腦部預期會聽到鞭炮聲。

注意力研究領域中的重要人物麥克．波斯納（Michael Posner）設計了實驗，讓受試者在螢幕上找尋指定的目標，而在找尋之前，會給予讓受試者能預期（或無法預期）目標出現位置的線索。如果同時出現了兩個線索，那麼受試者便難以找到目標。注意力可以分開成兩個不同的模組（實驗中同時測試視覺與聽覺），但是如果要求比「指出目標是否出現」還要更為複雜的測驗，就算受試者努力嘗試，通常兩方都會失敗。有些人的確可以完成同時應對同時有兩種刺激的任務，前提是其中一種刺激是自己已經非常專精的了，例如打字員在打字時算數，還有之前提到的例子：經驗豐富的司機在開車時依然能夠和其他人進行複雜的對話。

注意力也非常敏銳，瑞典的烏普沙拉大學進行了一項著名的實驗，[14]讓自願的受試者看影片，研究人員發現到，螢幕上蛇或蜘蛛的影像只出現三百分之一秒，就足以讓人手掌發汗。腦部處理視覺刺激的過程需要耗時半秒鐘才能讓意識辨識出視覺刺激的內容，在那項實驗中，受試者只花了真正「看出」那是蜘蛛或蛇所需時間的十分之一，就對影像有了反應。之前提到，人類非意識注意力系統能夠對有重要生物意義的線索產生反應，腦部會優先找出可能會造成危險的東西，而且似乎演化出一種自然傾向，會害怕八隻腳動物或沒有腳動物之類的威脅。這個實驗清楚指出注意力找出某個目標的方式，同時快速啟動腦中處理相關反應的部位，而這時意識部分甚至連「那是什麼」都還沒有說完。

在其他的狀況下，注意力會錯失重要且顯著的事物。就如同開車那個例子，注意力如果過度集中在其他事務上，就會沒看到重要的狀況，例如忽略了行人（也有可能造成更糟的狀況：沒有閃過行人而撞上他們）。一九九八年，唐恩·席曼斯（Dan Simons）與丹尼爾·李文（Daniel Levin）給出了一個印象深刻的例子。[15]他們進行了一項實驗：一位研究人員拿著地圖，隨便挑選一位路人問路，在路人看地圖時，另一個人拿著門板從兩人之間經過，在門擋住兩人的短暫時間中，另一個人和剛才的研究人員換了位置，後者的模樣和說話聲音和原來那個研究人員完全不同，受到諮詢的路人雖然剛才和最初的研究人員說話，但有一半不會注意到換人了。在這個過程中，發生了「改變盲」（change blindness）：就算只是稍微打斷一下，腦部似乎就無法追蹤視覺中出現的重要變化。

這項研究也稱為「門研究」（door study），因為在整個過程中，門顯然是最有趣的元素。科學家真是群怪人。

人類的注意力有限，對於科學與科技也影響深遠。舉例來說飛機和太空船駕駛艙常用的抬頭顯示器，會把飛航相關數據打在駕駛員眼前的螢幕或是艙罩上，駕駛員便無需低頭看儀表板了，對於駕駛來說很有利，可以一直注意外界情況，這樣就比較安全了，對吧？

並不是。結果是抬頭顯示器呈現了太多資訊，超出了駕駛員注意力的極限。[16]他們能夠看到顯示資訊外的環境，但是無法不受到那些資訊的影響。已知有駕駛員因為看抬頭顯示內容而把飛機停在另一台飛機上（幸好是在模擬艙中）。美國航太總署花了很多時間以及數百萬美元的經費，研究怎樣才能夠讓順利使用抬頭顯示器。

以上只是讓人類注意力系統受到嚴格限制的幾種方式。你可能想要反駁，但如果真的想，就表示你沒有好好專注讀以上的內容，幸好我們現在知道了那並不能怪你。

第六章

性格：棘手的觀念

——性格的特質複雜又難懂

性格，每個人都有性格（進入政壇的人可能沒有），但性格到底是什麼？大致來說，是個人偏好、信仰、思考模式和行為的集合。性格結合了人類心智程序中所有複雜與先進的過程，顯然有更高階的功能，這全都拜人類巨大腦部之賜。但是，許多人認為性格並非全然出自於腦部，這真讓人驚訝。

在過往，人們相信二元論，認為心智和身體之間是分離的。不論你把腦部當成什麼，也都是身體的一部分，一個實際的器官。二元論者認為人具備了更為複雜、哲學上的非實體特質（信仰、態度、愛戀、憎恨），歸屬於心智（也稱為「靈魂」，或是其他意義相同的字眼）。

到了一八四八年九月十三日，一場意外的爆炸事件，讓一根一公尺多長的鐵條，穿過了鐵路工人費尼斯·蓋吉（Phineas Gage）的頭部。鐵條從左眼下方刺進顱骨，穿過了額葉左側，從頭顱上面飛出來，掉落在二十五公尺外的地方。鐵條刺穿的力道之大，穿過人類頭顱時宛如穿過薄窗簾那般俐落。話雖如此，造成的傷害遠大於被紙張割傷。

如果你認為受了這種傷一定會死，也是理所當然的。就算在今日，「一公尺多長的鐵條穿過了頭部」這種傷，聽起來也是百分之百會造成死亡的。在十九世紀中期，腳趾頭受到扎傷通常代表有可能死於壞疽。不過蓋吉活了下來，過了十二年之後才去世。

原因之一是那根鐵條前端銳利而且表面光滑，速度又快，所以造成的傷口精準又「乾淨」。鐵條把左腦半球的額葉摧毀殆盡，但是腦部本身有很多備用互補的能力，稱為「冗餘性」（redundancy），另一個腦半球接替了受損的功能，維持正常運作。這時蓋吉成為了心理學界和神經科學界熱衷的研究對象，因為他的性格突然產生了急遽的改變。他原本溫文爾雅、工作勤奮，但受傷之後變得不負責任、暴躁易怒、語言粗俗、甚至精神錯亂。二元論面臨了困境，蓋吉的例子指出腦部的運作方式顯然和個人性格息息相關。

不過關於蓋吉各種報告，內容南轅北轍，而且他去世前有很長一段時期受雇擔任公共馬車車夫，這個工作責任繁重，而且要和公眾接觸，所以就算他的性格曾經急遽改變，後來應該也變得比較好了。不過宣稱他個性極端的報告依然存在，主要因為當時的心理學家（當時，心理學家多半是自我吹捧的富裕男性白人，而現在實際上則是……別在意）都把蓋吉這個案例看成是難得的機會，用來藉機宣揚自己的腦部運作理論，如果要賦予這位低階鐵路工人從來都不具備的性格，那會是哪些性格特質呢？當時是十九世紀，心理學家也沒有辦法凡事問臉友。關於他性格變為極端的種種宣稱，絕大部分都是出現在他去世之後，因此他也不可能加以反駁。

不過當時要投入蓋吉的真實個性或是性格轉變調查的話，該怎麼做呢？智商測驗要還過半個世紀才出現，而且他可能只有一種特性受到了影響。蓋吉的案例點出了關於性格的兩個持續至今的現實狀況：首先，性格是腦部活動的產物。其次，性格真的難以用客觀可靠的方式測量。

傑瑞·菲利斯（E. Jerry Phares）與威廉·查普林（William Chaplin）在二〇〇九年的著作《性格心理學》（*Introduction to Personality*）中[1]對於性格的定義，是絕大部分心理學家接受的：「性格是個人思想、感情與行為的模式，足以讓不同的人彼此區分，同時不會隨著時間與狀況而改變。」在接下來的幾節中，將會介紹性格的一些有趣面向，包括了測量性格的方式、性格讓人憤怒的原因、性格如何迫使人做出某些行動，以及性格中公認的最佳特質：幽默感。

並非針對特定個人

（性格測驗的使用方式大有疑慮。）

我妹妹凱特出生時我才三歲，小小的腦袋還相當新鮮。我們有相同的雙親，在同個時期成長，住在相同的地方。當時是一九八〇年代，我們家位於威爾斯山谷中的小社區中。

整個來說，我和妹妹在類似的環境中成長，DNA也很類似。

你可能會認為我和她的性格相近，其實截然相反。就算說得保守一點，我妹妹就是個過度興奮的噩夢，而我則非常沉靜，常要戳我一下以確認我是否有意識。現在我們都長大成人了，依然很不相同。我是神經科學家，她是專業的杯子蛋糕烘焙師。看起來我的社會地位比較高，其實不然。隨便找些人來問他們的選擇：討論腦部運作的科學或是杯子蛋糕，哪個會比較受歡迎？

提這件事情的目的是要指出，出身、成長環境和遺傳都相近，性格依然可以有很大差距。所以在一般群體中隨便挑兩個陌生人來預測並實際測量他們的性格，相近的機會能有多高呢？

用指紋來當例子說明好了。指紋是指頭末端皮膚上條紋形成的圖形。這些圖形雖然單純，但是地球上每個人的指紋卻都是獨一無二的。如果手指上一小塊皮膚的圖形產生的變化都足以讓每個人都具備不同的差異，那麼腦部這個宇宙中最複雜的事物，其中無數神經元連結與複雜特徵所造成的變化，到底會有多大呢？用紙筆測驗這樣簡單的工具去測量一個人的性格，就像是用塑膠叉子在美國南達科他州的拉什摩爾山（Mount Rushmore）上鑿出華盛頓、傑佛遜、老羅斯福和林肯四位總統的巨大頭像。

不過現在流行的理論認為，性格中有可以預測和辨認出的成分，稱為「特徵」，這些成分能藉由分析方法辨認出來。就像是數十億個指紋可以區分為三種基本圖形（箕形紋、斗形紋、弧形紋），人類DNA的龐大多樣性也是由四種核苷酸（G、A、T、C）組合出的序列所構成。許多科學家認為，可以把性格看成是由某些特徵的表現和組合而構成，那些特徵是所有人都共有的。一九五九年，吉拉德（J. P. Gillard）寫道[2]：「一個人的性格，是由他的特徵所組成的獨特模式。」請注意到他使用的是「他的」，當時是一九五〇年代，因此理所當然地這樣用，因為到了一九七〇年代中期，女性才被准許擁有性格（人格）。

但是那些特徵是什麼？如何組合在一起形成性格？現在主流的研究幾乎都納入了「五大」（Big 5）性格特徵，認為這五種重要特徵組成了一個人的性格，就像是紅色、藍色和黃色可以調配出許多種顏色。那些特徵通常在各種狀況中都不會改變，同時可以用來預測一個人的態度和行為。

理論上，每個人應該位於下列五大性格特徵中的兩個極端之間：

「開放」（openness）代表對於新體驗的接受程度。如果受到邀請去看一場由腐敗豬肉為雕塑材料的藝術展，性格極度開放的人可能會說：「好，絕對會去，我從來沒有親眼見過腐肉做成的藝術品，一定很棒。」或是：「不了，那在城的另一邊，我經常去那兒，所以不會喜歡的。」

「嚴謹自律」（conscientiousness）代表了一個人進行計畫、組織與自律的傾向。非常嚴謹自律的人可能會同意參觀腐爛豬肉展，去之前會研究最佳的公車路線，準備好如果交通擁擠時的另一條路線，還會先去打破傷風疫苗。散漫隨便的人可能會答應十分鐘後在展場碰面，也沒有獲得上司允許就私自先下班，靠聞味道找尋地點。

「外向」（extrovert）的人率直友善，想受人注意。內向的人沉靜少言，比較獨來獨往。如果受邀參觀腐爛豬肉展，極度外向的人會出席並且拿出自己匆忙完成的豬肉雕塑炫耀一番，並且把讓這個雕像和所有展品一一拍照，上傳到ＩＧ。極度內向（introvert）的人和其他人說話的時間短到不會接受到邀請。

「親和」（agreeableness）的意思是，維持互動和諧的慾望影響你行為和思考的程度。非常親和的人當然會同意參觀爛豬肉雕塑展，但僅限於邀請自己的人不介意（親和的人希望自己不要成為他人累贅）。完全不親和的人一開始可能就不會受到任何人的邀請。

「神經質」（neurotic）代表一個人受邀參觀腐爛豬肉雕塑展時會拒絕，並且詳細說明拒絕的原因。看伍迪艾倫（Woody Allen）就知道了。

我們先把那個不可能出現的腐爛豬肉雕塑展放一邊，前面說的種種特質構成了五大性格特徵，有許多證據指出這些特徵在不同的狀況下都幾乎不會改變。在「親和」這個項目得分高的人，在其他許多不同狀況下都展現了親和的態度。還有一些資料指出，某些性格特徵和腦部特別的區域與活動有關。性格研究大家漢斯·艾森克（Hans J. Eysenck）指出，比起外向的人，內向的人皮質激發（cortical arousal）的程度比較高，也就是皮質更為興奮與活躍。[3]對於這個狀況的解釋之一，是內向的人比較不需要外來的刺激。相較之下，外向的人就想要比較常受到刺激，因此發展出相應的性格。

最近諸如瀧靖之（Yasuyuki Taki）等人的研究指出，[4]展現出神經質性格的人，腹內側前額葉皮質（dorsomedial prefrontal cortex）和包含海馬迴後端的左內顳葉（left medial temporal lobe），比平均來的小，中扣帶迴（mid-cingulate gyrus）比較大。這些部位和決策、學習和記憶有關，代表了神經質的人比較不容易控制或是壓抑偏執的預測，並且了解到那些預測並不可靠。外向的人眼眶皮質（orbitofrontal cortex）的活動比較多，該部位和決策有關。可能是因為該部位活動強，外向的人會更活躍並且更常做決定，使得展露出來的行為就比較外向呢？

也有證據指出，遺傳因素會影響性格。一九九六年，鄭（Jang）、萊夫斯利（Livesley）與維儂（Vernon）研究了將近三百對雙胞胎（包括同卵雙胞胎和異卵雙胞胎），指出遺傳影響五大性格特徵的比重約占四到六成。[5]

上面這些落落長的總結起來，許多證據指出，某些性格特徵（特別是五大特徵）背後成因與表現方式和腦區及基因有關。那麼這其中有什麼問題呢？

首先，許多人認為，五大性格特徵並不能用來完整的描述性格實際的複雜程度。「五大」的範圍夠廣，但是幽默感算在哪兒呢？對於宗教與迷信的傾向呢？脾氣好壞呢？批評者認為五大性格特徵偏向指出的指出「外顯」的性格，全都是由其他人觀察到的性格特徵，但是許多性格特徵屬於內在的（幽默、信仰、偏見等），對於內在特質來說都很重要，但是未必反映在行為上。

我們看到有證據指出，性格類型可以反映在腦部構造上，代表了性格有生物性成因。但是腦部具有彈性，能因為經驗而改變，我們所見到的腦部構造可能是性格類型造成的結果，而非成因。非常神經質或是外向的人會得到非常獨特的經驗，其中哪些會影響腦部的結構？值得深思。而且這些說法認為證據本身是百分百確實的，但其實並不然。

同樣有問題的是五大性格特徵的挑選方式。它們是利用第四章討論到的因子分析得到的結論，所分析的資料來自於幾十年來的性格研究。不同的人進行許多不同的分析，都一再發現到有這五項特徵，但這代表了什麼？因子分析只能研究現有的資料，這裡用因子分析就像是在城中放幾個大桶子來接雨水。如果某個桶子一直都比其他的桶子快接滿雨水，你可以說這個桶子所在區域所下的雨，要比其他區域來得多。知道這點是不錯，但是並無法告訴你為何會這樣，雨如何形成，以及其他許多重要的面向。這是有用的資料，但是適合從這些資料展開研究，而不是提出結論。

這裡集中討論五大性格特徵，是因為它們最為常見，絕對不是因為性格中只有這些特徵。一九五〇年代，佛里特曼（Friedman）和羅森漢恩（Rosenhan）設想出了A型性格和B型性格[6]。A型性格的人爭強好勝、追求成就、缺乏耐心、富攻擊性。B型性格的人就不會這樣。這些性格類型被連接到工作場合，例如A型性格的人由於個性，經常成為經理人員或是高階領導者，但是研究指出，A型性格的人得到心臟病或是其他心血管疾病的風險也倍增。具備會殺死自己的性格聽起來並不妙，但是後續研究指出，容易出現心臟衰竭的傾向，來自於其他因素，例如抽菸、飲食不當，還有每八分鐘就要對屬下大吼等。A型性格／B型性格的說法太概略了，我們需要更深入的研究，找到性格特徵的更多細節。

性格特徵理論所引用的資料有許多來自於語言分析。十九世紀的高爾頓爵士（Sir Francis Galton），以及建立流體智能與晶體智能的雷蒙·卡特爾在一九五〇年代，都研究英語並且找尋其中和性格有關的詞彙。緊張（nervous）、焦慮（anxious）和偏執（paranoid）

都慣用於描述神經質特徵，而和藹（sociable）、友善（friendly）、助人（supportive）用來描述親和特徵。理論上，他們認為有多少種性格特質，便會有多少種詞彙去描述那種種特質，這個理論稱為「語彙假說」（Lexical Hypothesis）。[7]把描述性格的詞彙都加以整理分析，特定的性格類型便會從其中浮現出來，分析所得的資料，讓後來的理論得以成形。

不過這種研究方式本身也有問題，因為受到研究的是語言，有的時候詞彙的意義會隨著文化差異和時間流動而改變。其他疑慮更深的人指出，諸如性格特徵理論的那些研究，受到太多限制，無法真正呈現出一個人的性格：並不是每個人在所有的狀況下都會出現相同的行為，外在狀況至為關鍵。外向的人可能好動而且容易興奮，但是如果在喪禮和重要的商業會議上，便不會出現這樣外向的特性（除非這種特質已經是根深蒂固的毛病了），也就是說人們會因為狀況而改變，後面這種理論稱為情境主義（situationism）。

雖然有諸多科學上的爭議，性格測驗很常見。

快速地完成一項小測驗，然後就會知道你符合某種類型，這滿有趣的。我們會覺得自己屬於某種性格類型，小測驗的結果告訴你真的符合自己所推測的類型。那些免費測驗可能位於畫面簡陋的網站，每隔六秒鐘就出現廣告要人註冊線上賭博網站。不過測驗就只是測驗。典型的測驗是羅夏克測驗（Rorschach test），會要你看一團沒有特定形狀的墨漬，說出看到的內容，例如「破繭而出的蝴蝶」或「那個問太多問題的心理治療師腦袋爆炸了」。雖然這種方式或許能揭露出某種個人特質，但是並無法證實。一千個非常類似的人看同樣的圖案，會給出一千種不同的答案。基本上，這個測驗非常精確的顯示出性格的複雜程度與變化幅度，但在科學上並沒有用處。

那些測驗沒有用並不代表可以輕鬆忽略。性格測驗最廣泛也最令人擔憂的利用方式是出現在職場。你可能聽說過邁爾斯—布里格斯性格量表（Myers-Briggs Type Inventory，MBTI），那是全世界最常使用的性格測驗工具，相關的產值很大。但麻煩的是這個量表並沒有受到科學界的支持。ＭＢＴＩ看起來嚴謹、聽起來正派（太依靠特徵變化的幅度，外向—內向是其中最著名的特徵），但是這種測驗建立在數十年前沒有經過檢驗的假設上，是由熱心的外行人從單一研究結果所推測出來的。[8]但是後來有商業公司希望能夠以最有效率的方式管理員工，就採用了這種量表，結果流行到全球。現在有成千上萬的支持者信得不得了而且經常使用。不過話說回來，星座算命也是一樣。

對於這種狀況的其中一個解釋，是ＭＢＴＩ單純直接、容易了解，能夠把員工的性格分門別類，有助於管理者預期他們的表現，以便進行適當的安排。你的員工內向，那麼就把她放在單人便能完成工作的職位上，別去打擾她。在此同時，讓外向的員工和公眾接觸。

管理階層就喜歡這一套。

退一步來說，這是個理論，但實際上不可能有用，因為人類不可能那麼單純。許多公司把MBTI納入徵人流程的一部分，但是這個系統要求應徵者百分百誠實，而且還要幾近愚蠢。你在應徵工作的時候，他們要你進行測驗，其中的問題是：「你樂於與他人工作嗎？」就算你心裡真的那麼想，也不可能回答：「不，其他人都是害蟲，最好捏扁。」絕大部分的人都有足夠的智力，在這個測驗中安全過關，使得測驗結果毫無意義。

不了解科學、對現況一無所知又受到不實宣傳影響的人，通常會把MBTI當成無可辯駁的黃金準則。只有每個人在進行測驗時完全按照自己的性格誠實作答，MBTI才算得上可靠，但是接受測驗者不可能誠實。對於管理人員來說，人們符合有限又單純好懂的類別，可能有助益，但是有這個念頭並不代表實際的狀況如此。

總而言之，性格測驗如果不會受到人們的性格所干擾，將會更為準確。

該發火時便發火

（憤怒的運作方式以及為什麼憤怒是個好東西）

布魯斯·班納（Bruce Banner）著名的台詞是：「別惹我生氣，你不會喜歡我生氣的樣子。」當布魯斯·班納生氣時，就變身成綠巨人浩克，不過浩克這個世界知名的漫畫角色受到許多人喜愛，所以那句台詞顯然並不正確。

除此之外，誰真的喜歡他人生氣的時候？的確有的，當人們因為路見不平，因為「正義而憤怒」時，認同他們的人會加以喝采。不過在一般狀況下，人們對於憤怒抱持負面看法，主要因為憤怒讓人產生非理性的行為，造成混亂甚至引發暴力。如果憤怒造成的傷害那麼大，那麼為何就算是看來無關緊要的事情發生時，腦部的反應也往往是憤怒呢？

憤怒到底是什麼？是一種情緒和生理都興奮的狀態，通常是因為某些領域受到了侵犯。走在街上有人撞到你？你的身體領域受到了冒犯。有人借錢沒還？你的財務資源領域被侵犯。有人發表了讓你深感冒犯的言論，你的道德領域受到了冒犯。如果有人冒犯了你的領域，而且顯然還是刻意的，那麼造成的刺激會更大，就讓人更生氣。弄翻他人的飲料，和直接把飲料潑到他人臉上，兩者是有差別的。不只是因為自己的領域受到侵犯，而且別人是故意這麼做，好從你的損失中得利。遠在網際網路出現之前，腦部對於酸言就很有反應了。

對於憤怒，演化心理學家提出了「校正理論」（recalibration theory），[9]他們認為憤怒就是為了應對上述那些狀況而演化出的，是一種自我防衛機制。憤怒是面對造成損失狀況時，一種快速反應的下意識方式，讓你能夠討回公道，確保自衛。想像人類某個靈長類祖先，辛辛苦苦的運用新演化出來的腦部皮質打造出一個石斧，這樣嶄新的「工具」製造起來需要時間與心血，但是很有用，不過在完成的時就有其他個體過來搶走自己用了。如果那個靈長類動物的反應是安靜坐著，仔細思索擁有的本質以及道德觀念，可能會是比較聰明的個體。但如果馬上就生氣並且往那個小偷的下巴來上一拳的，就可能保有自己的工具，之後也會比較受到敬重，地位不但獲得提升，交配的機會也增加了。

不過這只是理論。演化心理學有把事情過度簡化的習慣，這就是例子，而且也讓人憤怒。

從嚴格的神經科學角度來看，憤怒通常是對於威脅所產生的反應，「威脅偵測系統」和憤怒的關係密切。杏仁核、海馬迴和中腦環導水管灰質區（periaqueductal grey），加上中腦裡面所有負責對感覺資訊負責基本處理的區域，構成了威脅偵測系統，負責引發憤怒反應。不過在之前就提到了，在現代社會中，人類的腦部一直在利用這種原始的威脅偵測系統，認為工作夥伴一直惡搞模仿你而讓你受到同事的嘲笑，屬於一種「威脅」。這絕對不會讓你身體受到傷害，但是你的尊嚴和社會地位會受到危害，結果你就生氣了。

查理·卡維爾（Charles Carver）與艾迪·哈蒙·瓊斯（Eddie Harmon-Jones）等人所進行的腦部掃描研究，指出受試者被激怒時，眼眶皮質的活動增加了，這個腦區通常讓人聯想到情緒控制和目標導向行為。[10]基本上這代表了腦部希望有事情發生，而且會引發或增強讓那件事情發生的行為，通常是藉由刺激情緒的方式。在憤怒時，有事件發生了，腦部感受到，而決定那真的讓人不爽，反應的方式便是產生情緒（憤怒），並且有效率的處理事件好讓自己滿意。

這就是更有意思的地方了。憤怒看起來是非理性和破壞性的，是會造成傷害的負面情緒，但結果是憤怒有時候有用，其實是能帶來幫助。焦慮和（各種形式的）威脅會造成壓力，這是個大問題，主要是壓力會引發皮質醇釋放，對身體造成不良後果，帶來傷害。但是德國奧斯納布呂克大學（Universität Osnabrück）的馬吉爾·卡森（Miguel Kazén）研究團隊和許多團隊的研究指出，[11]憤怒能夠使得皮質醇的濃度下降，間接減少壓力可能會帶來的傷害。

對於這些研究*，有一種解釋是憤怒來自於左腦半球、腦部中央的前扣帶迴皮質（anterior cingulate cortex），以及額葉皮質的活動增加。這些部位和動機的產生及反應的行為有關。它們分布在兩個腦半球，但是不同半球的區域負責不同的功能。對於令人不快的事物，在右半球相關的部位產生的是負面、趨避和退縮反應，左腦半球產生的是主動、積極與接近的反應。

簡單的說，這個能產生動機的系統面對到威脅時，右半邊會說：「不，後退，這很危險，不要讓狀況變得更糟了。」讓人退縮或躲藏。左半邊會說：「不，我不會這樣，我需要處理這個狀況。」之後就會有類似捲起袖子開幹的舉動。在你耳邊說話的天使與惡魔，的確以某種象徵的方式存在於腦中。

比較自信、外向的人，系統的左半邊可能居於主導地位，而神經質或內向類型，右半邊比較強勢。但是呢，在威脅顯而易見時，右半邊的活動並不會改變狀況，威脅會持續存

*離題一下，我認為應該要說明那些關於憤怒的研究中，會「設計特別的刺激方式好讓受試者憤怒的程度增加」，但是很多時候那些方式就是直接的羞辱志願者。研究人員沒有仔細公布相關的細節，這是可以理解的，畢竟心理學實驗總是需要人們自願參與。如果人們發現到參加心理學試驗時，人要困在掃描器中，並且科學家會用各種巧妙的比喻說明你的母親有多麼肥胖，可能就沒有那麼想要參加了。

在，引發焦慮與壓力。現有的資料指出，憤怒會使得左半邊的活動增加[12]，有可能讓某些人採取行動，把猶豫不決的人推出船舷上跳水板之外。在此同時，皮質醇的濃度下降，限制了焦慮反應，也能夠讓人「冷靜」下來。進一步的處理造成壓力的事件，能夠把皮質醇的濃度降得更低*。同樣的，研究也指出憤怒能夠讓人往好的方面想，讓人覺得任何問題都能夠處理（也有可能變得更糟就是），而不是害怕或擔心可能的結果，因此威脅可以減輕。[13]

研究也指出，顯現出來的憤怒有助於談判，就算兩方都憤怒也有用，因為這代表彼此都有獲得結果的動機，也比較樂觀，同時暗示談判時所說的話都是真誠的。

上面種種都質疑了應該要壓抑憤怒的想法，並且指出你應該讓憤怒發洩出來，好讓壓力減輕，並且解決狀況。

但還是老樣子，憤努本身也不單純，畢竟憤怒是由腦部產生的。我們發展出許多壓抑憤怒的方式，「先數到十再說」或「先深呼吸幾次」等老方法有其道理存在，因為想想看，憤怒反應來得是如此快速又強烈。

處於憤怒狀況時，眼眶皮質非常活躍，該部位與情緒與行為的控制有關。說得更清楚一些，眼眶皮質會調控與過濾情緒對於行為的影響，減緩或阻止比較強烈或原始的衝動。當強烈的情緒可能引發出危險的行為，眼眶皮質會介入，像是緩衝劑，如同洗澡盆上的水龍頭漏水了，多出的水可以從排水口流出：基本問題其實並沒有解決，但是可以避免情況變得更糟。

立即發自內心產生的強烈憤怒感不是只有在當下才有。有些事情可以讓你氣好幾個小時，甚至好幾天或好幾個禮拜。一開始引發憤怒的威脅偵測系統中有海馬迴和杏仁體，我們知道這些區域也牽涉到形成鮮明與充滿情緒的記憶，所以引起憤怒的事件會在記憶中持續，讓我們「一直想」，正式的說法是「反芻」（ruminate）。讓受試者反芻惹自己生氣的事情，會使得內側前額葉皮質（medial prefrontal cortex）的活動增強，這個區域也涉及到決策、計畫和其他複雜的心智活動。

結果就是我們常看到憤怒的情緒持續下去，甚至逐漸高漲，特別是沒有好好解決的雞毛蒜皮小事。憤怒或許能讓腦部想要解決可惱的問題，但是對於沒有找錢的自動販賣機，你能有什麼辦法？或是有人魯莽的切入你的車道？或是老闆在下午四點五十六分的時候說

*同樣的研究也指出，進行需要複雜認知功能的任務時，憤怒會拉低表現，代表憤怒會讓人無法「好好思考」。雖然不是每次都有用，但是皮質醇最後會進入相同的系統中，你能夠評估眼前威脅的所有面向，然後下決定說，處理起來風險太高了。但是憤怒會干擾這樣的理性思考，攪混並讓你避開問題的細緻分析的過程，讓你馬上就採取行動，連連揮拳。

你得要加班？這些狀況都讓人生氣，但是卻沒有辦法處理，除非你想犯下破壞物品罪、撞爛自己的車子，或是被解雇。而且這些事情可能在同一天發生，這時你的腦部有數個惱人的事情盤據，但沒有明確的解決方案。行為反應系統位於左腦的部位催促你展開行動，但是你能夠做什麼呢？

然後侍者端給你的是一杯黑咖啡，而不是原先點的拿鐵，這時你就到極限了。那位運氣不好的侍者受到連番惡言的轟炸。這種遷怒就是一種「轉移」（displacement）。腦中已經充滿了憤怒之情但是沒有出口，便把怒氣傾瀉到第一個能夠發洩的對象，以便把這股認知壓力釋放掉。對於無意釋放出怒潮洪流的人來說，沒有比這樣更愉快的了。

如果你生氣了但是又不想顯露出來，腦部的多才多能可以利用非暴力的方式展現攻擊性。你可以使用「被動攻擊」（passive aggressive），也就是以實際上無法反對的行為讓其他人痛苦。例如對平常友善相處的人，話說得少或是說話時冷漠；請客時邀請彼此的朋友但就是遺漏那些人。這些行為絕對不能說是惡意，但是結果難以預料。那些人不爽不悅，但是又無法確定你是不是對他們生氣，而人類腦部不喜歡模糊不確定的事情，覺得這樣很沮喪。就這樣，你在沒有使用暴力或是違反社會規範的狀況下，讓其他人受到了懲罰。

被動攻擊的方式會有效，在於人類極為擅長辨認他人是否生氣。身體語言、臉部表行、說話語調，以及拿著生鏽的刀子大吼並且追著你跑等。你的腦部能夠察覺到這些線索並且判斷對方是否生氣。這是有用的，因為我們不喜歡其他人憤怒，因為這代表他們可能威脅到自己，或是做出傷害或惹怒他人的行為，同時也表示有些事情讓人真的怒起來了。

還有另一件重要的事情得要記住：感覺到憤怒和由憤怒產生的反應，並非同一回事。對於每個人來說，憤怒的感覺應該都相同，但是對於憤怒之情的反應卻差異很大，這是性格類型的另一個指標。受到他人威脅時所產生的情緒反應是憤怒，但是採取行動傷害讓你憤怒的人，則是攻擊。說得更清楚一點，要他人受到傷害的想法，是敵意，屬於攻擊性中的意識成分。你當場抓獲鄰居用油漆在你車上噴髒話，你覺得憤怒，你會想：「我絕對要教訓一頓。」這是敵意。實際做出的行為是丟一塊磚頭砸破他家的窗戶，這是攻擊*。

所以說，我們是否要讓自己憤怒呢？我並不是在建議每當同事惹你生氣時，就要和他們吵架，或是把他們塞到碎紙機中，只是要清楚了解到，憤怒並不一定都是壞事。不論如何，重點在保持中庸之道。比起好好說出自己要求的人，憤怒者的需求往往先被滿足。這

* 攻擊也可以在沒有憤怒之情的時候發生。英式橄欖球或是美式橄欖球等會有大量身體接觸的運動中，往往也會出現攻擊，但這時並不一定要有憤怒產生，只是希望贏過對手就能夠推動攻擊行為。

代表你要知道，有些人知道發脾氣對自己有利，所以就更常發脾氣。腦部就把持續憤怒和報償連接在一起了，這進一步激勵人發脾氣，之後你就會見到有人只要遇到稍微不便的事情就冒火，最後成為名廚。這是好是壞，就要看個人了。

相信自己，你做的任何事情……都是有原因的。

（不同人的行為動機不同）

「旅途越艱難，抵達時越愉快。」

「努力是成功的基礎。」

最近，不論你是到健身房、咖啡廳，或是員工餐廳，都會看到有類似激勵人心話語的海報。上一節討論到了憤怒，說明這種情緒能夠讓人對於威脅做出反應，腦中專門負責憤怒的系統。在這一章中，要談論的是能夠持續得更久的動機，這是一種「驅力」而不是反應而已。

動機是什麼？我們知道缺乏動機的狀況，許多工作就是因為負責的人拖延了而沒有完成。拖延這種動機會讓事情變糟（我早該知道會這樣，我得切斷網路才完成了這本書）。

大體上來說，動機可以看成一種「能量」，讓人保持完成一項計劃或目標的興趣或是動力。早期的動機理論是由佛洛伊德發展出來的。佛洛伊德以快樂為出發點的理論，有時也稱為快樂原則（pleasure principle），他認為生物被迫去尋找並且追求能夠帶來愉悅的事物，避免會造成痛苦與不適的事物。[14]這種現象難以否認，因為對於動物的研究結果的確如此。把大鼠放到籠子中，裡面有一個按鈕，大鼠會出自好奇而壓下按鈕。如果壓下按鈕會有美味的食物出現，那麼大鼠會經常壓下那個按鈕，因為這個舉動會得到美味的食物。形容這時壓下按鈕的動機非常強烈，並不為過。

上面這個可靠的過程稱為操作制約（operant condition），意思是某種類型的報償能夠讓與報償相關的特定行為增加或是減少。人類也會這樣。如果小孩子整理房間，就得到一個新玩具，那麼他們就會很想要再整理房間。成年人也是，只是你要的報償不同。結果整理房間這個苦差事現在和正面結果有關連，就會有動機去執行了。

看來這些結果都支持佛洛伊德的快樂原則，但是人類本身和煩人的腦部什麼時候會如此單純？有許多日常例子顯示出，動機不只是單純的追求愉悅或是避免痛苦。人們也一直做著不會立刻或顯然帶來身體愉悅的事情。

拿健身來說好了。激烈的身體活動的確會帶來喜悅或是愉快的感覺*，但不是每次都這樣，而且要付出讓人累垮的心力才能達到那個境界，因此光是運動顯然無法帶來顯著的身體愉悅（我本人去健身房得到的愉悅感，最多只有如同打完噴嚏後的放鬆感覺），但是人們依然上健身房。不論動機是什麼，顯然都不是立即的身體愉悅感。

還有其他的例子。有人定期捐贈慈善機構，把自己的錢交出去幫助不相干的陌生人。有人抱持著渺茫的希望，一直巴結惹人厭的老闆以獲得升遷。有人讀不喜歡的書，堅持不懈只為了想要學習知識。這些都不會立刻產生愉悅感，事實上有些甚至不愉快，根據佛洛伊德的說法，應該是要避免這些才對，但其實不然。

所以說，佛洛伊德的想法太簡化了※，我們需要更複雜的思路。你可以把「立即的愉悅感」換成「需求」。一九四三年，亞伯拉罕．馬斯洛（Abraham Maslow）發展出了需求層次（hierarchy of needs）理論，指出有些事情是所有人類如果要好好活著所必需的，因此有動機去得到那些事情。[15]

馬斯洛的需求層次通常用有階金字塔的圖形表示，最低一層是生物需求，例如食物、飲水、空氣（沒有空氣可以呼吸的人的確充滿找尋空氣的動機）。上一層是安全，包括了居所、個人安全、財物安全，以及保護身體不受到傷害的措施。再上去是「歸屬感」（belonging），人類是社會性生物，需要受到他人的認可，得到支持與關愛（或是至少和他人物互動）。所以在監獄中，單獨囚禁屬於嚴重的懲罰。

之後是「尊重」，這不僅僅是需要受到他人的了解與喜愛而已，而是需要他人和自己的尊重。人們有看重並且加以遵守的道德觀，希望其他人也能夠尊重那些道德觀。有些行為和舉動是為了獲得尊重，因此也是動機。最後是「自我實現」（self-actualisation），這種慾望（因此也屬於動機）是要彰顯自己的潛能。你覺得自己能夠成為世界頂尖的畫家？那麼你就有成為世界頂尖畫家的動機了。雖然藝術是主觀的，你的技術可能已經符合世界頂尖畫家的水準。能這樣就好了。

＊這種「跑步者高潮」（runner's high）產生的原因，現在還不確定。有些人認為肌肉用光了氧氣，引發無氧呼吸（細胞內沒有氧氣時進行的活動，會產生酸性分子，造成肌肉痠痛或刺痛），腦部的應對方式是釋放出腦內啡（endorphins）這種消除疼痛、引發愉悅的神經傳遞物。另外有人說這是因為體溫提高了，或是富有節奏感的活動所帶來的幸福感會受到腦部激勵。馬拉松選手經常說體驗到了跑步者高潮，這種感覺所帶來的報償感，似乎僅次於告訴其他人：「我是專業的馬拉松跑者。」因為他們經常得找藉口合理化自己從事這項運動的原因。

※就算過了一世紀，佛洛伊德依然有很大的影響力，很多人深信他的理論。這真的很奇怪。當然，他是精神分析這個概念的主要推手，也應該為此受到讚美，可是這並不代表他提出的原創理論就理所當然是正確的。心理學和精神病學的涉及到許多領域，而且有很多尚未確定的事情，使得他的影響力能夠持續到今日，因為我們很難證明某些學說是完全錯誤的。佛洛伊德確實建立了一個領域。萊特兄弟發明了飛機，這點人們會永遠記得，但是我們不會搭乘他們設計飛機前往遙遠的南美洲。我們得與時俱進，就是這樣。

需求層次理論的內容是，人們會有動機滿足第一階層的需求，然後滿足第二階層，之後持續往上，滿足所有需求和慾望，成為最好的人。這是個很棒的概念，但是腦部可沒有那麼簡潔又有條理。許多人根本不依照馬斯洛的階梯往上爬，有些人的動機是把自己所有的錢拿出來給有需要的陌生人，或是冒險犯難只為了拯救處於危險中的動物（除非那個動物是黃蜂），對於這樣英勇的行為，動物當然沒有方式展現敬意或是給予報償（特別是黃蜂，說不定牠會螫你並且露出邪惡的笑容）。

還有性愛。性愛是非常強烈的動機，這已經不需多提出證據了。馬斯洛認為性愛位於需求層次中最下面的一級，屬於原始的生物驅動力。但是人可以在完全沒有性愛的狀況下活著，甚至可能厭惡性愛，這種狀況的確是有可能的。除此之外，人為何需要性愛？是追求愉悅感或是生殖的原始衝動？或是與他人親密接近的慾望？或是因為有人把性能力看做是一種成就，並且值得尊重？性愛完全超乎層次之外。

最近對於腦部運作的研究，指出了解動機的另一條道路。許多科學家區分出了內在動機（intrinsic motivation）和外在動機（extrinsic motivation）。我們是由內在的因素還是外來的原因所驅動的？外在動機來自於其他人。有人付錢請你幫忙搬家，這就是外在動機。你不喜歡搬家，繁重冗長，而且還需要拿很重的物品，但是你會得到錢，所以還是會去做。

外在動機也有可能更細微，例如每個人都開始戴黃色的牛仔帽，說這是「流行」，你想要跟上潮流，也就去買了一頂黃色牛仔帽。你可能覺得戴黃色牛仔帽很蠢，但是其他人的看法不同，所以你也買一頂，這也是外在動機。

內在動機就是來自自身的決定和慾望，推動我們展開行動。那些種種決定，主要來自於我們以往的經歷和學習，例如知道幫助病人是高貴而且有報償的事情，因此有動機學習醫學而成為醫生，這是內在動機。如果因為醫生能賺大錢而學習醫學，就屬於外在動機。

內在動機和外在動機都有著巧妙的平衡，不只是彼此維持平衡，各種不同的內在動機之間會維持平衡，各種外在動機之間也會維持平衡。一九九八年，愛德華·德西（Edward Deci）和理察·萊恩（Richard Ryan）提出了自我決定理論（self-determination）[16]，指出驅動人們的動機全部都不是來自於外來的影響，是百分之百內在的。這個理論便說明了，人們是為了得到自主控制（掌控事物）、勝任能力（擅長某些事情）、歸屬關聯（所作所為受到認可）。這也可以說明微觀管理者惹人厭的理由：有人一直在你的耳邊仔細說明要如何完成超簡單的任務，剝奪了你的控制權，低估了你完成工作的能力，通常也都不認可你，如果你有這樣的上司，會讓你覺得幾乎所有的微觀管理者看起來都像是社會病態。

一九七三年，雷波（Lepper）、格林尼（Greene）和尼茲貝特（Nisbet）提出了「過度辯護效應」（over-justification effect）。[17]他們給一群兒童彩色畫筆，和其中一些說如果用來畫出作品會有獎賞，另一些則隨便他們。一個星期後，那些沒有獎賞的兒童反而更主動使用那些畫筆，他們認為創作活動很有趣並且從中得到滿足的兒童，再次作畫的動機要強過從他人得到報償的兒童。

如果我們把正面結果和自發性行為連接起來，產生的動機力道要比來自他人給予的正面結果要強。誰知道他們下次還會不會給獎賞呢？結果便是動機減弱了。

結果很明顯，因為完成任務而給予的獎賞其實會削弱進行任務的動機，反過來，賦予兒童控制權或主導權反而能增強動機。商業界（熱情）擁抱了這個概念，主要是因為這個概念有科學背書，雇主可以給員工更多的自主控制權和責任，而不是給更多的薪水。有些研究人員認為確實如此，也有許多能反駁的實驗資料。如果付錢真的會讓員工的動機減弱，那麼薪水數百萬美元的執行總裁實際上就根本沒在做事情了吧。不過沒有人會這樣說，就算那些億萬富翁真的沒有工作的動機，但是會付錢給有工作動機的律師。

腦部看重自我的傾向也可能是影響動機的因素。一九八七年，愛德華·托里·希金斯（Edward Tory Higgins）提出了自我差距理論（self-discrepancy theory），[18]他認為腦部有許多個「自我」，有「理想的」自我，也就是你希望成為的模樣，那個模樣是由你的目標、偏見與優先事項所衍伸而出的。你可能是一個住在印威內斯（Inverness）的矮胖電腦程式設計師，但是你理想中的自我是住在加勒比海島嶼上有著古銅色肌膚的排球運動員。這是你的終極目標，你想成為的模樣。

然後還有「應該的」自我，這是你覺得為了成為理想的自我，現在應該要有的樣子。你「應該的自我」得要避免油膩的食物、不亂花錢，學習排球，並且注意加勒比海島國巴貝多（Barbados）的房地產價格。這兩種自我都會成為動機：理想的自我提供正面的動機，激勵你展現出能夠接近理想的行為。應該的自我則提供你避免負面事物的動機，讓你減少會遠離目標的行為。晚上想吃披薩？這不是你應該做的，還是點吃沙拉就好。

性格也最會造成影響。提到動機，一個人的制握信念就相當重要，那是對於事物掌控程度的感覺。你可能是非常自我中心的人，認為地球就是繞著自己旋轉的，因為本來就是這樣子的吧！或是比較被動的人，覺得自己老是受到外在情況的左右。制握信念可以由文化塑型，在西方資本主義社會下成長的人，從小到大都一直聽到人說自己想做什麼就做什麼，會覺得對於自己生活的控制權更大，在集權主義社會下長大的人可能就不會這麼想。

覺得自己因為種種事件而受到池魚之殃的念頭是有害的，會讓腦部出現習得性無助感

（learned helplessness），覺得自己無法改變所處的困境，也就沒有嘗試解決的動機了。這樣的人不會想嘗試做任何事情，所處的狀況就因為自己的缺乏作為而變得更糟，進一步讓人的樂觀情緒和動機減弱，如此循環下去，最後讓人成為一灘爛泥。因為悲觀而沒有作為，動機也喪失殆盡。任何有過糟糕分手經驗的人可能都曾陷入這樣的狀況。

動機實際上出自於腦中哪個部位，現在還不清楚。位於中腦的報償路徑很複雜，再加上負責情緒的杏仁核也影響了產生動機的事物。許多動機是基於策畫和預期回報，因此額葉皮質和其他執行行為的腦區與動機有關。有些人甚至認為有兩個分開來的動機系統，比較高級的認知動機系統產生出生活目標和野心，比較基本的動機系統產生的反應則諸如：「可怕的東西，快跑。」或是「有蛋糕，來吃。」

但是腦部也會因為一些奇特的狀況產生動機。一九二〇年代，俄羅斯心理學家布魯瑪・柴嘉尼（Bluma Zeigarnik）在餐廳中時注意到，侍者只能夠記得負責接待客人所點的料理，[19]而且上完餐點之後就完全忘記了。後來在實驗室中也驗證了這種狀況。受試者要完成一個簡單的工作，但是有些受試者在完成途中被打斷了。後來與受試者談話時，發現到被打斷的受試者對於測驗的內容記得更清楚，而且雖然測驗已經結束了，但是在沒有報償的狀況下依然想完成測驗。

以上研究讓心理學家提出了柴嘉尼效應（Zeigarnik effect）：腦部不喜歡事情處於未完結的狀態。這可以解釋影集結尾處常會留下懸念，沒有獲得解決的故事迫使觀眾想要觀看下一集，好化解不確定的感覺。

這樣看來，讓人做事情的次佳方式，就是讓工作處於未完成的狀態，並且限制完成工作的方式。還有一個更有效的方式，能讓人產生動機，不過這要在我下一本書中才會提到。

這樣會有趣嗎？

（幽默感：奇特又無法預測）

「解釋笑話就如同解剖青蛙，你會更深入了解，但是青蛙在解剖的過程中就死了。」懷特（E. L. White）如是說。科學活動主要是進行嚴謹的分析和解釋，因此科學和幽默經常被認為是彼此不相容的。話雖如此，但是科學一直嘗試要研究腦部在幽默中所扮演的角色。本書詳細的說明了許多心理學實驗：智商測驗、字詞背誦測驗，還有巧妙的準備食物以測驗食欲和味覺，諸如此類。以上種種實驗和其他無數心理學實驗之間，有一個共通之處：全都需要進行某些類型的「操作」，如果用專業的術語來解釋，就是要「控制變項」。

心理學實驗需要控制兩種類型的變項：自變項（independent variable）與應變項（dependent variable）。自變項是實驗者需要控制的（在測量智能的智商測驗中，用於記憶分析的詞彙表，全都是由研究人員設計與提供的）。應變項是實驗者所測量的，來自於受試者的反應（例如智商測驗的分數、記憶內容的多寡、腦中出現的亮點，凡此種種）。

自變項需要確實幫助刺激出預期的反應，舉例來說，讓測驗得以圓滿完成。但是這裡就出現問題了：為了好好研究幽默在腦中運作的方式，你的受試者必須要體驗到幽默。在理想的狀況下，需要有人能找到某些不論誰都會覺得有趣的事物。但是任何有這種能力的人，大概都不會一直當科學家，電視公司非常願意花大錢聘請具備這種技術的人。專業喜劇演員花費多年能夠達到此種境界，但是從來都沒有出現一個受到所有人喜愛的喜劇演員。

還又更不妙的因素。在喜劇和幽默中，「意外」都是重要因素。聽到有趣的笑話，第一次會笑，第二次、第三次、第四次就不會覺得那麼好笑了，因為已經知道故事內容了。所以，在重複實驗的時候*，需要另一個絕對讓人發笑的可靠方法。

除此之外，還要講究進行研究的環境。絕大多數的實驗室都整理得乾淨整齊，設計上要避免發生意外，並且防止任何會干擾實驗的事情。對科學來說是很好，但是並非適合歡笑的場所。如果你要還要掃描腦部活動，那麼就更困難了。舉例來說要做ＭＲＩ，受試者必須身處於狹小冰冷的管子中，周遭的強力磁鐵會發出詭異的雜音。在這種場合並不適合說敲門笑話。

不過有許多科學家並不會因為這樣巨大的障礙就停下研究幽默的腳步，他們採用了一些非常奇特的方式。例如山姆．舒斯特（Sam Shuster）教授，他研究幽默的運作方式，以及在不同類群人之間幽默的差異。[20]為此，他在英國新堡（Newcastle）人來人往的公共空間中騎獨輪車，紀錄人們的各種反應。為了研究而出現的創新發明中，有許多能夠博人一笑，獨輪車顯然不在前十名中。

還有一位是美國華盛頓州立大學的南西．貝爾（Nancy Bell）教授，[21]她採用的方式是在日常對話中刻意加入冷笑話，好研究人們對於裝幽默的反應。她用的冷笑話是：「成年煙囪會對兒童煙囪說什麼？」「什麼都不會，因為煙囪不會說話。」

＊重複實驗看起來好像是在浪費時間精力，或是偷懶，但是在科學研究過程中，重複實驗是非常重要的過程，重複了實驗而且得到相同的結果，讓我們確認這項發現是可靠，並不是運氣好或是操作疏失。在心理學這個領域中，這是個大問題，因為人類腦部無法預測，又不可靠，甚至能夠阻撓其他人來研究自己，這是腦部另一個惱人的特性。

反應從尷尬到馬上翻臉的都有。整體來說，似乎沒有人真的喜歡這個笑話，因此這個實驗是否算是研究幽默的實驗，都還有爭議。

這些測驗基本觀察利用人們對於嘗試展現幽默者的反應與行為，以間接地研究幽默。我們為何會覺得有些事情有趣？在某些狀況下會不自主的笑出來，這是腦中發生了什麼事？從科學家到哲學家，莫不費心思考這些事情。哲學家尼采認為，人類感受到了存在的孤獨，以及最終不免死亡，產生的反應便是笑，不過從尼采寫下的句子中可以了解到他對笑並不熟悉。佛洛依德的理論指出，笑因為釋放「心理能量」（緊張感）而產生的。這個看法後來持續發展，成為了解釋幽默感的「釋放論」（relief theory）。[22]這個理論的說法是，腦部感覺到了對自己或他人某種形式的危險或風險，當危險或風險沒有造成傷害就消失了，笑可以讓受到壓抑的緊張感釋放出來，並且強化正面的結果。這個「危險」可以是物理性危險、或是笑話中的反轉等意外或是無法預測的事情，或是由於社交狀況而受到抑制的反應或是慾望（有些涉及到禁忌或是地獄笑話會好笑，可能就是這個原因）。該理論特別適用於解釋低俗鬧劇：有人踩到香蕉皮而跌得暈頭轉向，會引發哄堂大笑，但是如果踩到香蕉皮跌得頭破血流就不會，因為後者的危險是「真實」的。

一九二〇年代，海渥斯（D. Hayworth）從這個現象發想出一個理論[23]：人類真正的笑是演化出來告訴其他人危險已經過去而一切都安好。該理論是否讓人說出「用笑容面對危險」這樣的話，則只有天知道了。

遠從柏拉圖時代開始，有些哲學家便認為笑是覺得高人一等的表現方式。有人跌倒，或是做了蠢事、說出蠢話，會讓你覺得愉快，是因為相比之下自己的地位比較高。我們會笑，是因為享受高人一等的感覺，並且突顯出其他人的失敗。這個理論當然可以解釋為何有人幸災樂禍，但是當你觀賞國際知名的喜劇演員在舞台上昂首闊步的表演，並引得全場數千人大笑時，應該不會想：「那個人真蠢，我強多了。」所以說，這個理論也不完備。

絕大多數的理論指出，幽默的核心在於不連續性以及預期中的扭曲。腦部會持續盡力跟上目前的狀況，包括周遭的外在世界，以及內在的心理世界。有許多系統協助輕鬆執行這項任務，其中之一是基模（schemas）。基模是是腦部思考與組織資訊的特定模式。特定的基模往往應對特定的狀況，在餐廳、海灘、面試工作，或是和特定人物及特定類型人物互動，都有基模。我們會預期那些狀況有固定的展開模式，會發生的變化是有限的。在熟知的狀況與情節下，我們的記憶和經驗中的細節會指出「應該」要發生的狀況。

這項理論指出，幽默來自於我們所預期的事物並沒有發生。言談笑話（verbal joke）便是超乎原來預期的發展，預期的情節沒有出現。沒有人會因為覺得自己像是一對窗簾而去看醫生，脫韁的馬也不會走進酒吧。幽默很可能來自於這類邏輯或情境的不統合所造成的不確定。腦部不擅長應對不確定，特別是不確定代表著用來建構世界觀與預期世界運作的系統可能有缺陷（腦部預期有些事情會以特定的方式進行，但是卻沒有，這代表背後的問題出在預期或是分析的過程）。之後化解或打消不確定的方式，是「笑點」或類似的梗。為什麼臉長？因為馬的臉長啊，但是問的是一個臉拉得老長的倒楣鬼。這是雙關語！原來是雙關語啊！我懂我懂！解決問題會讓腦部有正面的感覺，因為不一致性消失了，或許同時還學到新東西。我們的笑聲是問題已經解決的訊號，對於社交也有許多好處。

這也解釋了「驚訝」為什麼重要，以及笑話重聽一次時就沒有原來那麼好笑了。讓幽默產生的不一致性已經不再陌生，造成的衝擊因而減弱。腦部已經知道了那個梗，也了解到不會造成傷害，受到的影響也就少。

腦中許多部位都牽涉到幽默發生的過程，例如負責中腦邊緣多巴胺系統以笑作為報償。海馬迴與杏仁核也有用到，因為需要記憶才能知道預期的發展，同時還需要有強烈的情緒反應。許多幽默來自於預估或是邏輯受到干擾，這需要用到比較高階的執行功能，因此前額葉皮質中也有許多部位參與到。其他諸如頂葉中和語言處理相關的部位也包括在內，這出自於許多笑點屬於雙關語，或是來自於違背了語言和表演風格的常規。

在表現幽默或是喜劇中，語言處理的角色比許多人所想的來得重要。說話的風格、聲調、重音和節奏都會讓笑話成功或是毀滅。一個特別有意思的研究來自於聽障者對於笑的習慣，他們都以手語溝通。在一般用聲音對話時，有人說笑話或是好笑的故事，聽者會在敘述暫停或是句子結束時笑（如果笑話真的好笑），基本上，在暫停時候笑出來並不會干擾故事的敘述。這很重要，因為笑的人和說故事的人兩方都藉由聲音互動。但是對於使用手語的人則不然。如果使用手語傳達與回應笑話，那麼在任何事後回應發笑都不會影響笑話的進行。但事實上聽障者在接收手語笑話時，一樣是在停頓處笑，可是手語表達出的笑並不會影響敘述。[24]語言的處理方式顯然會影響到我們覺得應該發出笑的時機，並非前述所想的那麼不由自主。

就目前所知，腦中並沒有一個特定的中樞負責笑。會覺得好笑，看上去是來自於許多連結與程序總加起來的結果，會受到發育過程、個人偏好和許多經驗的影響。這也能說明為何每個人都有自己獨特的幽默感和覺得好笑的事物。

雖然個人品味的獨特性對於喜劇和幽默有影響，但是我們可以證明是否覺得好笑，深深受到是否有其他人在場以及他人反應的影響。毫無疑問，笑有強大的社交功能，人類會出現其他如同幽默這樣強烈又突然的情緒，但是其中大部分都不會造成無法控制的抽搐（笑到動彈不得）。這種反應的優點在於讓其他人知道你處於被逗樂的狀態，因為人類演化成不論自己是否願意都會笑到動彈不得。

美國馬里蘭大學的羅伯特．普羅文（Robert Provine）等人進行的研究指出，與他人相處時笑的次數是獨處時的三十倍。[25]和朋友在一起時，會笑得更多也更自在，即便不是沒有在說笑話，而是分享見解、回憶往事，或是共同熟人的八卦。在群體中比較容易笑，所以相聲之類的喜劇表演方式很少是一對一方式演出的。另一個有趣的點是幽默在社會互動上的功用：人腦顯然很擅長區別真笑和假笑。蘇菲．史考特（Sophie Scott）所進行的研究，揭露出人類能夠非常準確的指認出他人的笑是真正發自內心或是在假笑，就算聽起來很相似也辨得到。[26]罐頭笑聲和做作的情境喜劇是否為讓你莫名其妙的冒火呢？人類對於笑的反應很強烈，這種反應如果受到操弄，絕對會造成反感。

如果試著讓人發笑但是沒有成功，就會敗得很慘。

如果有人說笑話給你聽，顯然就是希望讓你笑，他們認為自己知道如何戳到你的笑點，能夠讓你笑，也就是認為自己能夠控制你，高你一籌。如果他們是在其他人面前對你這樣做，就真的是在彰顯自己的優勢，因此這樣做算是值得。

但結果不然，笑話徹底失敗，基本上如同遭到背叛，在許多層面上都受到了冒犯（主要是下意識的範圍），所以這時大部分人會生氣，也就不意外了（只要隨便問一個有抱負的喜劇演員就知道了）。但是如果要真的完全理解，就必須了解和他人互動對腦部的影響程度，這要一整章的篇幅才能說得清楚。

如此一來，你才能「抓到重點」，可別想歪了。

第七章

一起來抱抱

其他人如何影響你的腦部

許多人宣稱不在乎其他人對於自己的看法，他們經常這樣說，同時還大聲宣揚，直到願意聽的人徹底清楚這一點為止。顯然，不在乎其他人對自己的看法這件事，要到你應該不需要在意的人知道了以後，那才能算數。那些避開「社會常規」的人，終究會加入其他認可自己的團體。不論是二十世紀中期的「摩德族」（mods）或「光頭黨」（skinheads），到現在的歌德風和情緒搖滾客（emos），他們一開始就不想受到一般的社會規範，結果在其他群體中尋找認同時，還是受到了規範。就算是暴走族或是黑手黨，也有各自特定的穿著。這些人可能對法律毫不尊重，但是想要得到同儕的尊重。

如果本性難移的罪犯與不法之徒都無法抵抗組成團體的衝動，那麼這應該是人類腦部根深蒂固的傾向。監獄中長期單獨囚禁被認為是一種心理折磨[1]，顯示想要與他人接觸不僅僅是一種欲望，而是需求。腦部許多部位都是因為和其他人互動而成形，也專門用來和其他人互動，這聽來奇怪，但事實就是如此，而我們生來就需要依賴其他人，而且依賴程度高得驚人。

一個人為何是現在這副模樣，至出自於天性還是教養？是基因還是環境？這是個歷史悠久的爭論。其實是兩者的結合。基因顯然有很大的影響力，但是在人類發育的過程中，周遭發生的事情也具有不小的影響力。對於發育中的腦部來說，最主要的資訊與經驗來源是其他的人。其他人的言談、舉止、作為，還有思想、建議、創作與信念，對於發育中的腦部都有直接的影響。除此之外，自我中有許多成分（自我價值、本我、動機與野心等）都是來自於其他人對於自己的看法以及對待的方式。

當你想到其他人對於自己腦部的影響，他們的言行舉止是由他們的腦部控制，你能夠得到的結論只有一個：人類腦部控制了人類腦部發育！許多啟示錄風格的科幻作品主題，便是電腦掌握了自己的發展，但是如果人腦也如此，依然無須恐懼。我們已經一直提到，人類腦部其實滿荒謬的。所以，人類也荒謬。因此人類腦部得有很多部位專門負責和其他人類互動。

接下來的種種例子，讓我們看出腦部這樣的安排方式最後是有多麼的古怪。

都寫在你的臉上了

（為什麼心中想法難以隱藏？）

人們不喜歡看到你一臉哀傷的樣子，就算是你有實際上值得哀傷的理由，例如和伴侶大吵一架，或是發現到自己踩到了狗屎。但是不論原因是什麼，如果有哪個陌生人要你笑一下，只會讓你覺得更糟。

臉部有表情，代表其他人能知道某個人的想法或感覺。這類似讀心術，但是經由臉部表情讀出來的。實際上，這是一種有用的溝通方式，所以說不意外，腦部有各式各樣程序專門用來和其他人溝通。

你可能聽說過，有九成的溝通並非通過語言。「九成」這個比例可能會因宣稱者的說法而有變，但是實際上有變化的原因是人類處於不同的狀況中，便以不同的方式溝通。在擁擠的夜店中所選擇使用的溝通方式，和與睡著老虎同在一個籠中的時候有所不同。重點在於我們在和他人溝通上，有許多時候或大部分的時候，是經由非口語方式進行的。

腦中有數個區域負責語言處理和口語，口語溝通的重要性應該不用多說（這有點矛盾，我還是得說）。多年來，科學家認為有兩個腦區負責口語溝通。一個是以皮耶·保羅·布羅卡（Pierre Paul Broca）之名命名的布羅卡區，該部位為於額葉後側，對於語言形成很重要。思索要說的內容並且把相關的字詞以正確的順序排列，是布羅卡區負責的功能。

另一個是由卡爾·維尼克（Carl Wernicke）所發現的維尼克區，位於顳葉，負責語言理解，讓我們能夠了解字詞，包括所具備的意義，以一個詞的多種解釋方式。以腦部構造來說，只由兩個部位負責，實在太過於直接了當了，實際上腦中的語言系統應該還要複雜得多。不過幾十年來，維尼克區和布羅卡區一直被認為負責口語處理過程。

要了解其中道理，必須先說明那兩個腦區都是在十九世紀，經由研究腦中那些區域受損的患者所找到的。當時沒有掃描器和電腦等現代科技，野心勃勃的神經科學家只得退而求其次，研究不幸腦部有恰好位置受傷的人。這不是最有效率的方法，但是就我們所知，他們至少沒有讓那些損傷更加重。

會找到維尼克區和布羅卡區，是因為這些腦區受損的人會出現失語症（aphasias），說話和了解語羅卡失語症也稱為表達性失語症（expressive aphasia），也就是無法「產生」語言。這和嘴巴與舌頭無關，患者依然能夠了解口語，只是自己無法產生流暢、連貫的語言，用於溝通。他們或許能夠發出一些相關的字詞，但是講不出複雜的長語句。

有趣的是，失語症對於口語或是書寫的影響通常比較明顯，這點很重要。口語溝通需要使用聽覺，並且由口部發聲；書寫利用視覺，並且要運動手指，這兩者受到的破壞程度相當，代表了兩者之間的共同元素受到了破壞，應該就是語言處理程序，而且是腦中分開控制的。

維尼克失語症則是完全相反的狀況，患者無法了解語言。他們顯然能夠辨認聲音、音調變化、說話節奏等，但是字詞對他們來說沒有意義。他們的反應也是很相似，能說出綿長而聲音複雜的句子，但並非是：「我到店裡買了一些麵包」，而是「我道去這店上今天天買幾找擠些讀麵包寫。」其中包含了實際的字詞和自創的字詞，串聯起來並沒有可以辨識出來的語言意義，這是因為腦部受損而無法辨識語言，當然也就無法產生語言。

失語症通常影響到書寫語言，患者通常不知道口語表達有問題，自認為說話完全正常，而這會讓人非常沮喪。

失語症的狀況驅使一些理論的發展，強調維尼克區和布羅卡區的重要性，但是腦部掃描研究帶來了改變。位於額葉的布羅卡區對於處理語法和其他重要的結構細節也很重要，這是有道理的，額葉的許多活動都涉及到即時處理複雜資訊。維尼克區的重要性則減弱了，因為新的資料指出，顳葉中維尼克區周圍的區域也參與了口語處理。[2]

顳葉顳上迴（superior temporal gyrus）、下額葉迴（inferior frontal gyrus）、顳中迴（middle temporal gyrus），以及位在腦中比較深處的殼核（putamen）等部位，全都和語言處理有密切的關聯，負責控制語法、詞彙的語意、記憶中相關的項目等元素。其中有許多部位靠近聽覺皮質，後者負責處理聽覺內容，這很合理（就只有這一次）。維尼克區和布羅卡區對於語言的重要性可能不如最初所假設的，但依然有關連，受損時會使得語言處理部位之間許多連結中斷，造成失語症。不過，語言處理中心散佈得很廣，代表了語言應該是腦部的基本功能，而不是從環境所習得。

有些人認為，語言對於神經運作而言更為重要。這個「語言相對論」（theory of linguistic relativity）指出，一個人所說的語言，代表了其認知過程和認識世界的能力。[3]舉例來說，如果一個人從小到大所說的語言中，沒有代表「可靠」這個意義字，這個人可能就無法了解或是展現出「可靠性」，那麼所找的職業就必定得是房地產經紀人了。

這當然是個極端的例子，但是該理論很難研究，你需要找到某個文化，所使用的語言中缺少了描述一些重要概念的詞彙（有許多研究的對象是比較遺世獨立的文化，他們對於顏色的詞彙比較少，因此有人說他們分辨相近顏色的能力比較弱，但是這些研究都還有爭議）。[4]關於語言相對性，有很多理論，最著名的是薩丕爾—沃夫假說（Sapir–Whorf hypothesis）*。

有人把這個假說推得更遠：如果有人改變使用的語言，思維方式也會跟著改變，這方

*薩丕爾—沃夫假說會讓語言學家不開心，在於那是個造成嚴重誤導的名稱。從名稱來說，這個理論應該是由愛德華·薩丕爾（Edward Sapir）和班哲明·李·沃夫（Benjamin Lee Whorf），但其實兩人沒有合作發表論文，也都沒有提出這個理論。實際上，薩丕爾—沃夫假說在這個詞創造出來之前都並不存在，使得這段歷史成為驗證該假說的好例子。沒有人說語言學是容易的學問。

面最顯著的例子是神經語言規劃（neuro-linguistic programming，NPL）。那是一種心理治療大雜燴，用了個人發展和其他行為療法，基本前提是語言、行為和神經執行的程序全部都密切糾結在一起。某人所使用與體驗到的語言改變了，思維方式和行為舉止也能夠產生改變（希望是往好的方向改），就像是編輯電腦的程式碼以去除錯誤與毛病。

神經語言規劃聽起來深富吸引力，而且也廣受歡迎，但是卻幾乎沒有證據支持神經語言規劃確實有效，因此它本身就被歸類為偽科學和另類療法相同的範疇中。本書中已經有滿滿的例子，說明雖然處於現代世界的種種發明之中，但是腦部依然故我，因此就算表面上使用精挑細選的文詞表達方式，本質也難以和表面一致。

不過神經語言規劃的確指出溝通時，非語言成分非常重要，這是真的。而非語言溝通以多種不同的方式呈現出來。

在奧立佛．薩克斯（Oliver Sacks）於一九八五年出版的重要著作《錯把太太當帽子的人》（*The Man Who Mistook His Wife for a Hat*）中，[5]描述了一群失語症患者，他們不了解口語，看著總統發表演講覺得非常爆笑，而且顯然不是故意這樣覺得。這種現象的解釋是，患者喪失了了解詞彙的能力，只能轉而注意非語言的線索和訊息，後者中絕大部分會因為其他人專注在語言之上而忽略了。對患者來說，總統的臉部表情、肢體語言、說話節奏、刻意的手勢等，都一直在顯示自己並不誠實。對失語症患者來說，那全部都是說謊的明顯跡象。如果謊話來自全世界最有權勢的人，不是要哭便是要笑。

可以從非語言線索得到這樣的資訊，並不讓人訝異。之前提到，人類臉部是優異的溝通工具。臉部表情很重要：我們能夠知道一個人是生氣、快樂或是恐懼等，是因為臉部會呈現與情緒相關的表情，在人際溝通當中這非常重要。當有人說：「你不該……」時，表情是快樂、生氣或是厭惡，會使得整個句子的意義截然不同。

臉部表情幾乎是人人共通的。有個研究是把各種臉部表情拿給來自不同文化背景的人看，其中有些人來自於偏遠地區，幾乎沒有接觸到西方文文。不論出身於哪種文化，幾乎每個人都能辨認出臉部表情，只是其中有少許因為文化造成的差異而已。看來人類的臉部表情是天生的，「燒錄」在腦中，而非後天學習而來。有些人在幽深的亞馬遜叢林中生長，如果受到了驚嚇，臉上出現的表情和土生土長的紐約客一模一樣。

人類的腦部非常善於辨識與解讀表情。第五章詳細了說明視覺皮質中有某個部位專門處理臉部，所以不論到那兒都能看到臉。腦部在這方面的效率之高，讓臉部表情可以化約成極簡資訊，使得現在顏文字能大行其道，像是:-)代表快樂、:-(代表悲傷、>:-(代表憤怒、:-O代表驚訝，還有其他許多。顏文字只是由點和線條構成，排列方式甚至都還不是直的，但是依然能夠讓人認出來是特定的表情。

在溝通時，臉部表情看起來有使用限制，但其實非常有用。如果你周圍的人都出現恐懼的表情，你的腦部馬上就會認為附近有讓每個人都認為是危險的東西，便會專注於「戰或逃」反應。如果要用說的，就會是：「我無意驚嚇您，但是顯然有一群猛暴的鬣狗朝我們這裡衝過來。」話都還沒有說完，鬣狗就已經撲過來了。臉部表情也有助於社會互動，如果大家一起做某事而其他每個人都出現快樂的表情，就知道我們應該持續下去，一定會得到認同。如果每個人看我們的表情是震驚、憤怒、厭惡或以上皆是，那麼我們就應該盡快放下現在正在進行的事。表情回饋有助於指引自己的行為。

研究指出，在解讀表情時，杏仁體非常活躍。[6]杏仁體負責處理自己情緒，似乎在辨認他人情緒時也不可缺少。深藏在邊緣系統中的其他部位負責處理特定的情緒（例如處理噁心的殼核），也和解讀表情有關。

情緒和臉部表情之間的關係密切，但並非無法打破。有些人能夠抑制或是控制表情，讓表情和當下內心的情緒有所不同。最顯著的例子便是「撲克臉」。專業的撲克牌賭徒能夠保持中性表情（或是不真實的表情），好隱藏手中牌組勝算的高低。不過玩撲克牌的時候，一副牌的數量有限，只有五十二張，撲克玩家能夠預估到種種可能發下的牌，就算是手上拿到穩贏的同花順，也能夠繃住一張臉。知道可能的發展，有助於讓意識控制表情，好保持優勢。不過在玩牌的時候隕石穿過屋頂，砸到牌桌上，毫無疑問所有的玩家都無法抑制臉上出現震驚的表情。

這種狀況指出了腦部先進部位和原始部位之間另一種衝突。臉部表現可以是自主的（由大腦的運動皮質控制），或是非自主的（由位於比較深層的邊緣系統控制）。自主的臉部表情可以自己選，例如你在看某人展示無聊的假期照片時，能夠露出興致勃勃的樣子。非自主表情由真實的情緒引發。比較先進的新皮質或許能夠發送出不真實的資訊（謊言），但是比較古老的邊緣系統則絕對誠實，因此兩者經常發生衝突，因為社會規範往往讓我們不能提出誠實的意見，如果某人的髮型令人倒退三尺，直接說出來並不好。

很不幸，人類的腦部對於臉部表情的解讀非常精細，代表我們經常能夠分辨出某人心中的誠實和禮貌正在衝突（囓齒而笑）。幸好，社會規範也把直接說出這種衝突狀況當成是不禮貌的，維持了充滿緊張感的平衡。

胡蘿蔔與棍子

（腦部讓自己控制他人，也讓自己受到控制。）

我討厭買車的過程，要走過很大的停車場，檢查無數細節，一一看過那麼多輛車讓人興致索然，並且開始思考家裡的院子是否大到能夠養馬。為了假裝很了解車子，還要踢踢輪胎，有用嗎？鞋尖能夠對硫化橡膠進行分析嗎？

但是對我來說，最討厭的還是汽車銷售員，我就是無法應付他們，總是雄赳赳氣昂昂（我從來沒有見過女性汽車銷售員），和人過度親近，以及採用「我會問經理」這種策略，好像是因為光是我來了這裡，就會讓他們少賺了錢。這些手法都讓我困惑與不安，我覺得整個過程都很痛苦。

所以我買車的時候總是請父親一起，他沉迷於幹這類事情。他第一次幫我買車的時候，我已經準備好要充滿信心的談價格，但是他的策略主要是大罵銷售員，並且說他們在犯罪，只到對方願意降價為止。簡單粗暴但是確實有效。

不過全世界的汽車銷售員都用那些相同的銷售手法，可見得確實有效。這很奇怪，客戶各自有不同的性格、偏好，以及維持專注力的時間。所以說，想以單純又熟悉的手法讓人掏出辛苦賺來的錢，是很可笑的。不論如何，有些特定的行為能夠使他人更容易順從，代表客戶會同意而且「順從銷售員的意志」。

之前提到對於社會評斷的恐懼會造成焦慮，挑釁會引發憤怒系統的反應，而追求認同是強烈的動機。其實許多情緒只有在他人存在時才會出現：你會對沒有生命的物體生氣，不過羞愧或是自傲，必須來自他人對自己的評斷，愛則是在兩人之間才會存在（對自己的愛則是完全不同的東西）。所以說，會發現到有人利用腦部這種傾向來讓他人做出自己想要對方做出的行為，並不算太離譜。任何靠著說服他人把錢掏出才能完成工作的人，都熟悉這一套增加客戶買單意願的手法，而且這種手法能成功，腦部要負主要責任。

這並不表示那些技術能夠讓你完全控制其他人。不論你相信的那些把妹大師有多厲害，人類實在太過於複雜了。不過，有些以科學方式確認過的手法的確能讓人順從你的願望。

有個手法叫做「得寸進尺」（foot-in-the-door）。有個朋友向你借錢搭公車，你答應了。然後他問可不可以借錢去買個三明治，你也答應了。然後他問要不要去酒吧喝幾杯聊聊天。記得嗎，這個朋友沒有錢了，你要願意付錢才去得成。你會想，「當然，就幾杯酒。」然後沒多久這個朋友就突然問說，因為錯過了公車，所以要借錢搭計程車，你嘆口氣並且同意了，因為之前的事情你都答應了。

如果那個所謂的朋友一開始說：「方便的話，請我吃晚餐喝酒，並且付錢讓我坐車回家。」那麼你可能就不會答應了，因為這是個荒謬的要求，但其實這就是你剛才所做的。這種「得寸進尺」手法是先讓你答應小的要求，讓你更容易答應比較大的要求。提出要求者再得寸進尺。

幸好得寸進尺的手法有其限制。在第二個要求得和第一個要求隔一段時間提出來才行。如果有人願意借你五英鎊，你不可能一分鐘後就要求借五十英鎊。研究指出，得寸進尺這個手法中，可以相隔數天或是數星期，不過最後要求的關聯性會逐漸消失。

如果提出的要求是「利社會性」（prosocial），也就是讓對方提供協助或是做好事，便更容易成功。買東西給其他人吃是提供協助，借錢讓人回家是提供協助，這類的要求更容易得到正面回應。某人在分手伴侶的車上塗鴉時幫忙把風並不是好事，載他到分手伴侶的房子前面讓他丟磚頭砸破窗戶也不是好事，這類要求會受到拒絕。人類內心深處通常想做個好人。

「得寸進尺」手法還需要連續性。舉例來說，借錢，然後借更多錢。願意載某人回家並不代表願意幫他照顧寵物蟒蛇一個月。這兩件事之間有啥關聯？「我順便載你一程」和「在家裡養大蛇」之間沒有等號。

雖然有所限制，「得寸進尺」手法依然效果強大。例如你可能幫過親人組件電腦，然後他們就把你當成全天候待命技術人員，他們就是「得寸進尺」。

二〇〇二年，蓋吉（N. Guéguen）指出「得寸進尺」的手法在網路上也能發揮效果。[7]研究人員寄電子郵件給學生，要他們在電腦中開一個檔案夾，同意這樣做的學生，之後問他們是否願意進行線上問卷時，比較容易答應。說服他人時通常需要依靠聲調、態度、肢體語言、眼神接觸等。但是這項研究指出，那些都不是必要的。腦部似乎很願意同意他人的要求，這點真糟糕。

另一種手法是利用受到拒絕的要求。例如有人說自己要搬家，可不可以把自己的東西先暫時放在你家。這當然會造成不便，所以你拒絕了。然後那個人問在周末可不可以借你的車，把那些東西搬到別的地方。這個要求這就容易多，所以你答應了。但是周末把車借出去其實也會造成不便，只是不便的程度沒有答應第一個要求時那麼高而已。你本來不會出借自己的車，但現在你答應了。

這種手法叫做「以退為進」（door-in-the-face）。聽起來滿積極的，但是這可以用來操控對於要求者「斷然拒絕」的人。不論是比喻上或是實際上「斷然拒絕」他人的人，會讓他人心裡不好受，所以會想要「補償」對方，因此答應比較小的要求。

在「以退為進」中所提出來的前後要求之間的時間間隔，要比「得寸進尺」中兩個要求之間來得短，畢竟第一個要求受到了拒絕，所要求的對象其實並沒有答應任何事。也有證據指出「以退為進」守法的力道更強。陳（Chan）和她的研究團隊在二〇一一年發表的論文指出，[8]利用「得寸進尺」和「以退為進」手法強迫學生進行數學測驗，「得寸進尺」有六成的成功率，而「以退為進」則將近九成。這項研究的結論是，如果你要讓小學生做事情，要用以退為進法，當然在大眾面前你要使用不同的措辭來說明。

「以退為進」手法效果強大又可靠，所以在買賣場合經常使用到。科學家已經直接觀察這個現象。二〇〇八年，伊布斯特（Ebster）與諾伊邁爾（Neumayr）的研究指出，[9]阿爾卑斯地區一間專門賣過路客乳酪的山間小木屋，採用「以退為進」手法，效果奇佳。（絕大部分的實驗不會在阿爾卑斯山區的小木屋進行。）

另一種手法叫做「低球掠過」（low-ball），這和「以退為進」有點類似，一開始也是要某人同意要求，之後就用不同的方式展開了。

「低球掠過」中，某人已經同意了（付出特定的價格、花某一段時間做事、某個稿件所需的字數等），然後另一個人突然提高原來的要求。雖然這讓人沮喪與不悅，但是出乎意料之外，絕大多數的人都會同意後來提高的要求。理論上他們有適當的理由可以拒絕：

因為那是為了讓對方得到更多而打破了協議。但是人們總是會順從突然增加的要求，只要那個要求不要太過分：如果你同意用七十英鎊買一台二手 DVD 播放機，不會再同意付出一生積蓄及第一個孩子等代價。

「低球掠過」手法甚至能用來讓人免費為你工作。美國聖克拉拉大學的伯格（Burger）與康尼利爾斯（Cornelius）在二〇〇三年發表一項研究，其中請人填寫問卷，完成後可以免費得到一個馬克杯。[10]之後又說馬克杯已經送完了，在之前答應的報償已經不在的情況下，絕大多數人依然會完成問卷調查。另一項研究是由查迪尼（Cialdini）和同事於一九七八年進行的，他們說如果學生已經同意在早上九點鐘進行實驗，那麼就更願意在早上七點鐘進行。如果一開始就要求在早上七點鐘進行，那麼意願就沒有那麼高了。[11]顯然報償與代價並不是唯一的因素，許多對於「低球掠過」技術的研究指出，自願主動同意一項協議後，只要協議沒有改變，不論如何都會遵守協議。

其他還有許多類似的手法，以操控他人順從自己的意願（另一個例子是「反向心理」，你千萬不要自己去搜尋這個詞的意義）。這類手法有任何演化意義嗎？理論上不是應該是「適者生存」嗎？但是為何人類如此容易受到操弄而被人占便宜？在下一節中，我們將會更進一步研究其中道理，不過這裡所介紹的「順從技術」（compliance technique），全都可以用腦部的某些傾向加以解釋*。

那許多手法都和自我印象有關。在第四章中提到了腦部（經由額葉的作用）能夠自我分析，具備自我意識，因此我們會用這種資訊「調整」任何個人失敗。你會聽到有人對事情「保持緘默」，但為什麼要這樣做？我們認為某人的寶寶長得實在難看，但是並不會直接說出心底話，而是說：「喔！好可愛。」這讓他人對自己的觀感比較好，而不論事實是否真的如此。這種作法稱為「印象管理」（impression management），這就是我們想要經由社會行為控制他人對自己的印象。我們在神經系統階層就在乎他人對自己的想法，並且會費盡心力希望他人喜歡自己。

英國雪菲爾大學的湯姆·法羅（Tom Farrow）和同事在二〇一四年的研究指出，進行印象管理時，內側前額葉皮質和左腹內側前額葉皮質（left ventromedial prefrontal cortex）會活躍起來，其他活躍的區域還包括中腦和小腦，[12]不過只有當受試者刻意裝壞，選擇展現讓他人不喜歡自己的行為時，才會顯著的活躍。如果受試者選擇要認要讓自己看起來是個好人的行為，這時腦部的活動就和常人無異。

受試者展現出讓自己看起來良善行為，要比看起來壞心行為要來得快。從這點來看，腦部其實隨時都在進行讓自己看起來好棒棒的事情，要掃描找出相關的部位或是活動，就像是在濃密的森林中找到某一株特定的樹木，是很不容易找到的。這項研究的規模尚小，只有二十名受試者，腦部專責這類行為的程序有可能真的發現出來，但是裝好人和裝壞人之間有如此大的差異，還是令人驚訝。

可是以上種種和操控他人有何關聯？喔，腦部似乎本身就想要讓他人喜歡自己，也就是你本人。所有順從手法可說是利用了個人希望維持正面形象的慾望，利用了這種根深蒂固的動機。

如果你已經同意了一項要求，那麼反對了另一項類似的要求，可能會讓人失望，並且損及自己在那個人心中的印象，所以說「得寸進尺」的手法會有用。[13]如果你拒絕了一項重大的要求，知道那個人會因為這個決定而不喜歡你，於是便更容易同意一個比較小的要求，當作安撫手段，所以說「以退為進」手法會有用。如果你答應了做某件事情或是付出的某筆款項，但是對方的要求突然增加了，取消協議可能會再次讓對方失望，讓自己像個壞人，

＊關於這些和社會活動相關的傾向由腦中哪些部位與程序所負責，有許多理論和推測，不過目前難以一一說明。MRI與EEG等能夠掃描腦部深處的技術，都需要受試者綁在實驗室中的大型機器上。處於這種狀況中，難以進行真實的社會互動。如果你被塞進MRI掃描儀中，有個熟人晃近來請你個幫忙，你的腦袋應該會混亂不已吧。

所以說「低球掠過」手法會有用。以上全都是因為我們希望他人對自己有好印象，在這些時候，良好判斷與邏輯就被壓過了。

而實際的狀況無疑會比上面所說的要更為複雜。我們想要讓自我的形象維持一致，所以當腦部下了一個決定之後，其實是難以再改變的，只要曾經嘗試向年長親戚解釋說不是所有外國人都是下流的盜賊，都會了解我的意思。之前提到過，當想的事情和做的事情彼此衝突，會造成認知失調，這是思想與行為矛盾時所造成的煩惱。對於這種狀態，腦部的反應方式通常是改變想法好配合行為，重新恢復和諧。

你的朋友想要錢，你不希望給他，但是你已經給了他一點點，如果你認為這樣不可以，那麼之前為何給他呢？你想要維持一致性，而且喜歡一致性，因此你的腦部決定要多給他一點錢，這就中了「得寸進尺」之計。這也可以說明在「低球掠過」中主動選擇很重要：腦部做了一個決定，就算是當時要做出這個決定的理由已經不存在了，也將會遵守這個決定，好維持一致性。你已經做了承諾，其他人需要你。

還有另一個是「互惠原則」，（就目前所知）這是人類獨有的現象：人類對於自己好的人，也會善待對方，而且不是出自於對自己有利。如果你拒絕了他人的請求，他人提出了一個比較小的請求，你會覺得那是他對你釋出善意，因此會同意要對待他更好一些。「以退為進」應該就是利用到人類這種傾向，因為腦部會把「提出比之前要小的要求」當成是善意。腦就是笨啊！

除了以上的，社會地位和社會控制也會有影響。有些（或絕大多數？）的人，都希望被看成有地位或有主宰權的人，至少在西方文化中是如此，因為腦部認為這樣比較安全，是屬於得到報償的狀態。但是這種狀況往往以不妥當的方式呈現出來。如果有人向你要東西，那麼對方的地位就比自己低，你幫助他們，就可以維持地位（而且討喜）。「得寸進尺」策略巧妙的利用這種狀況。

如果你回絕了某人的請求，就是主張了自己的地位比較高。如果對方提出了比較小的要求，就代表了對方地位比較低，如果同意比較小的要求，就依然能夠保持地位並且受到喜愛。兩種良好感覺一次獲得，因應而生的便是「以退為進」策略。舉例來說，你已經決定要做某件事，而另外有人改變了其中一些細節，如果你退縮了，那麼就代表你受到他人的控制，這怎麼能忍？你會遵守原來的決定，因為你是個好人。可惡，中了低球掠過之計。

總的來說，人類的腦部讓我們希望自己受到喜愛，希望自己高人一等，希望維持一致。結果就是腦部讓人很容易受到無恥之徒的影響，他們想要從你這裡拿到錢，並且知道自己在討價還價。一個那麼複雜的器官，居然會做出如此愚蠢之事！

心碎的大腦

（為何分手如此讓人心痛）

你可曾連續數天都蜷曲在沙發上，窗簾拉起來，電話也不接，唯一的動作是偶爾拭去臉上的鼻涕與淚水，想著為何這個宇宙要如此殘酷的折磨你？在傷心欲絕的狀態下，你沒有其他的念頭，而且軟弱疲憊，那是現代人類所能體驗到的最糟糕情況之一，從中誕生出了偉大的藝術與音樂，以及一些糟糕的詩句。理論上來說，你在物理上沒有發生什麼狀況，沒有受傷，沒有感染到危險的病毒，發生在你身上的，只是你知道再也無法和之前有許多互動的人相處了，就這樣。那麼為何你會好幾個星期甚至好幾個月都心煩意亂，甚至在往後的一生當中，這種感覺有時會重新浮現呢？

這是因為有人對你的腦部（也就是你）的幸福產生了重大的影響，絕大部分的時候都是和你有愛情關係的人。

人類有許多文化活動目的是為了建立長期的愛情關係，或是讓人知道你處在這種關係中（例如：情人節、婚禮、浪漫喜劇、情歌、珠寶業、眾多詩歌、鄉村音樂、結婚周年紀念卡片、「夫婦遊戲」等）。在其他的靈長類動物中，一夫一妻制並非常規。[14]如果想到人類的壽命要遠遠超過一般猿類，其實有多出來的時間可以有許多伴侶，就會覺得一夫一妻制很奇怪。如果「適者生存」真有道理，是要為了要讓自己基因繁衍的數量盡可能超過其他人的基因，那麼就不應該終身只和一個人在一起。但事實上人類傾向一夫一妻制。

有許多理論解釋為何人類看來是要非得形成一對一的戀愛關係，其中牽涉到生物、文化、環境和演化等緣由。有些人認為，一夫一妻關係是因為兩人共同照顧後代要勝於一人，因此後代生存下來的機會增加。[15]又有些人說文化的影響比較大，因為宗教系統和階級系統希望能夠在比較小的家族中維持財富，並且發揮影響力（如果無法維持家族範圍的大小，就無法確定整個家族是否能夠繼承你帶來的利益）。[16]另外還有人喜歡新的理論，這個理論認為祖母能夠照顧孫子，這個狀況有助於長期伴侶關係的維續（就算是寵愛孫子的祖母，可能也不想照顧自己孩子的前任所生下的無血緣孫子）。[17]

不論一開始的原因是什麼，人類似乎傾向並且形成一對一的戀愛關係，使得在你愛上某人的時候，腦部會做出許許多多奇怪的事情。

愛戀之情受到許多因素的影響。許多物種會發育出第二性徵，這些特徵在性成熟時會出現，但是和生殖過程沒有直接關聯。例如麋鹿的角或是孔雀尾巴，那些特徵光鮮亮麗，表明出自己有多麼結實健康，除此之外別無功能。人類也一樣，到了成年的時候，發育出的許多特徵主要是為了讓身體有吸引力，例如男性有低沉的聲音、較大的骨架以及長出鬍子，女性則乳房突出並且身體有明顯的曲線。這些特徵並非「必要」，但是很久很久以前，人類的祖先決定這就是伴侶該有的特徵，之後就由演化接手了。但是對於腦部來說，我們最後會面臨一個「先有雞還是先有蛋」的問題：人類腦部天生覺得某些身體特徵有吸引，是因為演化的結果嗎？哪個先開始的？是有吸引力的特徵？還是遠古的腦認為某些特徵有吸引力？難有定論。

我們都知道，每個人都有自己偏好的類型，但是種種類型之間有共通的模式，人類覺得具有吸引力的種種特徵中，有些是可以預期得到的，例如剛才約略提到的身體特徵。另一些的特徵則和腦部能力有關，個人的聰明或是性格可以算是最有性吸引力的。另一個會讓偏好產生許多變化的是文化，媒體傳播或是「與眾不同」等會深深影響人們覺得性感的特徵。西方人喜歡造假古銅色的膚色，淨白乳液在許多亞洲國家中大受歡迎。而有些則非常奇特，例如研究發現人們認為長得像自己的人更具有吸引力，[18]這讓人聯想到腦部對於自我的偏好。

不論如何，重要的是得區分出對於性的慾望（也就是性慾），以及更為個人的愛情吸引力與連結關係，後者和浪漫與愛情有關，是在長期關係中更想要追尋與發現的。人們能夠（而且經常）享受與他人之間純粹的身體性關係，除了對方的外貌之外，對其它的地方沒有任何的「喜歡」，有的時候甚至連外貌都不重要。成年人有許多思維與行為和性有關，要把性和腦部的官釐清是件棘手的事情。不過這一節的重點不是性慾，而是關於愛情、關於浪漫、關於那個特殊的人。

許多證據指出，腦部對於愛情、浪漫、情人的處理過程並不相同。巴特爾（Bartels）和柴基（Zeki）的研究指出，自稱自己在戀愛之中的人，看到了情人的影像時，腦中有些部位的活動增加了，包括了腦島內側（medial insula）、前扣帶迴皮質、尾狀核（caudate nucleus）與殼核，在看到性慾對象和柏拉圖愛情對象時這些區域並不會特別活躍。同時後扣帶迴（posterior cingulate gyrus）與杏仁核的活動會減少。後扣帶迴往往和痛苦的情緒感覺有關，所以你和情人在一起的時候感覺會好一些。杏仁核處理情緒與記憶，但是通常是關於恐懼與憤怒等負面的情緒與記憶，和情人在一起時這個部位也沒有那麼活躍了。有固定關係的人，精神通常比較放鬆，也不容易因為日常瑣事而煩惱，如果不知道內情的人經常會覺得他們「沾沾自喜」。其他活動減弱的部位還包括前額葉皮質，這個部位負責邏輯和理性的決策。

有些化合物和神經傳遞物也參與其中*。在戀愛時，報償路徑中的多巴胺活動似乎會提高，[20]代表當伴侶在身邊時的體驗幾乎就像是吸毒（見第八章）。催產素通常被認為是「愛的激素」，這個說法過度簡化了催產素這個作用複雜的化合物，但是它的確能夠增強人與人之間的關係，同時對人類的信賴感喊連結感也有關。[21]

以上只是人在戀愛中時腦部基本的生物反應。還有許多其他的事情會發生，例如處於愛情關係中時，自我感和成就感會增長，有另一個人如此看重自己，在任何狀況下都願意與你相伴，當然是了不起的成就，會帶來強烈的滿足感。由於幾乎在所有的文化當中，都一直認為建立伴侶關係是人人都要達成的目標與成就（每個快樂的單身者都會咬牙切齒的同意），有伴侶也會讓社會地位提升。

腦部的運作充滿彈性，這也代表了和其他人成為伴侶的承諾，會帶來深遠而且強烈的影響，並且能夠適應去預期這種種改變。在長期的計畫、目標與野心中，對於未來的預期和架構中，都會把伴侶納入，同時伴侶也會影響自己對於世界的思考方式。從任何方面來說，伴侶會成為自己生活中重大的一部分。

然後呢，這種關係會結束。可能是因為有人不忠實，也可能只是因為彼此不合，也有可能伴侶中某一個人都行為逼著另一個人離開。（研究指出，比較容易焦慮的人，往往會誇大與加強伴侶之間的衝突，使得兩人分手。[22]）

想想你腦部為了維持關係所做的投資、所產生的各種變化、對某一個人的重視、所有相關的長期計畫、所有預期會有的發展方向。想想如果一瞬間以上種種突然都破滅，腦部當然會受到強烈的負面影響。

腦部原本預期的所有正面感覺突然之間便消失了，對於未來的計畫和預期一下子就蕩然無存。之前就一直提到，腦部這種器官並不擅長處理不確定性與模糊狀態（這在第八章中有更完整的說明），因此這時腦部便受到了無比的打擊。之前在建立長期關係中，腦部就要處理一大堆實際會產生的不確定事務了：要住在哪兒？朋友會因此變少嗎？財務要如何處理？

如果想到人類有多麼看重社會形象和地位，就可以了解到分手造成的傷害有多大。向親朋好友解釋自己在維持伴侶關係時「失敗」，就已經讓自己受傷了。但是分手本身造成的傷害更深：一個最了解你的人、和你關係最親密的人，根本無法接納你，這對自己的社

＊有一類經常和吸引力產生關連的化合物是費洛蒙，這些從汗飄出的特殊成分，如果其他人偵測到了，會改變行為，通常是變得比較興奮，同時受到散發費洛蒙的個體所吸引。經常有人提到人類的費洛蒙（好比是如果你想讓自己更有性吸引力，就可以買個噴霧在身上噴費洛蒙），但是目前沒有確實的證據，指出人類有某些特定的費洛蒙，能夠影響吸引力和性興奮。[19]腦部經常耍笨，但是並沒有那麼容易受到操控。

會認同是絕大打擊，肯定會造成傷痛。

順便一提，那個「造成傷痛」就是字面上的意思，研究指出，分手之後腦部處理疼痛的部位會活躍起來。[23]在本書中有數不清的例子說明腦部處理社會層面事項的方式，和處理真實身體層面的程序是相同的（舉例來說，社交恐懼和傷害身體的危險狀況，兩者同樣讓人不安），兩者沒有分別。常有人說「愛情傷人」，也確實就是如此。普拿疼有的時候對於「心痛」也有效。

除此之外，你和前任之間無數的記憶，本來都應該是快樂的，在是現在卻全部都連接到了負面情緒，嚴重破壞了你的自我感覺。更重要的，前面提到愛情有如毒品的效應現在發生反作用了。你本來預期會持續得到報償，突然之間那些報償都蕩然無存。在第八章中，會說明成癮和戒斷對腦部造成的嚴重破壞與傷害。當人面對長期伴侶關係突然破滅，腦中發生的程序與成癮過程並沒有不同。[24]

但是腦部並非缺乏應對分手的能力，就算恢復的過程緩慢，到頭來一切都會回到正常。有些實驗指出，特別專注在分手所帶來的正面效應，能夠讓人比較快的恢復與向前邁進，[25]原因在於之前提到，腦部偏向記得「美好」的事情。有的時候科學說法和老生常談能彼此應證，這就是一個例子：時間久了就會覺得比較好。[26]

但不論如何，腦部為了建立和維持關係，付出了許多，當關係破裂之後，也會非常痛苦。「分手很難」這句話還算是輕描淡寫罷了。

眾人之力

（腦部在群體之間的反應）

「朋友」到底是什麼？如果你高聲提出這個問題，會讓自己看起來相當可悲。朋友是親人和情人之外和你有個人有密切關係的人。不過實際狀況要更為複雜，因為許多人會對朋友進行分類：工作上的朋友、學校朋友、老朋友、熟人、你不喜歡的朋友但是因為認識太久了所以還維持關係等。網際網路出現讓人有「網友」，雖然是陌生人但是具備相同理念與、彼此之間的關係是有意義的，而對方在地球的另一個角落。

幸好我們的腦部超級厲害，能夠處理這些不同的關係。實際上，有些科學家認為，大腦並不是剛好可以處理這些關係，而是因為人類建立了各種複雜的社會關係才會讓腦變大、變得厲害。

有一個解釋腦部社會行為的理論，指出人類有複雜的腦部是因為人類友善。[27]許多動物會形成大群體，但是並沒有與人類相等的智能。綿羊會成群結隊，但是可能只是一起吃草、一起逃跑，要幹這些事並不需要太聰明。

集體狩獵時需要協調彼此的行為，這就需要智能了，比起溫馴又數量多的獵物，狼比較聰明。古早人類社群又要比狼群還要複雜得多。有些人要狩獵，有些人要留著照顧幼兒與患者，有些要保護居所、採集食物、製造工具等。分工合作可以讓周遭環境更安全，確保物種的繁榮昌盛。

這種模式需要人類能夠關懷其他沒有血緣的個體，而不是只具備單純「保護自己基因」本能。因此人類之間會產生友誼，代表對於只要是親緣關係屬於同一個物種的對象，都能在意他們的福祉（「人類最好的朋友」甚至說明了同物種都非必要條件）。

共同生活需要協調所有的社會關係，這得要處理大量的資訊。如果群體狩獵動物像在玩圈叉遊戲，那麼人類社群就像是西洋棋錦標賽，自然就需要強大的腦部。

人類的演化難以直接研究，因為不可能活數十萬年的時間，以及具備那麼長久的耐心，因此也難以確定人腦社會行為理論的真實性。二〇一三年，牛津大學的一項研究指出，經由複雜的電腦模型推算出，維持與形成社會關係的確要花費更多的計算能力（也就是腦力）。[28]這很有趣，但是不足以當成結論。你要如何在電腦上模擬友誼？人類有很強烈的傾向，要形成群體、建立友誼、關懷他人。就算到現在，完全缺乏對於他人的關懷或是同情，是被認為異常的，也就是所謂的「精神病態」（psychopathy）。

想要成為群體成員的天生傾向，是有利生存的，但是也會造成一些荒誕離奇的事情。舉例來說，身為群體中的一名成員時，會推翻自己的判斷，甚至漠視自己的感覺。

每個人都受過同儕壓力，會說出自己不認同的話、做自己不認同的事，只因為所在的群體要你這麼做。例如宣稱喜歡自己厭惡的那個樂團，因為「很酷的」同學喜歡，或是和朋友討論一部他喜歡的電影的優點，但是其實你覺得那部無聊透頂。這個現象已經受到科學研究的確認，稱為規範性社會影響（normative social influence），這是說你的腦部所形成的結論或是意見，是你所屬的群體所不認同的，因此你只能拋棄那些結論或意見。腦部對於「受到喜愛」的重視程度，超過「行事正確」。

科學實驗也觀察到這種現象。一九五一年，所羅門．艾許（Solomon Asch）把受試者分成小群體，問他們非常簡單的問題，例如給他們看三條長短不同的線，問他們哪一條最長。[29]但是結果你會嚇一跳，因為絕大多數的受試者給出了完全錯誤的答案。不過研究人員並沒有感到意外，因為在每個小群體中，只有一個才是真正的「受試者」，其他都是實驗助手，刻意給出錯誤的答案，他們會先大聲說出自己的答案，真正的受試者最後才回答。

其中有七十五%的受試者會給出錯誤的答案。

之後，研究人員問受試者為何要說錯的答案，大部分人回答說自己不想「惹麻煩」或是類似的原因。他們並不「知道」群體中其他人都不是受試者，而想要受到新同儕的認同，這種念頭強烈到足以否定自己的想法。融入群體顯然是腦部認為最優先的事項之一。

但也不是絕對的。七十五%的受試者認同了群體給出的錯誤答案，但是有二十五%的受試者沒有認同。我們受到群體的影響很深，但是自己的經歷和人格通常也具備相同的力量，而且群體中有不同類型的人組成，並非全部都是只會服從的蜜蜂。你真的會遇到有人會樂於說出周遭人幾乎都會反對的事情，在電視上的達人秀的參賽者因為這樣而賺大錢。

規範性社會影響在本質上可以說只影響到行為，就算你不同意群體的看法，也可以假裝同意。周遭的人無法規定你要怎麼想事情，對吧！

通常是這樣。如果你的朋友和親人突然堅持二加二等於七，或是重力會讓人往上，你是不會同意的。你會擔心這些自己關心的人是不是失心瘋，可是你絕對不會同意那些說法，因為你清楚了解他們錯了。不過，那是錯誤顯而易見的時候，你才能堅持。在比較曖昧的狀況中，其他人的確會對你的想法造成影響。

這稱為資訊性社會影響（informational social influence），是其他人在釐清不確定的狀況時，把你的腦當成了可靠的來源（其實並不可靠）。這能夠解釋為何那些謠言那麼具有說服力。對於複雜的問題，要找正確的資料來解釋是個辛苦的差事，但是如果你在酒吧中從某個傢伙口中聽到答案，或是朋友母親的表姊知道，那麼通常就會認為那是證據充分的資料。另類醫療和陰謀論就是這樣而能夠持續散播。

這種現象不出意料，因為對於發育中的腦，主要的資訊來源是其他人，兒童在學習時，模仿他人是基礎的過程。多年來科學家就對「鏡像神經元」（mirror neuron）很感興趣。我們在做出特定行為時，以及觀察其他人做出相同行為時，這種神經元會活躍，代表了腦部在神經元這個最基礎的層面上，就能夠辨認和和處理其他人的行為。（在神經科學領域中，鏡像神經元本身和特性還有爭議，因此相關的內容不要全盤接受[30]）。

在不確定的狀況下，腦部偏好把其他人當成現成的參考資料來源。人腦經由數百萬年演化而來，其他人類夥伴存在的歷史要比 Google 長得多，而且可以了解那有多好用：你聽到巨大的聲音而且認為可能是一頭憤怒的長毛象，但這時同部族的人發出尖叫聲、拔腿奔跑，所以他們可能知道那就是一頭憤怒的長毛象，你最好也跟著跑。只不過，有時候如果你的決定與行動取決於他人的決定與行動，會發生悲慘不幸的後果。

一九六四年，紐約市民凱蒂·吉諾維斯被人殘酷的殺死了。這件事本身是悲劇，但是讓這個謀殺案名聲大噪是因為報導指出，當時有三十八人目睹攻擊行為，但是卻沒有人幫忙或介入。這種令人震驚的行為，使得社會心理學家達利（Darley）與拉塔內（Latané）決定深入調查，結果發現到「旁觀者效應」（bystander effect）*：如果現場有其他的人在，人類就比較不容易出手介入或是幫助。[31]這並不全然是出自於自私或是怯懦，而是因為我們在不確定要做什麼時，會參考其他人的行動來決定自己的行動。在需要幫助的時候，許多人無法採取行動，但是如果有其他人在場，就表示旁觀者效應是一種需要克服的心理障礙。

旁觀者效應會抑制我們的行動和決定，讓人收手，因為我們身在群體之中。而身為群體成員，也會讓人有單獨時不會有的行為與想法。

身在群體之中，一定會想要維持群體和諧，充滿摩擦與爭執的群體沒有用處，待在裡面也不愉快，所以每個人通常希望團體中能夠維持一致與和諧。在條件備齊的狀況下，追求和諧的慾望之強，到頭來會讓人只是為了維持團體的和諧，冒出了平常認為不理性的想法，同意平常認為不理性的事情。當團體的利益置於邏輯與合理決定之前，這時「團體迷思」（groupthink）便出現了。[32]

團體迷思只是一個例子。如果有一個充滿爭議的事項，例如吃人肉是否合法（在寫這本書的時候，這是個充滿爭議的話題）。你在街上隨便找三十個人，在取得他們的允許之後，個別問他們對於「吃人肉合法化」的想法，可能會得到各種意見，極端的有「吃人肉超邪惡，光是去聞人肉的味道就應該要關起來」，以及「人肉超棒，應該放到學校營養午餐中」，絕大部份人的意見落在這兩個極端之間。

但是如果你把這些人放在一起，要他們對於吃人肉是否合法這件事情，達成共同的意見，依照邏輯思考，你可能會認為最後的意見是把眾人意見的平均，例如「吃人肉不應該合法化，但是持有人肉只能算是微罪。」不過這個時候就和之前提到的一樣，腦部的思維依然不合乎邏輯，群體會採納比成員獨自判斷時更為極端的意見。

團體迷思只是成因之一。我們也想要受到群體歡迎，想要提升自己在群體中的地位。團體迷思讓團體成員產生了彼此都同意的共識，但是成員還會強烈的贊同共識，只為了討好群體。之後其他成員也會這樣幹，到最後每個人員都想要凌駕於其他成員之上。

「所以我們都同意，吃人肉不應該合法化，持有任何分量的人肉都應該受到逮捕。」

＊後來的調查指出，最先對於罪行的報告是不正確的，更像是都市傳說，報紙為了銷量假造了一些內容。就算如此，旁觀者效應依然是真實的現象。凱蒂·吉諾維斯凶殺案和旁觀者都不願意相助這件事的傳說，還引發出另一個離奇的結果。漫畫編劇艾倫·摩爾受到這個事件的影響。在他編劇的突破性經典漫畫《守護者》（*Watchmen*）中，漫畫角色「變臉羅夏」（Rorschach）因為這個事件開始行俠仗義。許多人說喜歡超級英雄漫畫成真，我只能說小心自己的願望成真。

「何止要逮捕？應該要關起來。持有人肉要關十年！」

「十年，我說應該要終身監禁。」

「終身監禁？你這個嬉皮，至少判要死刑。」

這種現象稱為「群體極化」（group polarisation）：群體中的成員最後所表達的觀點會比不在群體中的時候更為極端*。這種現象很常見，而且在各種狀況中都會群體的決策過程。在有批評或是外來意見的狀況下，這種現象能夠受到限制或是避免發生，但是維持群體和諧的慾望非常強烈，通常在討論的時候能夠排除貶低團體的人和理性的分析。這令人擔憂，因為有數不清牽涉到數百萬人生命的決定，

由內部意見相同的群體所討論的決定，包括了政府、軍隊、公司董事會等，他們會排除外來建議，要如何才能讓這些團體免於因為群體極化而做出荒謬的結論呢？

沒有，完全沒有辦法。政府許多政策都引起爭論或是擔憂，都能夠用群體極化解釋。

有權有勢者所做出的錯誤決定，通常會引起暴動，這是另一個群體對於腦部影響的不良效應。人類很擅長感覺其他人的情緒狀態，如果你漫步到某個房間中，看到有對情侶處於吵架狀態，就算他們一句話都沒有說，但是你依然可以清楚感覺到那股緊張的氣氛。這並不是什麼第六感或是「科幻」，只是腦部對於這種狀況的蛛絲馬跡特別敏銳。但是當周

遭的人都具有相同的緊張狀態，那麼自己就會深受影響，就算作為旁觀者也絕對笑不出來。但就算是類似這種提到過的情況，這種影響力也會有過頭的時候。

在某些狀況下，周遭的人有高漲或興奮的情緒，的確會讓自己的個人主體性受到壓抑。我們需要一個團結或是關係密切的群體，讓自己默默隱藏在群體中。如果這個群體非常激動（有著強烈的情緒，但非不愉快的情緒），而且專注在外在事件上，這樣就能免於思索群體本身的行動了。暴民暴徒完美的打造了那種狀況，當種種條件同時出現時，我們便會處於「去個人化」[33]的過程中，科學對於這個狀況有個專有名詞，叫做「暴民心理」（mob mentality）。

在去個人化的狀態中，人會失去壓抑衝動和理性思考的能力，會更容易察覺與回應他人的情緒狀態，同時也覺得不需要顧慮他人對於自己的評斷了。這兩種條件結合在一起，會讓暴民的行動朝著破壞的方向前進。實際的原因和運作方式現在還不清楚，因為具體過程很難以科學研究。除非讓暴民知道你要盜墓而且準備要盡全力讓死人復活，否則暴民不

＊巨蟒劇團（Monty Python）的粉絲應該熟悉他們「四個約克郡人」（Four Yorkshiremen）短劇，這部短劇是群體極化的絕佳案例（應該是巧合而已），只是比平常會發生的更加離譜而已。

會出現在實驗室中。

我不殘忍，但是我的腦殘忍

（讓我們殘酷待人的神經學特性）

一路到這裡的內容，似乎都在說人類腦部天生就要建立關係和保持溝通。那麼我們的世界中，應該人與人牽著手，快樂高唱讚頌彩虹和冰淇淋的歌曲。但是人類經常彼此殘酷相待，暴力、偷竊、剝削、性侵、囚禁、折磨、殺害等事並不罕見。你所見到的政治家通常都忙於這些事情中。此外還有種族滅絕：要消滅整個人群或是民族，是常見到足以有個專門詞彙的事情。

艾德蒙·柏克（Edmund Burke）說過一句著名的話：「善良者的袖手旁觀是邪惡者得勝的必要條件。」但實際上如果善良者願意出力協助，邪惡者更容易勝利。

但為什麼會這樣？有許多解釋，牽涉到文化、環境、政治、歷史等因素，當然也包括了腦部的運作方式。在紐倫堡大審時，犯下納粹大屠殺的人受到審問，他們的回答幾乎都是自己「僅僅遵守命令」而已。完全站不住腳的辯護，對吧。顯然不會有哪個正常人會做出那些殘酷的事，不論是誰的命令都一樣吧。但可怕的是，他們就是這樣。

耶魯大學教授史丹利．米爾格蘭（Stanley Milgarm）為了研究這個「僅僅遵守命令」的說法，進行了名揚後世的實驗。實驗中有兩名受試者，分開在不同房間中，其中一人問另一個人問題，如果答案是錯誤的，提問者就可以發出電擊。每答錯一次，電擊的伏特數就會調高。[34]而重點是實際上根本沒有電擊。回答問題的受試者其實只是演員，會刻意說出錯誤的答案，並且隨著每次的「電擊」，發出的聲音越來越痛苦。

這個實驗中，真正的受試者是那個詢問問題的人。整個實驗的設計就是讓他們相信，自己虐待他人是有必要的。受試者對於虐待他人感到不舒服，會拒絕或是要求停止。但是實驗人員總是說這項實驗很重要，堅持受試者必須持續下去。很糟糕，六十五％的人會只因為收到了命令，就繼續給予他人強烈的疼痛，

研究人員找來的自願受試者，並不是關在監獄中安全等級最高牢房中的囚犯，只是過著日常生活的一般人，但是都出乎意外的願意折磨他人。他們可能會拒絕，但最終都還是做了，這點對於受到折磨者而言才是更重要的。

這樣研究後來有許多類似的實驗，得到了更多細節*。如果實驗人員和受試者在同一個房間中而不是用電話下命令，那麼受試者會更容易服從。如果受試者看到其他「受試者」

拒絕服從命令，那麼自己就比較可能也不服從，代表了人們願意反抗，但是不願意最先反抗。如果實驗人員穿白色長袍、在看起來專業的辦公室中進行實驗，受試者就更為服從。

這些實驗得到的共同結果是，我們願意遵守合法取得權威的人物所下達的命令，我們認為這些人物要對於命令所造成的結果負責。相隔遙遠的人比較難以考慮到權威者，顯然就更不願意遵守命令。米爾格蘭認為，在社會中，人類的腦部會處於下面兩種心態之一：自主心態（自己做決定），以及代理人心態（agentic state）。在處於代理人心態時，我們會遵守他人的命令而行動，不過這種腦部狀態還沒有經過腦部掃描造的確認。

有個說法是，從演化的角度來看，不加思索就遵照他人的命令行動比較有效率，每次需要做決定時都得和領導者爭執，其實非常不切實際，因此就算是心裡有保留意見，我們往往也會傾向遵守權威者的命令。想像腐敗而又充滿魅力的領導者利用這一點，就覺得不是很妙。

但是人們也經常在沒有暴君統治下就折磨他人。往往是一個群體讓另一個群體陷入悲慘的狀況，這時便有許多不同的原因了。在這裡，「群體」這個字眼是很重要的。人類的腦部驅使我們形成群體，並且對抗威脅群體的人。

腦部讓我們對於膽敢破壞團體的人抱持深深的敵意，對此，科學家進行了相關的研究。莫里森（Morrison）、德賽迪（Decety）和默倫伯格斯（Molenberghs）的研究指出，當受試者思考自己身為團體成員時，腦中有一個神經網絡活躍起來，這個網絡由皮質中線結構（cortical midline structures）、顳頂交界區（temporo-parietal junction）和前顳額葉迴（anterior temporal gyrus）構成。[35]在需要和他人互動與考慮他人時，這些部位都會非常活躍，使得有些人把這個特殊的網絡稱為「社會腦」※。[36]

另一個特別有意思發現是，受試者處理參與團體相關的刺激時，有一個網絡活躍了，其中包含了腹內側前額葉皮質、前扣帶迴皮質和腹側扣帶皮質。另外有些實驗指出，這些區域也處理了「個人的自我」（personal self），[37]代表了自我知覺和群體成員之間有許多重疊之處。也就是說，人類的身分中有許多部分來自於自己所隸屬的群體。

其中的涵義之一是，對於自己所屬群體的威脅會被當成對於「自己」的威脅，這能夠解釋為何任何對於自己團體所進行之事造成危險的東西，都會受到敵視。對於絕大多數的

＊有許多人批評這些實驗。有些人在意的是實驗方法和詮釋方式，另外有些人在意的是倫理道德。科學家讓無辜的人認為自己在虐待他人，這合乎倫理嗎？了解到自己傷害他人這件事情很容易傷害到自己。很多人認為科學家冷漠無情，有的時候是很容易就能夠理解的。

※不要把這個「社會腦」和之前提到的「社會腦假說」混淆。只要能有讓人混淆的機會，科學家從來不會放過。

團體而言，最主要的威脅，就是其他團體。

敵對足球隊之間的粉絲，彼此之間經常會發生暴力衝突，這實際上就是真實比賽的延長賽。敵對犯罪組織之間的戰爭，是寫實犯罪戲劇的主軸。現代政治競選很快就會轉變為兩派之間的爭鬥，這時攻擊對立的一方，要比向選民解釋為何該把票投給自己還更重要。網際網路的誕生讓這種情況變本加厲：對於他人非常在意的任何事情，你在網路上稍微批評一下或者提出少許爭議性的看法（舉例來說：《星際大戰》前傳三部曲其實沒有那麼糟），那麼在泡一杯茶的時間裡，你的信箱中就會塞滿恐嚇信。我在國際媒體平台上有部落格，所以關於這點你可以相信我。

有些人可能會認為，偏見可能是因為長期接觸到某種看法才形成的。我們並不是天生就不喜歡某些類型的人，一定是多年來的點點滴滴的不愉快，讓人的原則受到扭曲而毫無道理的怨恨其他人。不過事實通常就是這樣，而且發生的過程非常快。

在著名的史丹佛監獄實驗中，由菲利浦·辛巴度（Philip Zimbardo）領導的研究小組觀察監獄中獄卒和囚犯之間的心理變化。[38]他們在史丹佛大學的地下室中，打造了一個真實的監獄，受試者有的擔任獄卒，有的扮演囚犯。

獄卒變得非常殘酷，粗暴而且富攻擊性，敵視囚犯並且加以虐待。囚犯最後認為獄卒是神智失常的虐待狂（這種想法相當合理），因此組織起來反抗，在房間中設下障礙保護自己，而獄卒則攻破並且拆除障礙物。囚犯變得容易沮喪，經常哭泣，甚至出現由身心壓力造成的紅疹。

這個實驗歷時多久？六天，本來計畫是要進行兩個星期，但是因為情況太過惡化而中止了。要注意到，其中沒有人是真的獄卒和囚犯，全部受試者都是頂尖大學中的學生。但是當他們區分成為定義鮮明的不同群體，而且各群體有不同的目標，他們的心理狀態很快就受到了影響。人類腦部很快地認同所在的群體，在這種狀況下，行為真的就跟著改變了。

人類的腦部會讓我們對於那些「威脅」自己群體的人產生敵意，就算是微不足道的威脅也算在內。絕大多數的人在當學生的時候了解到這一點。有些不幸的人不經意違背了群體中的行為準則（例如髮型特別不同），破壞了群體的統一性，就會遭到懲罰（受到無止盡的嘲弄）。

人類不只想待在群體之中，還想成為群體中地位高的成員。在大自然中，社會中有階級和地位差別是非常普遍的，就算是雞群中也有階級，因此有「啄食順序」（pecking order）這個詞，而人類就像是最驕傲的公雞那樣汲汲營營求取社會地位，所以會「趨炎附勢」。人會想要超越其他人，希望自己看起來好或更好，在比較之下自己是最棒的。腦部的頂葉頂下葉（inferior parietal lobe）、腹側前額葉皮質、背側前額葉皮質、梭狀迴（fusiform gyrus）與舌迴（lingual gyrus），協助了這類行為。這些部位聯合起來，產生了社會地位的感覺，因此我們不但知道自己是團體中的成員，也知道自己在團體中的地位。

所以說，如果有任何人做出不符合團體認同的事情，就同時受到兩種危險：一是破壞了團體的「完整性」，另一個是讓其他成員趁這個機會而提高自身的地位，他們會惡言中傷與嘲諷漫罵。

不過呢，人類腦部非常精細複雜，使得自己所屬「團體」的概念可以非常有彈性。那可以是整個國家，這點可以從揮舞國旗的人看出來。人類甚至可以覺得自己是某個特定種族的「成員」。因為根據某些外貌特徵，很容易被歸類在某個種族中，因此那些認為自己外貌特徵很珍貴的人，很容易辨認出其他種族的成員並且加以攻擊，但是呢，攻擊者所自傲的外貌特徵，也不是自己努力掙得的。

我要聲明，我並不喜歡種族主義。

但是有許多時候，個別的人類能夠對無辜人痛下兇手。無家可歸的人、貧窮的人、遭受攻擊的人、行動不便人和病人、悲慘的難民等，得到的往往不是極需的協助，而是毀謗，這些毀謗來自於其他日子過得更好的人。這種狀況完全違背了人類的合宜舉止與基本邏輯，但為何如此常見呢？

人類非常自我中心，有任何機會都要讓腦部和自己看起來好棒棒。這也就是說我們難以同情他人，因為他人並不是自己。腦部進行決策時，幾乎絕大部分的時候都想到自己。不過腦中的一部分，主要是右緣上迴（right supramarginal gyrus）會察覺並且「矯正」這種偏見，讓我們能夠適當的展現出同情心。

也有資料顯示，在有爭議的話題或是沒有時間深入思考時，人類就比較難去同情。馬克思·普朗克研究所的塔尼亞·辛格（Tania Singer）進行了一個有趣的實驗，指出了這個補正系統的能力是有極限的。他們的實驗方式是讓兩個人觸摸各種不同質感的表面（個別觸摸的光滑或是粗糙的東西）。[39]

實驗的結果是，如果這兩個人摸到了不舒服的東西，那麼就能夠正確的展現出同情心，察覺出另一個人所感受到的情緒等。但是如果一個人摸到了舒服的表面，另一個人不是，那麼摸到舒服表面的人會嚴重地低估其他人所受到的痛苦。所以說，如果過的生活越是優渥舒適，就越不容易察覺到悲苦人們的需求與困境。但是只要我們沒有愚昧到讓最為驕縱的人來領導國家，那麼情況就應該不至於太糟。

之前提到腦部有自我中心偏誤。另一個相關的認知偏誤是公正世界謬誤（just world

hypothesis）。[40]這個理論指出，腦部天生就認為這個世界是公平公正的，好的行為會得到回報，做壞事會得到懲罰。這種偏誤有助於人類集結組成社群，因為能夠在不良行為出現之前便加以嚇阻，人們便傾向展現良善行為（並不是說人類不善良，但是有幫助）。這也讓我們有目標，因為相信這個世界上的事情是隨機發生，所有行動到頭來都沒有意義，也不會幫助你在該起床的時間起床。

但很不幸，實情並非如此。不良行為並不一定會受到懲罰，善良的人經常遭逢不幸。但是腦中的這種偏見根深蒂固，揮之不去。因此當我們看到了經歷恐怖事件的無辜受害者時，認知上的不協調便產生了：這個世界是公平的，但是發生在那個人身上的事情並不公平，腦部厭惡不協調，因此有兩個選擇：我們可以因此認為這個世界殘酷又隨機，或是認為那個受害者其實罪有應得。後面這個結論冷血多了，但是可以讓我們對於這個世界的虛假溫暖印象持續下去。所以，我們責怪遭受不幸的受害者，認為他們罪有應得。

許多研究都指出了這種效應的存在，以及呈現的方式。舉例來說，如果能夠有方法減輕受害者的痛苦，或是知道受害者之後會受到補償，那麼就不會那麼嚴厲批評受害者。如果沒有辦法幫助受害者，那麼就會更為輕視受害者。看起來非常惡劣，但這符合公正世界謬誤：受害者的狀況沒有轉好，顯然是真的受到報應，對吧？

如果受害者和自己的身分越相近，那麼我們就越會去責備。如果你看到有不同年紀、種族或是性別的人被倒下的樹砸到了，就比較容易同情。如果有人的年齡、身高、體型、性別與你相近，開的車和你的相同，然後用車撞到了房子，那個房子又和你家類似，那麼你會在毫無證據的狀況下，認為那人不是開車技術不良，就是愚蠢。

在前一個例子中，由於受害者和自己缺乏相同之處，所以我們可以覺得是隨機造成的，因為自己不會受到影響嘛！但是在第二個例子中，自己很容易就能夠帶入，腦部合理化的方式便是那個人有錯。一定是那個人犯了錯，要不然如果是隨機發生的，那麼就有可能發生在自己身上，這種念頭讓人不安。

雖然我們都希望能夠和善待人、好好互動，但是腦部似乎過於重視維持自我認同感以及內心平靜，會危害這種感覺的人事物，我們都會加以對抗。了不起！

第八章

腦部故障時期

——心智健康問題與由來

我們學到了哪些關於腦部的事情了？腦部會混淆記憶，受到影子的驚嚇，害怕無害的東西，扭曲飲食、睡眠與行動。腦部讓你相信你比真實的自已還要了不起，假造出了一半的感覺，在情緒化時做出非理性的舉動，讓你很快交上朋友，然後在下一個瞬間就加以責難。

以上種種事情都讓人擔心，但是還有更令人擔憂的。那些事情都是腦部在運作正常時所幹下的。那麼當腦部發生問題、真正的問題時，會是怎樣？這時就會出現神經疾病或是心智失調了。

神經疾病是因為中樞神經系統出現問題或是遭到實際破壞而產生的，例如海馬迴受損會造成失憶症，黑質（substantia nigra）退化導致了帕金斯森氏症。這類疾病很可怕，但是通常都有能夠確定出來的實際原因（只不過往往難以發現）。同時它們能實際的方式呈現出來，例如發生痙攣、運動障礙，或是疼痛（例如偏頭痛）。

心智失調是思想、行為和感覺出現異常，同時不一定伴隨明顯的病因。無論原因是什麼，依然是由腦部物理組成的變化所造成，只不過用物理方式觀察腦部時，看起來正常，但知道這點並沒有什麼幫助。再次隨便的用電腦來類比：神經疾病是硬體出問題，心智失調是軟體出問題（不過兩者之間重疊的地方很多，並沒有明顯的界線）。

但是要如何定義心智失調？腦部由數十億個神經元組成，彼此之間的連結有數兆個，具備成千上萬種不同的功能，並且受到數不盡的遺傳程序和經驗所影響。沒有兩個腦部是相似的，所以要怎麼才能確定誰的腦部運作正常，誰的「不正常」？每個人都有自己的怪癖毛病之類的，通常都已經納入自身與性格之中了。舉例來說，聯覺（synaesthesia）這種特徵並不會讓生活出現問題，直到自己說喜歡紫色的味道時，從周遭人等臉上詭異的表情，才會知道自己有差錯。[1]

心智失調通常會描述成某種行為或是思考模式，這些模式會造成不適與痛苦，或是危及「正常」的社會生活能力。最後這點很重要，代表了心智失調是要和所謂的「正常」加以比較，才能夠辨認得出來。而所謂的「正常」會隨著時間有很大的差異。到了一九七三年，美國精神醫學協會（Psychiatric Association）才沒有把同性戀列入心智失調中。

我們對於心智知識、療法和研究方式會持續進展，學界中的主流思維會改變，同時也會擔憂製藥公司帶來的負面影響（他們喜歡有新的疾病出現好賣藥），所以心理健康治療師持續重新評估心智失調症狀，並且重新分類。會這樣，是因為「心智失調」和「心智正常」之間的分界線真的非常模糊難辨，通常是基於社會常規而斷定的。

由於心智失調非常普遍（根據資料，將近四個人中就有一人經歷過心智失調[2]），而且心智健康問題很容易引起爭議這一點，也是顯而易見的。就算是知道有心智失調這回事（這可完全不是假設），但是沒有經歷過這種狀況的幸運者，通常會忽略或是不顧心智失調會造成傷害的本質。要如何分類心智失調也是充滿爭議的話題。舉例來說，許多人會用「心智疾病」（mental illness）這個詞，但是有人認為這個詞會造成誤導，代表「心智疾病」如同流感或是水痘那樣，是可以治療好的。但心智失調並非如此，通常並不身體出了缺損而能夠「修理」好，換句話說，也就很難指出怎樣才算「治癒」。

有些人士甚至連「心智失調」這樣的詞都強烈反對，因為那乎有不良或是損壞之意，但是其實可以看成是具備了不同的思維和行為方式。在臨床心理社群中有一大批人認為，把心智狀況當成疾病或是問題來談論與思考，本身就會造成傷害，同時敦促在討論心智狀況時，要使用更為中性或是減少造成負擔的字眼。也越來越多人反對由醫學界主導心智健康的研究方向。由於怎樣才算是「正常」本來就是反覆無常的，所以他們說的也有道理。

縱使有種種爭議，這一章還是會依照醫學界與精神治療界的看法。那是我的專業背景，同時也是最多人對於這個主題的了解方式。本章內容是一些最為常見的心智狀況例子，同事解釋腦部的運作為何未能如我們所願，使得受害者和周遭的人常常難以確認並且體察狀況的真相。

處理鬱悶

（憂鬱症和相關的錯誤概念）

「憂鬱症」（depression）這種臨床醫療狀態該有其他的名字。有一點點哀傷的人，或是真的有嚴重情緒失調的人，都可以用「憂鬱」來形容自己。這代表了人們可以把憂鬱當成小事而不顧。畢竟，每個人時不時都會感到憂鬱，對吧？總是可以克服的。我們通常只用自己的經驗來進行判斷，前面已經提到過了，人類的腦部會自動地把自己的經驗誇張與放大；他人經驗如果和自己有過的不同，便會受到輕視。

可是這並不正確。曾經悲傷過但是克服了，而因此這就認為其他人真實的憂鬱症不值得一顧，就像是自己手曾被紙張割傷就認為其他截肢的人也不值得一顧。憂鬱症是讓人哀痛的真實狀況，而「心情有些憂鬱」則不是。憂鬱症嚴重的程度可以讓那些體驗到的人最後認為唯一的選擇是結束自己的生命。

無可否認，到最後每個人都會死。但是知道這件事和直接體驗是截然不同的。你「知道」子彈擊中自己會受傷，但是並不代表你知道子彈擊中時的感覺。同樣的，我們知道自己親近的人最後會告別人世，但是真正發生的時候依然會深深傷痛。前面提到，腦部演化出能夠和他人形成密切與持久的關係，但是缺憾是當關係結束時會心痛。某人的死亡，是絕對的「結束」。

同樣糟糕的是，當親愛的人結束自己的生命時，傷痛會更深一層。我們當然無法確知，到底為什麼有人最後會相信自殺是唯一的選擇，但是不論原因為何，對於留在世上的人來說，那都是嚴重的打擊。我們應當要去了解他們。這也讓我們了解到為何人們通常對於自殺抱持負面印象：自殺的人成功的結束了自己的痛苦，但是卻讓其他許多人痛苦。

在第七章中提到，腦部會進行許多心智活動，好讓自己不要對於受害者感到抱歉，其中一種呈現形式，就是把那些結束自己生命的人，貼上「自私」的標籤。把憂鬱症患者貼上了「自私」、「懶惰」或是其他有貶低意義的標籤，是最常導致他們自殺的因素之一。這種充滿諷刺的一致性非常殘酷，可能是腦部以自我為中心的防衛機制啟動所造成的：某種精神失調可以嚴重到讓一切通通結束，如果這是可以接受的解決方案，那麼就代表了在某種程度上，自己有可能採取同樣的方案。想到就很不舒服。但是如果有人只是自溺於這種想法，或是麻木且自私的採取了行動，那就只是他們自己的問題，你並不會這樣，因此就會覺得好些。

這是一種解釋。另一種解釋是有些人就是無知的笨蛋。

很不幸，憂鬱症者和自殺者被貼上自私的標籤是極為常見的，特別是發生在僅僅稍有名氣或更有名的人身上。近來最明顯的例子是不幸去世的國際巨星與喜劇演員羅賓·威廉斯（Robin Williams）。

對於他的去世，媒體和網際網路上有許多悲痛的悼念文章，但是其中也充滿著「這樣做對家人來說非常自私」或是「其他人為了做了那麼多，你最後自殺，就是完完全全的自私」之類的評論。這些評論與意見不只來自於匿名的線上論壇，有些來自於高調的名人，或是並非以充滿同情心而出名的新聞公司，例如福斯新聞（Fox News）。

如果你曾經發表過相同或是類似的看法，我很遺憾，但是你的確錯了。腦部運作出了毛病的確是憂鬱症的成因之一，但是冷漠和錯誤訊息造成的影響也是不可忽略的。當然，人類腦部的確不喜歡不確定和不愉快，不過絕大多數的心智失調都會帶來許多不確定與不愉快。憂鬱症是一個真實而且嚴重的問題，需要同理與尊重，而不是忽視與輕藐。

憂鬱以多種不同的方式呈現。它是一種情緒失調，情緒當然受到影響，但是影響的方式有變化。有些人處於無法自拔的絕望深淵；有些人陷入強烈的焦慮，總是覺得毀滅逼近而驚惶；有些人完全不想說話，不論發生任何事都覺得空虛而麻木；有些人（主要是男性）則持續憤怒與躁動。

憂鬱症呈現的方式非常多樣，是憂鬱症病因一直都很難以了解的原因之一。有一段時間，最受歡迎的憂鬱症成因理論是單胺假說（monoamine hypothesis）。[3]這個理論是說，腦中的許多神經傳遞物屬於單胺，具有憂鬱症的人，腦中單胺的濃度似乎下降了，影響到腦部的活動，可能就導致了憂鬱症。絕大多數著名的抗憂鬱藥物能夠增加腦中可用到的單胺。目前最常與用的抗憂鬱劑是「選擇性血清素回收抑制劑」（selective serotonin reuptake inhibitors，SSRI）。血清素屬於單胺，是一種神經傳遞物，參與了焦慮、情緒和睡眠等程序，有人相信它能幫助調節其他神經傳遞物所參與的系統。因此改變血清素的濃度，可以引起連鎖反應。突觸釋放出血清素之後會把它移除，選擇性血清素回收抑制劑能夠抑制這個移除過程，使得血清素的濃度增加。其他的抗憂鬱藥物作用類似，只是作用的目標改為多巴胺或是正腎上腺素（noradrenaline）。

不過，單胺假說受到的批評越來越多，它無法解釋實際發生的狀況，而像是要修復古老的畫作，然後說「需要加上更多綠色」，雖然事實上可能確實如此，但是還不足以告訴你真的應該要做的事情。

除此之外，選擇性血清素回收抑制劑能夠馬上增加血清素的濃度，但是產生的有利效應要幾個星期後才能讓人感覺的到，其中仔細的原因到目前都還不了解（之後會提到相關的理論），這就像是把汽車空空的油箱加滿油之後，要一個月之後車子才能發動，「沒有油了」可能是原因之一，但顯然不是唯一的原因。還有，現在也沒有證據指出在憂鬱症患者中，有某個特定的單胺系統受損了，同時某些有效的抗憂鬱劑並不會和單胺系統作用。顯然憂鬱症不只由單純的化學失衡所造成。

還有其他的可能性。睡眠和憂鬱兩者之間也有關聯，[4]血清素是調節晝夜節律（circadian rhythms）的重要神經傳遞物，憂鬱症會干擾睡眠模式。在第一章中提到，睡眠受到干擾會造成問題，說不定憂鬱就是其中的一個問題。

前扣帶迴和憂鬱症也有關聯，[5]這個部位位於額葉，有許多功能，從監控心跳到預期報償、決策制定、展現同理心、控制衝動等，基本上就像是大腦的瑞士刀。研究也指出，憂鬱症患者的前扣帶迴比較活躍，解釋之一是該部位與痛苦經驗的認知有關。如果前扣帶迴負責預期報償，那麼它應該參與了愉悅的知覺，更重要的是如果沒有了愉悅，也會感覺得到。

下視丘軸（hypothalamic axis）負責調節壓力，也是受到研究的對象。[6]但有其他理論指出，憂鬱相關的機制廣泛分散在腦中各個部位，而不是集中在某些腦區。神經元具有神經可塑性（neuroplasticity），能夠和其他神經元之間新產生實際的連結，是學習以及腦中許多其他功能的基礎。具有憂鬱症的人腦中這種能力受損了，[7]很可能使得腦部難以對於負面刺激或是壓力產生反應或是加以對應。壞事發生了，但神經可塑性受損，表示腦部比較「僵化」，如同放太久而變硬的蛋糕，無法繼續前進或是陷入了負面心態中。神經可塑性受損，阻礙了處理狀況的反應能力。抗憂鬱劑增加了神經傳遞物，通常也促進了神經可塑性，這可能是它們雖然讓傳遞物濃度提高後但許久才使得病情有所改善的原因。抗憂鬱劑可能並不像是給汽車的燃料，更像是給植物的肥料，神經系統需要時間把有用的成分吸收進來。

以上種種理論或許能夠解釋憂鬱症，不過解釋的多是結果而不是成因，目前相關的研究還在進行。我們能夠確定的是，憂鬱症是真實的疾病，通常造成的傷害非常大。除了嚴重傷害了情緒，同時也會損及認知能力。許多醫生受訓以學習如何區分憂鬱症和失智症，因為在認知測驗中，嚴重的記憶問題，和完全缺乏完成測驗的動力，就測驗結果來看是相同的。治療憂鬱症和失智症的療法相差很多，加以區分顯得重要，不過通常診斷出罹患失智症的人，通常後來也會發展出憂鬱症，[8]使得病況更為複雜。

其他的測試顯示，有憂鬱症的人比較專注在負面刺激上。[9]如果讓他們看一些詞彙，他們比較注意帶有負面情緒的字眼（例如「謀殺」）而非中性字眼（「草地」）。之前提到過腦部有自我中心偏誤，代表了我們把注意力放在能讓自己覺得好的事情上，忽略負面效果的。憂鬱症則讓人剛好反過來：正面的事情受到忽略或是低估，負面的事情則百分百的接收到。因此一旦憂鬱了，就很難擺脫。

有些人是突然之間出現憂鬱症，另一些人則是在生活之中持續遭到重挫而得的。憂鬱症通常和其他嚴重的疾病一道出現，包括了癌症、失智症和身體不遂。有的時候問題接踵而至也會導致。丟了工作很糟糕，不久之後伴侶也離去，然後有親人去世，葬禮回程上被人打劫，事情來得太多以致於無法對應。腦部讓人覺得舒服的偏誤和假設，可以讓人有動機前進（因為世界是公平的，壞事不會降臨到自己頭上），但是那些偏誤和假設粉碎了。我們對於事情無法掌控，使得狀況變得更糟，不去找朋友和從事自己的興趣嗜好，甚至可能求助於酒精和藥物，那些成分可能讓人暫時放鬆，但卻進一步傷害腦部，每況愈下的狀況持續下去。

有提高憂鬱症的風險因子，會讓人更容易罹患憂鬱症。過著成功與公開的生活，不需要為錢煩惱，受到許多人崇拜，罹患憂鬱症的風險就比較低。如果住在貧困的高犯罪率地區，賺到的錢只夠餬口，同時也沒有家人的支持，那麼罹病風險就會比較高。如果憂鬱症像雷擊，那麼有些人就是在屋子中，而另外一些人在戶外的樹木或是旗桿附近，後者比較容易遭遇到雷擊。

但是成功的生活形式並不代表就不會罹患憂鬱症。知道了富裕的有錢人承認自己得到了憂鬱症，你可能說：「他們怎麼可能會憂鬱？不是要什麼有什麼嗎？」這樣的看法並不正確。抽菸代表比較容易得到肺癌，但是並非只有抽菸的人才會得肺癌。腦部很複雜，代表了許多造成憂鬱症的風險因子和人所處的狀況並沒有關聯。某些人格特質（例如傾向自己批評）或甚至是基因（已知憂鬱症牽涉到遺傳因素[10]），都會讓罹患憂鬱症的風險提高。

持續奮力對抗憂鬱是某些人成功的原因，這又是什麼狀況？擊退或是克服憂鬱，需要強大的意志力和努力，這些可以用到其他有意義的方向上。成功喜劇演員所具備的優異演技，來自於對抗內在的悲傷，是「小丑背後的眼淚」這句俗話的好例子。許多知名的創作者也有類似的狀況（例如梵谷）。憂鬱也可以帶來成功，而不只是阻礙成功。

除非天生就擁有財富和名聲，否則那些都是要歷經辛苦才能夠取的。誰知道一個人為了得到成功而犧牲了多少。如果他們到最後發現到功成名就根本不值得，又會是怎樣呢？辛苦多年後完成了目標，可能會使得生活失去目的與動力，讓人漫無目的的活著。或是在你的職業生涯注定要步步高升的時候，失去了對自己重要的人，這時會讓人覺得付出的代價太高了。功成名就在其他人看來並不是好藉口。銀行中的大筆存款敵不過造成憂鬱症的過程。就算可以，要多少錢才夠呢？有人能夠功成名就且不會生病嗎？如果是因為比其他的人有錢才不會憂鬱，那麼按照這個邏輯，地球上只有最倒楣的人才或憂鬱。

我並不是說許多富有和成功的人沒有很快樂，只是富有和成功並不保證能夠快樂。在電影界中事業有成，並不會大幅改變腦部。

認為自殺者和憂鬱者自私的人，難以了解「憂鬱並不符合邏輯」這個概念。他們好像認為如果患憂鬱症的人製作一個表格，把自殺的優點和缺點填入其中加以比較，雖然缺點比較多，但依然自私的選擇自殺。

這完全沒有意義吧。憂鬱症的一個大問題，可能是唯一的問題，就是讓你無法「正常」的思考或行動。具有憂鬱症的人，思考模式和沒有憂鬱症的人不同，就像是溺水的人無法如同在陸地上的人那樣「呼吸空氣」。我們所有感覺和體驗到的事情，都經由腦部處理和過濾，如果腦部認為所有事情都很可怕，那麼生活中的每件事情都會受到影響。從憂鬱症患者的角度來看，他們的自我價值或許非常低、外貌蒼白無力，並且當真認為自己不在這個世上之後，親人、朋友和粉絲可以過得更好，所以自殺是慷慨的行動。這個結論讓人憂傷，沒有一個思維「正常直接」的人會得到這樣的結論。

指控有憂鬱症的人自私，通常也意指他們或多或少自己選擇陷入那種狀況：他們本來可以享受生活，過得高高興興，但是卻為了自己方便而不去那樣做。但他們為何會那樣的原因卻幾乎沒有人解釋。以自殺為例，你會聽到其他人說是一種「輕鬆解脫的方式」。有許多詞可以形容那種能凌駕持續百萬年求生本能的痛苦，但顯然不會是「輕鬆」。從邏輯的角度來看，那些全都不合理，但是堅持要受苦於心智疾病的人的思考合乎邏輯，就像是堅持腿部受傷的人該正常走路。

憂鬱症不像是一般的疾病那麼明顯，或是容易受到他人的理解，因此直接加以否定有這種問題，要比接受嚴苛又無法預期的事實，來得容易多了。否定憂鬱症，可以讓自己覺得「不會發生在我身上」，但是不論如何，憂鬱症依然影響了無數的人，為了讓自己感覺良好而指控他們自私或懶惰，實際上並無幫助。這種行為其實才更像是自私。

一種極度傷害身心的疾病，經常會影響患者本身終極的存在，卻有許多人卻認為那種疾病很容易就可以克服或超越，這非常不幸。同時這也清楚了顯示出腦部對於非常注重一致性，一旦抱持了某種觀點，就很難改變。那些要求憂鬱症患者改變思考的人，在證據面前卻也拒絕改變思考，顯示出這種改變有多困難。讓人深深遺憾的是，這也使得那些受苦最深的人感覺更糟。

當自己的腦部讓你陷入這樣困境中已經夠糟糕了，如果還有其他人也對你如此，真是讓人厭惡到極點。

緊急關閉

（神經崩潰的緣由）

天氣冷的時候出門如果沒有穿外套，會感冒。垃圾食物對心臟很不好。抽菸會毀了肺臟。不良的電腦桌會讓人有腕隧道痛和背痛。舉起東西時一定要膝蓋用力。不要扳手指，否則會有關節痛。這樣的意見非常非常多。

你可能之前就聽說過那些建議，以及其他無數關於保持健康的說法。這些說法的正確程度差異很大，但是我們的行動會影響健康這一點上的確是沒有問題的。人類的身體雖然神奇，但是在物理特性和生物特性上有其極限，如果逼到了極限就會出問題。因此我們會注意吃的食物、去的地方、做的事情。如果我們的所作所為會對身體產生不良影響，那麼要怎樣才能不對複雜精緻的腦部產生負面影響？答案當然是不可能。

在現代世界中，腦部健康最大的威脅，是自古以來便有的壓力。

我們經常都會遭遇到壓力，但是如果壓力太大、來得太頻繁，就會引發問題。在第一章中，我說明了壓力會對健康實際的影響。壓力會激發腦中下視丘—腦垂腺—腎上腺軸的活動，啟動「戰或逃」反應，這時「壓力」激素腎上腺素和皮質醇會釋放出來。這些激素會對腦部和身體造成許多影響，因此長期壓力對人造長的影響是顯而易見的，包括了緊張、思路不順、暴躁、身體虛弱、精疲力盡等。這時我們常會說自己「快要神經崩潰了（nervous breakdown）」。

「神經崩潰」不是正式的醫學或是精神診療名詞，並沒有如字面所說的那樣，神經系統衰弱了。有些人用「心智崩潰」這個詞，基本上比較正確，但依然屬於口語。不論是哪一種說法，絕大部分的人都能夠了解其中含意。神經崩潰的人已經無法處理高壓力的狀況，就是「斷線了」，如同「停機了」、會「退縮不前」、「分崩離析」、「無能為力」等。這代表一個人的心智無法如平常時那樣運作。

神經崩潰造成的感覺，在不同的人之間差異很大。有些人覺得悽慘憂鬱、有的人極度焦慮恐慌，有些人甚至會出現幻覺和精神病。因此說神經崩潰是腦部的自衛機制，可能就會讓人覺得驚訝了。神經崩潰雖然不舒服，但可能對腦部有幫助。

物理治療雖然辛苦不舒服，讓人力竭，但是當然是比沒有進行治療要來得好。神經崩潰可能也一樣，而當你想到神經崩潰是由壓力造成時，這個比喻就更有道理了。

我們知道腦部在有壓力時的狀況，但是為何有些事情會讓人產生壓力呢？在心理學中，造成壓力的事物稱為壓力源（合理）。壓力源會削弱個人的控制權。有控制權會讓人感覺安全有保障，而實際控制了多少東西並不重要。基本上，每個人都只是一推無意義的碳集合體，住在一顆巨大的岩石上。這顆大岩石位於冷漠的虛空中，繞著巨大的核融合火球運行，只不過這個圖象過於巨大，人類無法察覺而已。但是我們能夠要求用豆漿來做拿鐵咖啡，這可是實實在在的控制權。

壓力源會使得行動時能夠有的選擇減少，如果讓你無能為力，那麼產生的壓力就更大了。下雨時雖然有雨傘但是還是令人厭煩，但是如果下雨時沒有雨傘又被鎖在門外呢？壓力很大。頭痛或是感冒的時候，有藥可以吃，能夠減緩症狀，但是慢性疾病會引起很大的壓力，因為通常我們對疾病無能為力。慢性疾病持續造成許多不快，無法避免，處於這種狀況中，壓力極大。

壓力源也會造成身體疲勞。不論是睡過頭得瘋狂奔跑趕火車，或是在最後期限完成任務，處理壓力源（以及相關的後果）需要能量和心力，消耗你儲備的資源，進一步提高壓力。

不可預期性也會造成壓力。舉例來說，癲癇發作的時間時無法預料的，任何時刻都有可能，因為不可能提出有效的對策，這種狀況產生的壓力很大。當然也不限於健康時的狀況。和情緒變化很大或是行動沒道理的伴侶一起生活，如果你把咖啡罐誤放到別的櫃子，你的愛人就會發脾氣和大吵大鬧，這也會造成很大的壓力。那些狀況都帶來了不可預期性和不確定性，讓人時時緊張不安，擔心壞事情會發生，這就造成壓力。

並非所有的壓力都會傷害身心，絕大多數的壓力都是可以好好處理的，因為我們有補償機制（compensatory mechanism）去抵銷壓力反應的作用。皮質醇的釋放會停止，副交感神經系統會啟動，讓人回到放鬆的狀態，能量儲備也會補充，繼續過日子。但是在現代這個錯綜複雜的世界中，有很多時候壓力很快就會大到讓人擋不住。

一九六七年，湯瑪斯·霍姆斯（Thomas Holmes）和理查·拉赫（Richard Rahe）接觸了數千名病患，詢問他們的生活經驗，以便建立壓力和疾病之間的關聯。[11]他們成功了，基於取得的資料，設計了霍姆斯與拉赫壓力量表（Holmes and Rahe Stress Scale），其中各種不同事件會有個「生活改變單位」（life change unit）。生活改變單位數值越高的事件，造成的壓力越大。如果指出在最近一年中經歷過哪些列入量表中的事件，就可以算出生活改變單位的總和分數。得分越高，就越容易因為壓力而生病。在事件中分數最高的是配偶死亡，為一〇〇分，個人受傷是五十三分，遇到搶劫是四十七分，有法律上的麻煩事是二十九分等。讓人意外的是，離婚分數為七十三分，坐牢只有六十三分。從某方面來說，愛情真奇怪。

沒有收錄在量表中的事件也可以帶來很大的壓力。車禍、牽涉到暴力犯罪、發生重大悲劇，這些都能夠帶來「急性」壓力，光是其中一件所帶來的壓力就大到難以忍受。這些事件出乎預料，而且又會造成創傷，因此一般的壓力反應就如同電影《搖滾萬萬歲》（*Spinal Tap*）中所說的「調高音量」。「戰或逃」反應讓身體的能力推到極限（你通常會看到經歷嚴重創傷的人身體會不受控制的顫抖），而對於腦部造成的效應，讓這種極端的壓力狀態難以恢復到正常。突然大量分泌的皮質醇和腎上腺素暫時讓記憶力增強，產生了「閃光燈記憶」。從演化的角度來說，那是有用的機制，如果造成嚴重壓力的事件發生了，我們絕對不希望再次體驗，因此受到極高壓力的腦部會把這個事件盡可能清楚而又仔細的記憶下來，這樣就不會忘卻而再次遭遇到。很有道理，但是極度壓力經驗也有副作用：記憶太鮮明而且一直很鮮明，讓人反覆體驗到創傷事件，就像反覆發生。

在看到太亮的東西時影像會持續出現在視野中，原因出於光線太強了，把影像「燒錄」到了視網膜上。那種記憶也是如此，但是並不會逐漸淡去，而是一直持續，畢竟是「記憶」。這就是重點，記憶和原來那個事件，造成創傷的能力幾乎相同。腦部系統為了防止創傷再次發生，而讓創傷再次發生。

鮮明記憶所帶來的持續壓力，通常會讓人麻木或是疏離，離開其他人，遠離各種情緒，甚至遠離現實。這看起來似乎是另一種腦部自衛機制。生活中壓力太大，好，那就「關機躺平」。這在短時間內有用，但是並非好的長期策略，會讓所有認知機能和行為機能受到損傷。創傷後壓力症候群（Post-Traumatic Stress Disorder，PTSD）是這種狀況下最為人熟知的後果。[12]

幸好，絕大多數人不會經歷到嚴重創傷，因此壓力是在暗中鬼鬼祟祟的搞破壞，也就是慢性壓力。在這個狀況下，一個或多個壓力源持續的時間會比創傷來得久，對人造成長期的影響。要照顧生病的家人、有個獨裁暴虐的上司、永無止盡的交稿日期、長期貧困而於法償還債務等，都是長期壓力源*。

這很糟，因為在長時間中，會有太多壓力源出現，處理壓力的能力就會受損，這時「戰或逃」機制本身就變成了問題。造成壓力的事件結束之後，通常身體需要二十到六十分鐘恢復平常的狀態，因此壓力可以持續滿長一段時間。[14]不再需要「戰或逃」反應時，抗衡這種反應的副交感神經系統會啟動，消除壓力造成的效果。長期壓力源使得壓力激素持續釋放到全身，副交感神經系統會被掏空，不論就身體層面還是心智層面，有壓力就成為了「正常」。壓力激素不再是需要的時候才用來調節，而是時時都存在，人就一直處於敏感狀態中，容易焦躁緊張、不易專注。

我們無法從內在反制壓力這件事，代表了會去找尋從外界釋放壓力的方式，但是可以預料到，通常會讓情況更為惡化，這種狀況稱為「壓力循環」（stress cycle）：舒緩壓力的方式反而造成的更多壓力與不良後果，結果越是想減少壓力，卻又造成更多問題，如此持續下去。

舉例來說，你的新上司給你的工作份量超過了合理的範圍，這會造成壓力。但是這個上司並不接受合理的討論，因此你工作的時間變長。你花在工作上的時間增加，受到壓力，而且是長期壓力。不久你就開始吃更多垃圾食物和酒，好釋放壓力，可是你的健康和精神

＊絕大多數人在工作場合中感到壓力，這很奇怪。給員工壓力應該會使生產力打折扣，不過壓力實際上能夠增加員工表現和生產力。許多人說在期限之前工作表現比較好，或是在壓力之下有最佳表現。這並不是胡亂吹牛。一九〇八年，心理學家葉克斯（Yerkes）與杜德森（Dodson）發現，壓力狀態的確會讓人在任務中的表現提升。[13]想要避免不良後果、害怕受到懲罰，以及其他原因，讓人有動力並且精神更集中，使得工作能力提高。

但是壓力只能高到某個限度，超過了之後會使得表現下滑，然後壓力越大、表現就越差。這種現象稱為葉克斯─杜德森定律（Yerkes-Dodson law）。許多老闆都出於本能了解這個定律，但是只了解一部分，對於「壓力太大讓表現下滑」這部分並不了解。壓力像是鹽：能夠讓食物變得美味，但是放太多了會毀了口感、味道和健康。

狀態卻受到負面影響（垃圾食物讓人發胖，酒精讓人憂鬱），這使得你受到的壓力增加，讓你更無法承受後來的壓力。所以你受到的壓力越來越大，如此循環不止。

有多種方式可以阻止壓力持續增加（調整工作份量、改善生活型態、醫療協助等），但是對很多人而言就時無法辦到。所以每件事情堆在一起，最後超過極限，腦部基本上只能投降，就像是保險絲在電力過載之前會燒斷，持續增加的壓力（與相關的不良健康後果）會嚴重傷害腦部與身體，到頭來，腦部基本上就停止幹任何活了。許多人認為，腦部引發了神經崩潰，以阻止壓力增加，避免永久性傷害的出現。

「有壓力」和「壓力太大」之間的界線難以清楚劃定出來。在「素質—壓力模型」（diathesis-stress model）中，「素質」代表了「易受損性」（vulnerability），指的是比較容易受到壓力的傷害，在比較小的壓力下就會超過極限，完全崩潰而出現心智失調，也就是有些人稱之的「發作」（episode）。有些人比較脆弱，例如處境或是生活比較艱難的人、容易偏執或焦慮的人，具有強烈自信的人也可能很快就崩潰（自信強烈的人如果因為壓力而失去掌控的能力，整個自我感都會崩塌，這件事本身就會帶來龐大的壓力。）

神經崩潰呈現出來的樣貌也各有不同。有些人本來就有處於憂鬱或是焦慮的狀況（或是容易出現這類狀況），那麼壓力過大的時候就容易造成憂鬱或是焦慮。課本砸到腳趾頭很痛，但是如果砸到已經骨折的腳趾頭，會痛得不得了。對有些人來說，壓力造成情緒直直下墜，讓人無法有所作為，形成了憂鬱症。對於有些人來說，持續的擔憂和長久的壓力事件，引發了傷害身心的焦慮或恐慌發作。因為壓力而釋放的皮質醇也會影響腦部的多巴胺系統，[15]使這個系統更為活躍與敏感。科學家相信，多巴胺系統中不正常的活動，是精神疾病和幻覺的背後成因，有些神經衰弱的人的確會出現精神疾病發作。

幸好神經崩潰通常持續的時間並不長。醫學或心理治療的方式也大多能夠讓人恢復正常，有的時候強制終止壓力也有幫助。當然，並不是每個人都認為神經崩潰是好事，也不是每個人的崩潰狀態能夠結束。對於壓力和逆境比較敏感的人，通常更容易再次出現神經崩潰。[16]但是他們至少還能夠恢復正常或是比較正常的生活，因此在壓力無止無盡的世界中，神經崩潰有助於阻止持續性傷害的產生。

許多由神經崩潰幫忙限制住的問題，本來就是腦部處理壓力時產生的。而在現代生活中，似乎常常過於負荷。腦部經由神經崩潰來緩衝壓力造成的損害，就像是感謝幫忙來家救火的人，而那些人其實就是沒有關瓦斯爐的人。

處理在背的芒刺

（腦部為何會成癮）

一九八七年在美國，電視上出現了一個宣傳毒品危害的電視廣告，其中出人意外地使用了雞蛋當例子。影片中出現雞蛋，旁白說「這是你的腦子」，接著出現一個平底鍋和字幕「這是毒品」，接著用平底鍋煎雞蛋，配合的字幕是「這是你受藥物影響的腦子」。從宣傳的角度來看，這個廣告非常成功，不但得獎，而且在現在的流行文化中，依然受到許多仿效（老實說是玩梗）。從神經科學的角度來看，這是個糟糕的宣傳活動。

毒品不會把腦部加熱到讓組成腦部的蛋白質結構都受到破壞。同時，也幾乎沒有哪一種毒品能夠像平底鍋對付雞蛋那樣，同時作用在腦的所有部位。最後，毒品對於腦部作用時，並不需要把外殼（頭顱）先去除掉。如果要，那麼毒品就不會如此大受歡迎了。

我並不是說毒品對腦部會是有益的，而要表示實際狀況要比煎雞蛋的比喻來得複雜得多。

非法藥物一年的交易額估計約為五兆美元，[17]許多國家都花了大筆經費，用於找出並銷毀非法藥物，並且抑制非法藥物的使用。許多人認為毒品是危險的，會讓使用者墮落，傷害健康並且毀了生活。這些說法都很對，因為毒品往往會造成前述那些效果，而且效果強大到能夠改變與操控腦中的基本程序，造成的問題包括成癮、依賴、行為改變等，全都是因為腦部和藥物之間的交互作用所造成的。

第三章提到了中腦邊緣多巴胺路徑。這個系統通常有「報償路徑」或是其他類似的名稱，因為它的功能顯而易見：為能夠帶來正面感覺的行動提供報償：愉悅的感覺。如果我們體驗到愉快的事物，從一個特別美味的橘子，或是在臥室中某些活動進行到高潮，報償路徑都會引發一種感覺，讓我們會想：「喔，真爽！」

吃進去的東西可以啟動報償路徑。營養成分和水分減緩了食慾，並且提供能量，食物會有這種讓人愉快的效果，是因為對身體帶來的益處啟動的報償路徑。舉例來說，糖分是身體很容易就能夠利用的能量形式，所以吃甜食讓人覺得愉快。個人所處的狀況也有所影響：一杯水和一片麵包通常會當成是無聊的餐點，但是如果在海上漂流了幾個星期後才回到陸地，就會被當成是至高無上的美味。

那些事物絕大部分是讓身體產生反應，腦部認為這種反應是好的，進而啟動報償路徑，屬於「間接」的方式。毒品的優勢以及危險之處，在於能夠「直接」啟動報償路徑。「身體要一些由腦部確認的正面事情發生」這樣冗長的程序就完全跳過了，像是銀行行員不需要填寫帳號和戶名就可以拿到一筆錢。為什麼能這樣呢？

在第二章中提到神經元之間會經由特定的神經傳遞物溝通，包括了正腎上腺素、乙醯膽鹼、多巴胺、血清張力素。神經傳遞物的工作是讓神經迴路或是網絡中的神經元能夠傳遞訊息。神經元會把神經傳遞物釋放到突觸（神經元之間結構複雜的特殊縫隙，神經元之間藉由這種構造彼此溝通）。在突觸中的神經傳遞物會和特定的受體互動，就如同特定的鑰匙才能開特定的鎖。和傳遞物互動的受體類型與特性，決定了之後會發生的事情。神經元可以發出刺激，像是打開了電燈開關，活化腦中其他部位。也可以產生抑制效果，讓相關聯的部位活動減少或是停止。

但是假如那些受體對於特定的神經傳遞物配合的並沒有那麼「準確」。如果其他的化合物能夠模仿神經傳遞物，直接就和特定的受體發生交互作用，那會怎樣？如果這種事情可以發生，我們便可以用這種化合物來進行人為操控腦部的活動。其實，我們經常做這種事情。

有數不盡的藥物是和細胞上的受體作用。促效劑（agonist）能夠刺激受體啟動並且引發活動。舉例來說，治療心跳緩慢或是不規則的藥物，通常具有模擬腎上腺素的成分，能夠調節心臟活動。拮抗劑（antagonist）能夠和受體結合，但是並不會引起任何活動，而是封住了受體，像是用皮箱擋住了電梯的門，讓受體不會和真正的神經傳遞物結合，這樣就不會啟動了。抗精神病藥物（antipsychotic medication）的功能通常是封住某些多巴胺受體，因為異常的多巴胺活性往往和精神病症狀有關。

如果我們實際上沒有做任何事的情況下，用化合物以「人為方式」能夠引發報償路徑的活性，那麼這種化合物可能會非常受到歡迎。受歡迎到人類實際上採取了極端行為來得到那些化合物，這就是絕大部分濫用藥物者所做的事情。

由於有利於自己的事情實五花八門，因此報償路徑中含有各式各樣的連結和受體，代表了能夠讓它產生反應的成分也會是非常多樣，包括了古柯鹼、海洛因、尼古丁、安非他命，還有酒精，這些都能夠激發報償路徑，引起不合理又無法抵抗的愉悅感。報償路徑本身利用多巴胺執行功能，因此許多研究顯示藥物濫用會使得報償路徑中多巴胺傳訊活動增加。這也是人們「享受」那些藥物的原因，特別是能夠模擬多巴胺功效的藥物（例如古柯鹼）。[18]

強大的腦部讓我們聰明到，很快就能夠發現有些東西能夠引發愉悅感，很快的決定要來更多一點，又很快的能想出辦法搞到手。幸好腦中也已經有更為先進的區域，能夠緩解或是壓抑「用這種東西感覺真好，一定要多來點」這種衝動。我們目前還沒有很了解這種衝動控制中心，但是很可能位於前額葉皮質，這個部位負責了許多複雜的認知功能。[19]不論如何，衝動控制讓我們能夠有所約束而不致於毫無節制，並且了解到陷入純粹享樂主義之中並不是好主意。

另一個影響因素是腦部的可塑性和適應能力。毒品會使得某種受體過度活躍，而腦部的反應是抑制那些由受體刺激的細胞，或是直接讓受體關閉起來，另一個方式讓受體的數量要加倍才能夠引起反應。不論用哪一種方式，都代表了重新恢復到「正常」狀態。這個過程是自動產生的，並不會區分藥物和神經傳遞物。

想像在一座城市要舉辦大型演唱會。城市中原本的設施足以應付日常活動，但是突然間數千名興高采烈的人抵達，日常生活馬上就會陷入混亂。市政府的應對方式是增加警察與維安人員、封閉道路、加開公車、酒吧提早營業並且延後打烊。那些激動的演唱會觀眾是藥物，城市就是腦部，活動過多的時候，防護措施就會啟動。腦部適應了某種藥物之後，這種藥物引起的效果就沒有原先那麼強烈了。

但是問題在於，藥物唯一的作用就是增加（報償路徑的）活動，如果腦調適了而阻止了藥物的作用，那麼就只有一個解決方案：更多的藥物。需要提高劑量以帶來相同的感覺？這就是你會採取的步驟。然後腦部又適應了，所以你需要的劑量又得提高了。可是腦部會再度適應，如此反覆持續下去。很快，你的腦部和身體對於藥物的耐受性極高，這時你使用的藥物劑量如果讓從來沒有嘗試這種藥物的人吃了，可能真的會死人。但是這樣的劑量只會帶給你第一次用這種藥物時的興奮感。

這是戒除藥物會如此難受的原因之一。如果你長期使用某種藥物，戒除就不是意志和克制的問題，而是你的身體和腦部已經非常習慣藥物的存在，已經發生了實際的改變，好接納藥物。突然移除藥物會造成嚴重的後果。戒除海洛因和其他鴉片類藥物就是很好的例子。

鴉片是非常強效的止痛劑，它能夠刺激腦中腦內啡（天然止痛劑，能夠引起愉快感覺的神經傳遞物）和疼痛處理系統，讓人產生強烈的喜悅感。但很不幸，疼痛的存在本身有其意義（讓我們知道身體受傷或受損），因此腦部回應的方式是增強疼痛偵測系統，讓鴉片帶來的愉悅感煙消雲散。這時使用鴉片的人會讓劑量提高，好壓抑疼痛偵測系統，但是腦部又會加以強化，如此持續下去。

然後沒有鴉片類藥物了，使用者失去了能夠讓自己極度平靜與放鬆的東西，剩下的只有超級強化的疼痛偵測系統。它們的疼痛系統活性之強，足以切除鴉片帶來的興奮感，在正常的腦中會造成極度的痛苦，因此用藥者會經歷禁斷時期。其他受到藥物影響的系統也有類似的改變，因此戒除藥物很痛苦，同時也很危險。

藥物引起的生理變化已經夠糟糕了，但是糟的事情還不只如此，腦部的變化也造成行為改變。你可能會認為，藥物造成了許多痛苦的後果，以及對於藥物的需求，從邏輯上來說足以讓人停止使用藥物。不過，使用藥物最先遭殃的受害者中，就包括了「邏輯」。腦部有些部位可能會讓人對藥物有耐受性，並且維持正常的功能。但是腦中的部位太多樣了，另外有些部位同時也會運作，以確保我們能夠繼續得到藥物。舉例來說，有能夠和耐受性完全相反的作用，壓制了適應系統，[20]讓藥物使用者對於藥物的效果非常敏感，藥物的效果因此變得更強，逼得人求取更多藥物，這是導致成癮的原因之一*。

還有其他程序牽涉其中。報償路徑和杏仁核之間的聯繫，讓所有和藥物有關的事物都會引起強烈的情緒反應，那些事物也稱為「藥物提示」（drug cue），[22]包括了你的菸管、針筒、打火機，以及藥物的味道等，都能引起情緒、造成刺激。也就是說，光是從和藥物相關的事物就能夠讓用藥者直接體驗到藥物所引發的效果。

海洛因癮可以當成另一個不幸的例子。治療海洛因癮的藥物之一是美沙冬（methadone），這是另一種鴉片類藥物，效果類似但是效力比較低，理論上能夠讓用藥者逐漸減少使用，同時不會有戒斷症狀。美沙冬投藥的方式只能用吞的（看起來像是可疑的綠色感冒糖漿），海洛因往往都是用注射的。由於海洛因效力非常強，使得腦部對於海洛因的注射和效果之間建立了密切的聯結，光是注射這個動作，就足以讓人興奮。曾有毒癮者假裝喝了藥，之後吐出來用針管注射。[23]這個行為非常危險（光從衛生這件事看來就夠危險了），但是從藥物扭曲腦部的程度看來，施藥方式和藥物本身幾乎一樣重要。

藥物持續刺激報償路徑，也會改變理性思考與行動的能力。報償路徑和負責意識思考的額葉，兩者間的介面改變了，因此取得藥物行為的優先順序，會放在正常時更重要事物之前（例如保有工作、遵守法律、洗澡等）。相較之下，對藥物負面後果（受到逮捕、共用針頭而得到麻煩疾病、遠離朋友與家人等）的困擾與憂慮，則受到打壓。毒癮者對於世俗財產的損失能夠漠不關心，而反覆頂著風險要再打一針。

使用大量藥物所帶來最嚴重失調，可能是前額葉皮質和衝動控制部位的活動受到抑制。腦部的這些部位會說「別這麼幹」、「這不聽明」或「你會後悔」等，但是它們的影響力

---

*要澄清一下，除了藥物之外，人類還能對其他事物成癮，包括了購物、電腦遊戲，任何能夠讓報償路徑活躍程度高於平常的都可以。賭癮是一種特別糟糕的癮。花少少的心力就能夠得到大筆金錢，是非常高的報償，而一旦成癮將很難戒除。通常要很長一段時間腦部沒有受到報償，才能夠讓腦不再預期，但是在賭博中，長時間沒有贏錢是很正常的，在此同時還一直都在輸錢。[21]所以，難以說服賭徒賭博很糟糕，因為他們早就完全了解這一點了。

減弱了。自由意志可能是人類腦部最重大的成就之一，但是如果腦部受到藥物帶來的愉悅感，自由意志就放水流了。[24]

還有其他的壞消息。由藥物造成的腦部改變或是相關連結，不會在停止用藥以後就消失。藥物只是「沒再使用」而已。腦中的改變與連結多少會消退，但是可以非常持久，不論間隔多久，當只要在使用藥物時，馬上就會回來。這是毒癮會輕易復發的原因，是非常大的問題。

人們最後為何會經常使用藥物的原因，差異非常大。有些人生活在荒涼貧困的地區，只能藉由藥物才能夠暫時脫離現實，得到解脫。他們可能有未診斷出來的心智疾病，最後只好嘗試用藥物「自我治療」，好減輕每天遭受到的問題。有人也相信使用藥物的效果會受到遺傳影響，可能是因為有些人腦部的衝動控制區域發育得比較不完全，或是效能不足。[25]在有機會得到新的體驗時，每個人或多或少都會想：「最糟能有多糟？」但是很不幸，有些人腦中缺乏另一些能夠詳細解釋有多糟的部位。這可以解釋為何有許多人對於藥物淺嚐輒止，不受動搖也不再使用，而有些人只嘗試一次就深陷其中。

不論原因或是一開始的決定是什麼，一旦有了由專業人士所確認的成癮，不僅僅是要被批評或是譴責的，而是該被加以治療的情況。大量使用藥物會使得腦部產生驚人的改變，其中有許多改變彼此衝突。藥物似乎會讓腦部對自己產生長時間的爭鬥損耗，而藥癮者所過的生活就是戰場。對自己而言這是非常可怕的事情，但是藥物會讓你不在乎這一點。

這是藥物對腦部造成的影響，顯然用雞蛋是很難好好傳達這些內容的。

當現實受到高估

（幻覺、妄想，以及他們在腦中形成的方式）

心智健康問題中最常出現的一種是精神疾病（psychosis），在這種狀況中，患者分辨真實與否的能力消失了。最常呈現出來的症狀是幻覺（感受到實際上並不存在的事物）或是妄想（堅定相信某些顯然是不真實的事物），以及其他行為和思維的崩壞。這些情形會發生，讓人深深感到不安：要如何才能應對失去了掌握現實的狀況？

掌握現實的能力是不可或缺的，但是負責這個能力的神經系統非常脆弱，令人擔憂。這一章到目前為止所提到的內容，包括了憂鬱、藥物與酒精、壓力和精神崩潰，最後都能讓腦部負荷過重而產生幻覺與妄想。失智症、帕金森氏症、雙極性疾患（bipolar disorder）、睡眠不足、腦部腫瘤、人類免疫不全病毒（ＨＩＶ）、梅毒、萊姆病、多發性硬化症（multiple sclerosis）、異常低血糖、大麻、安非他命、K他命、古柯鹼等，也會讓人產生幻覺和妄想，有些狀況和精神病非常類似，稱為「精神患疾」（psychotic disorder），其中最為人所知的是思覺失調症（schizophrenia，舊稱「精神分裂」）。要說明清楚的，其中的「分裂」不是指人格分裂，而是指個人與現實之間「分裂」了。

精神病經常讓人感覺到有人在摸自己但事實上沒有、聞到或是嘗到沒有接觸到的東西，最常出現症狀是聽覺幻覺，也就是「聽到有人在說話」。這類幻覺有幾種類型。

第一人稱聽覺幻覺是「聽到」自己的想法，這些想法好像是從其他人的口中說出來的。第二人稱聽覺幻覺是聽到有不同的聲音在對自己說話。還有第三人稱聽覺幻覺，這是聽到一個或多個聲音在談論你，一直評論你的所做所為。那些聲音可以是男性或是女性，熟人或陌生人的、友善或批評的。如果是後者（通常都是），就屬於「貶損幻覺」（derogatory hallucination）。幻覺的性質有助於診斷，舉例來說，如果一直有來自第三人的貶損幻覺，病因應該就是思覺失調症。[26]

幻覺是怎麼發生的？但是要研究起來很棘手，因為你需要有人在實驗室的時候剛好幻覺發作。幻覺通常無法預測什麼時候會發生，如果有人能夠隨自己的意思開啟和關閉幻覺，那麼幻覺本身就不會造成問題。不過相關的研究還是很多，主要集中研究思覺失調症者的聽覺幻覺，這種幻覺往往會一直持續。

說明幻覺發生的最主流理論，把焦點放在腦中的某些複雜過程，這些過程的功用是區分由外界刺激造成的神經活動以及腦中自發的神經活動。腦中總是有各種活動，思考、冥想、擔憂等，全部是由腦中活動產生，也會讓腦中產生活動。

通常，腦部能夠好好區分內在的活動和（經由感覺資訊造成的）外來活動，像是電子郵件信箱可以分成收件匣和寄件匣。理論指出，如果這種區分的能力消失了，便會產生幻覺。如果你不小心把所有的電子郵件都放到一個檔案夾中，就知道會有多麼混亂，再想想這樣的事情如果發生在腦中會怎樣。

也就是說，腦部不曉得哪些是內在活動，哪些又是外來活動，而且腦部本來就不擅長區分。在第五章中提到，眼睛被蒙上的人，吃到蘋果和馬鈴薯時難以分別出來。腦部「正常」時都已經這樣了。在幻覺出現的時候，區分內部活動和外部活動的系統就像是蒙上了眼睛，因此讓人感覺內心的獨白像是有人真的在說話。因為內心在思考，或是聽到有人說話，都會讓聽覺皮質和相關的語言處理部位活躍起來。實際上，有許多研究指出，持續的第三方聽覺幻覺和那些區域中灰質體積的減少有關。[27]灰質進行程序處理，也就是說區分由內產生活動與外來產生活動的能力降低了。

這個說法的證據來自意想不到的動作：搔癢。絕大部分的人無法對自己有效的搔癢，為什麼辦不到呢？從感覺來說，不論誰來搔癢都是一樣的，但是如果經由意識自己給自己搔癢，需要神經活動，腦部會知道這個活動從內在發出的，因此處理方式不同。腦部的確察覺到搔癢，但是內在意識的活動已經事先知道了這件事，因此就忽略過去。這是個很有用的例子，顯示出腦部區分內在與外來活動的能力。倫敦大學學院威康認知神經影像學中心（Wellcome Department of Cognitive Neurology）的教授沙拉—珍妮・布雷克摩爾（Sarah-Jayne Blakemore）和同事，研究了精神病患者對自己搔癢的能力。[28]發現到和非患者相比，有過幻覺的患者對於自己搔癢要敏感得多，代表了區分內在刺激和外來刺激的能力消失了。

這是個有趣的研究（但並非是毫無瑕疵的研究），但是請注意，能夠把自己搔癢，並非就直接代表有精神病。人類之間的差異非常大，我妻子的大學室友就能夠把自己搔癢，但是從來都沒有精神疾病方面的問題。不過他長得很高，或許是受到搔癢處發出的神經訊息，要經過很長的路徑才能抵達腦部，因此腦部忘記了曾發出搔癢指令？＊

神經造影研究讓人提出其他關於幻覺產生的共通理論。二〇〇八年，保羅・艾倫（Paul Allen）博士和同事收集了大量的證據，[29]提出了一個複雜（但是非常符合邏輯）的機制。

正如你所知，腦部區分內在事件和外來事件的能力，是由多個區域共同活動而展現的。

其中有在皮質之下的基礎部位，主要是轉送原始感覺資訊的視丘，這些資訊最後會傳送到感覺皮質（sensory cortex），那是一個集合詞彙，代表了各個處理感覺的區域（視覺皮質處理視覺、聽覺和嗅覺在顳葉中處理等）。這些皮質通常還區分為主要感覺皮質和次級感覺皮質。主要感覺皮質處理刺激的原始特徵，次級感覺皮質處理細節並且加以辨認（舉例來說，主要感覺皮質會辨認特定的線條、邊緣和顏色，次級感覺皮質會辨認出是一輛巴士來了，兩者都很重要）。

負責決策和思維功能的前額葉皮質，連接到感覺皮質、負責產生與監控意識運動的前運動皮質（premotor cortex）、控制與維持細微動作的小腦以及其他有類似功能的部位。那些部位通常負責決定意識動作，所提供出來的資訊是產生內部活動所必需的，就如同搔癢的狀況。海馬迴和杏仁核會把記憶和情緒也加進來，因此我們能夠記起來現在的感覺並且產生適當的反應。

這些彼此連結的區域所產生的活動，讓我們有能力區別外在世界和頭顱裡面的活動。

＊這當然不可能。我在學生時期想出了這個理論。那時候我非常傲慢，會有些荒謬的狂想，而不願承認自己無知。

有東西影響了腦部使得連結改變時，就會產生幻覺。次級感覺皮質的活動增加，代表內在過程所產生的訊息比較多、影響力比較大。與前額葉皮質、前運動皮質等連結的活動減少，讓腦部難以辨認出種種資訊是否是由內部產生的。科學家認為，那些區域負責監控外在／內在區別系統，確保真正的感覺資訊會受到適當的處理。當這些區域之間的連結失效，意味著有更多內在產生的訊息會被當成「真的」來感覺。[30]

上面種種狀況加在一起，產生了幻覺。你買了一套珍貴茶具，並且讓自己的小小孩拿著走出店家，你可能認為這件事「實在太蠢了」，這通常是由內在過程得到的結論。但是如果你的腦部無法區別出這是來自於前額葉皮質的想法，那麼在語言處理區產生的活動就可能會被認為是他人說出的話。杏仁核異常的活動，代表了和這句話有關的情緒也不會受到抑制，結果就會是你「聽到」非常嚴厲批評聲音。

感覺皮質涉及到每件事情，而內在活動和任何事都有關，也就是說，各種感官都可以出現幻覺。腦部在毫無所知的狀況下，把這種異常的活動都納入知覺程序中，最後讓人感覺到有非現實的可怕事物。人類分辨真實與非真實的網絡系統分布得很廣，也就很容易受到各種因素的影響，所以精神病患者出現幻覺是稀鬆平常的事。

妄想是相信顯然不真實的事情，也是精神病的另一個常見特徵，也和區分真實與非真實的能力受損有關。妄想有許多類型，例如自大型妄想（grandiose delusion），也就是相信自己比實際上還要偉大（雖然只是在鞋店中打零工，卻認為自己是世界頂尖的商業天才）。比較常見的是被害妄想（persecutory delusion），這是相信自己受到無情的迫害（遇到的每個人都參與了綁架自己的陰謀）。

妄想的多變和詭異程度，堪比幻覺，但是通常更難以處理。妄想往往非常「牢固」，而且會頑抗牴觸到妄想內容的證據。要說服某人聽到的聲音並非真實的，比較容易。要說服妄想的人沒有每個人都想要和他作對，就困難多了。幻覺是分辨內在活動和外在活動的系統出問題。科學家相信，妄想是因為腦部詮釋實際發生和應該發生的系統出了問題。

任何時候，腦部都得要處理大量資訊，要有效率的完成這件事情，腦部在心智中要對這個世界應該運行方式，建立一個模型。信仰、經驗、預期、假設和計算等，全部都會集合起來，持續讓人了解目前發生的狀況，我們不需要每次都思考，就能夠預期要發生的事情，以及反應的方式。這樣周遭世界發生的事情才不會總讓自己嚇一跳。

你在路邊走著，一輛巴士在你身邊停下來，你沒嚇到，因為你的心智世界模型知道那是巴士，而且知道巴士的運作方式，你知道巴士停下來是為了要讓乘客上下車，所以你忽略這件事。不過如果巴士在你家門口停車而且沒有再開了，這就不尋常。你的腦部現在收到了新鮮又陌生的刺激，需要加以思考，好更新心智世界模型，讓這個模型能持續適用。

所以你加以探究，發現巴士拋錨了。但是在你發現真相之前，已經想到許多可能的原因。巴士司機在暗中監視自己？有人買了一輛巴士給你？你還不知道家門口設了個巴士站？腦部會出現各種解釋，但是又會認為那些事情不太可能發生，心智模型會模擬事物運作方式，從模型來判斷，那些原因都可以拋到九霄雲外。

當這個系統變了樣的時候，便會產生妄想。卡普格拉妄想症（Capgras delusion）是一種著名的妄想，患者打從心底相信某個自己親近的人（伴侶、雙親、手足、朋友、寵物），是另一個長相一模一樣的人所冒充的。[31]通常看到喜歡的人，會產生許多記憶與情緒：愛情、親情、喜歡、沮喪、憤怒（依照關係持續的時間長度而定）。

但是如果你看到伴侶時，那些情緒反應都沒有產生時會怎樣呢？額葉部位受損就會造成這種狀況。你的腦部基於記憶和經驗，會認為看到伴侶時應該會有強烈的情緒反應，但是這些反應卻沒有發生，不確定性因此便產生了：那是相處很久的伴侶，對於對方有許多感情，但是現在都沒有感覺，為什麼呢？解決箇中矛盾的方法是認為那不是自己的伴侶，只是外貌完全相同的偽裝者。這個結論讓腦部消除了不和諧的感覺，打消了不確定性。這就是卡普格拉妄想症。

但那完全是錯誤的，這才是麻煩的地方，可是腦部並不知道這一點。伴侶的身分證明等客觀的證據，使得缺乏情緒連結的狀況更為糟糕，因患者更堅定「確認」伴侶是他人偽裝的。這種妄想在證據之前依然屹立不搖。

一般認為這就是妄想產生的基本過程：腦部預期某些事情會發生，但是感覺到發生的事情並不相同。預期的事情和發生的事情不吻合，一定得找出不吻合的原因。但是如果解決答案是來自於荒謬或是不可能的結論，就會產生問題。

腦部精密的系統會受到其他壓力和因素的干擾，使得我們通常會認為無害或無關的事情，到最後卻當成重要至極的事情來處理。妄想的內容本身實際上可以說明造成妄想的問題。[32]舉例來說，過度焦慮和偏執的人，威脅偵測系統和其他防禦系統會莫名就活躍起來，人會想要緩和那些感覺，便去尋找神秘的威脅，把無害的行為（商店中走過時聽到有人低聲喃喃自語）當成可疑的威脅，產生妄想，認為有不利自己的陰謀活動。憂鬱症會造成難以解釋的情緒低潮，因此縱使只有些微負面的體驗（可能是你坐下就有同桌的人離開），就會變得很嚴重，並且解釋成自己糟糕到讓他人非常厭惡，這時妄想就產生了。

和心智中世界運作模型不相符的事情，通常會受到忽視或是壓抑。對於那些不符合期待和預測的事情，最好的解釋就是那是錯誤的，所以可以不用理會。你可能不相信有外星人之類的東西，有人宣稱看到不明飛行物體或是受到外星人劫持時，你只會把對方當成胡言亂語的笨蛋。其他人的話並不能證明你相信的事物是錯誤的。不過，這樣的信心只會堅定到某個程度，當你真的被外星人劫持並且受到詳細的研究之後，你的想法就可能改變。但是在妄想狀態中，和自己結論矛盾的體驗，通常會比平常更受到壓抑。

目前基於研究相關神經系統所提出來的理論中，包含了一個極度複雜的架構，說明妄想來自於另一個在腦中分布範圍很廣的網絡，其中的腦區包括了頂葉區域、前額葉皮質、顳葉迴（temporal gyrus）、紋狀體（striatum）、杏仁核、小腦、中皮質邊緣區域（mesocorticolimbic region）等。[33]也有證據指出，容易產生妄想的人，刺激性（造成更多活動）的神經傳遞物麩胺酸（glutamate）過量。這或許能夠說明無足輕重的刺激為何會變得意義豐富。[34]過多活動也讓神經元的資源耗竭殆盡，削減神經可塑性，因此腦部比較無法改變，並且應對受影響區域帶來的變化，使得妄想更加持久。

這裡要提出警告：這一節中主要討論的是由腦中程序發生問題或是受到干擾所導致的幻覺和妄想，好像是代表只有失調或是疾病才會造成幻覺和妄想，事實上並非如此。如果有人相信地球只有六千年的歷史，而且是恐龍並不存在，你可能認為他們是在「妄想」，但是有許多人真的這麼想。同樣的，有些人打從心底認為已經去世的親人在和自己說話。

這些人生病了嗎？或是因為悲傷？心理的因應機制？心靈上的表現？許多可能的解釋都比「心智健康不良」更為恰當。

人類的腦部基於經驗來判斷真實與非真實，如果在成長的環境中，客觀上不可能的事情卻是尋常可見，那麼我們的腦部就會認為那些事情是稀鬆平常的，並且視之為正常，作為判斷其他事情的基礎。就算不是在極端信仰系統下成長的人，也很容易出現妄想，在第七章中所描述的公正世界謬誤，實際上非常普遍，通常會讓人對於他人所遭遇到的不幸，產生出錯誤的想法、猜測或是推論。

所以，非真實信念如果要歸類成為妄想，還得要與一個人已有的信仰系統和宗教觀念矛盾才行。在美國聖經帶地區（American Bible Belt）居住的虔誠福音派教徒說能夠聽到上帝說的話，這樣的經驗並不會當成妄想。在桑德蘭（Sunderland）抱持不可知論的新人會計師說自己聽到了上帝說的話，嗯，那她可能出現了妄想。

腦部讓我們知覺現實狀況的能力很高超，但是在本書中也反覆提及，許多知覺到的內容是腦部思慮、外推，或甚至是完全猜測出來的。考慮到所有會影響腦部運作的事情，很容易就看出這些過程可能會出現一些偏差，特別是考慮到所謂的「正常」，往往是基於共識而非基本真實的狀況，這就讓人讚嘆人類居然能夠好好完成所有事情，真的！

實際上這只是假設人類能夠好好完成所有事情，也可能是我們自信滿滿的告訴自己如此而已。有沒有可能根本沒有哪件事情是真實的？也有可能整本書都只是個幻覺。如果沒有意外的話，我希望這本書不是幻覺，否則我就白花了許多時間和心力。

結語

腦部就是這樣，很厲害吧，但也有一點笨。

致謝

謝謝我的愛妻凡妮塔（Vanita），只是給我一個白眼就支持我又去幹蠢事。

謝謝我的孩子米倫（Millen）和卡維塔（Kavita），你們是我寫這本書的理由，還好你們還很小，不會在意我寫得好不好。

謝謝父母，沒有您們我無法完成這本書，或是其他任何事情。

謝謝好朋友賽門（Simon）在我分心去搞其他事情時，提醒我這樣下去的話，最後寫出來的可能是一本垃圾。

謝謝我的經紀人 Greene and Heaton 公司的克里斯（Chris），謝謝他的辛苦工作，特別是一開始來找我說：「你有想過要寫本書嗎？」當時我並沒有想寫。

謝謝編輯羅拉（Laura）的努力與耐心，特別是反覆指出：「你是神經科學家，你寫的內容應該要和腦部有關。」最後我覺得她說的有道理。

謝謝 Guardian Faber 出版社的約翰（John）、麗莎（Lisa）和其他所有人努力把我鬆垮的稿件整理到人們想會去讀的東西。

謝謝《衛報》（*Guardian*）的詹姆斯（James）、塔許（Tash）、席琳（Celine）、克里斯（Chris）以及其他數位也叫詹姆斯的人，讓我有機會在這家重要媒體上刊登文章，但是我確定那只是文書作業錯誤造成的。

謝謝其他朋友和親人支持我，並且在我寫這本書的時候讓我分心去做別的事情。

最後要謝謝您，基本這都是您的錯。

註釋

第一章……心智掌大權

1 S. B. Chapman et al., 'Shorter term aerobic exercise improves brain, cognition, and cardiovascular fitness in aging', Frontiers in Aging Neuroscience, 2013, vol. 5

2 V. Dietz, 'Spinal cord pattern generators for locomotion', Clinical Neurophysiology, 2003, 114(8), pp. 1379–89

3 S. M. Ebenholtz, M. M. Cohen and B. J. Linder, 'The possible role of nystagmus in motion sickness: A hypothesis', Aviation, Space, and Environmental Medicine, 1994, 65(11), pp. 1032–5

4 R. Wrangham, Catching Fire: How Cooking Made Us Human, Basic Books, 2009

5 'Two Shakes-a-Day Diet Plan – Lose weight and keep it off', http://www.nutritionexpress.com/article+index/diet+weight+loss/diet+plans+tips/showarticle.aspx?id=1904 (accessed September 2015)

6 M. Mosley, 'The second brain in our stomachs', http://www.bbc. co.uk/news/health-18779997 (accessed September 2015)

7 A. D. Milner and M. A. Goodale, The Visual Brain in Action, Oxford University Press, (Oxford Psychology Series no. 27), 1995

8 R. M. Weiler, 'Olfaction and taste', Journal of Health Education, 1999, 30(1), pp. 52–3

9 T. C. Adam and E. S. Epel, 'Stress, eating and the reward system', Physiology & Behavior, 2007, 91(4), pp. 449–58

10 S. Iwanir et al., 'The microarchitecture of C. elegans behavior during lethargus: Homeostatic bout dynamics, a typical body posture, and regulation by a central neuron', Sleep, 2013, 36(3), p. 385

11 A. Rechtschaffen et al., 'Physiological correlates of prolonged sleep deprivation in rats', Science, 1983, 221(4606), pp. 182–4

12 G. Tononi and C. Cirelli, 'Perchance to prune', Scientific American, 2013, 309(2), pp. 34–9

13 N. Gujar et al., 'Sleep deprivation amplifies reactivity of brain reward networks, biasing the appraisal of positive emotional experiences', Journal of Neuroscience, 2011, 31(12), pp. 4466–74

14 J. M. Siegel, 'Sleep viewed as a state of adaptive inactivity', Nature Reviews Neuroscience, 2009, 10(10), pp. 747–53

15 C. M. Worthman and M. K. Melby, 'Toward a comparative developmental ecology of human sleep', in M. A. Carskadon (ed.), Adolescent Sleep Patterns, Cambridge University Press, 2002, pp. 69–117

16 S. Daan, B. M. Barnes and A. M. Strijkstra, 'Warming up for sleep?– Ground squirrels sleep during arousals from hibernation', Neuroscience Letters, 1991, 128(2), pp. 265–8

17 J. Lipton and S. Kothare, 'Sleep and Its Disorders in Childhood', in A. E. Elzouki (ed.), Textbook of Clinical Pediatrics, Springer, 2012, pp. 3363–77

18 P. L. Brooks and J. H. Peever, 'Identification of the transmitter and receptor mechanisms responsible for REM sleep paralysis', Journal of Neuroscience, 2012, 32(29), pp. 9785–95

19 H. S. Driver and C. M. Shapiro, 'ABC of sleep disorders. Parasomnias', British Medical Journal, 1993, 306(6882), pp. 921–4

20 '5 Other Disastrous Accidents Related To Sleep Deprivation', http://www.huffingtonpost.com/2013/12/03/sleep-deprivation-accidents-disasters_n_4380349.html (accessed September 2015)

21 M. Steriade, Thalamus, Wiley Online Library, [1997], 2003

22 M. Davis, 'The role of the amygdala in fear and anxiety' Annual Review of Neuroscience, 1992, 15(1), pp. 353–75

23 A. S. Jansen et al., 'Central command neurons of the sympathetic nervous system: Basis of the fight-or-flight response', Science, 1995, 270(5236), pp. 644–6

24 J. P. Henry, 'Neuroendocrine patterns of emotional response', in R. Plutchik and H. Kellerman (eds), Emotion: Theory, Research and Experience, vol. 3: Biological Foundations of Emotion, Academic Press, 1986, pp. 37–60

25 F. E. R. Simons, X. Gu and K. J. Simons, 'Epinephrine absorption in adults: Intramuscular versus subcutaneous injection', Journal of Allergy and Clinical Immunology, 2001, 108(5), pp.

871–3

第二章：記憶天賦

1 N. Cowan, 'The magical mystery four: How is working memory capacity limited, and why?' Current Directions in Psychological Science, 2010, 19(1): pp. 51–7

2 J. S. Nicolis and I. Tsuda, 'Chaotic dynamics of information processing: The "magic number seven plus-minus two" revisited', Bulletin of Mathematical Biology, 1985, 47(3), pp. 343–65

3 P. Burtis, P., 'Capacity increase and chunking in the development of short-term memory', Journal of Experimental Child Psychology, 1982, 34(3), pp. 387–413

4 C. E. Curtis and M. D'Esposito, 'Persistent activity in the prefrontal cortex during working memory', Trends in Cognitive Sciences, 2003, 7(9), pp. 415–23

5 E. R. Kandel and C. Pittenger, 'The past, the future and the biology of memory storage', Philosophical Transactions of the Royal Society of London B: Biological Sciences, 1999, 354(1392), pp. 2027–52

6 D. R. Godden and A.D. Baddeley, 'Context dependent memory in two natural environments:

On land and underwater', British Journal of Psychology, 1975, 66(3), pp. 325–31

7 R. Blair, 'Facial expressions, their communicatory functions and neuro-cognitive substrates', Philosophical Transactions of the Royal Society B: Biological Sciences, 2003, 358(1431), pp. 561–72

8 R. N. Henson, 'Short-term memory for serial order: The start-end model', Cognitive Psychology, 1998, 36(2), pp. 73–137

9 W. Klimesch, The Structure of Long-term Memory: A Connectivity Model of Semantic Processing, Psychology Press, 2013

10 K. Okada, K. L. Vilberg and M. D. Rugg, 'Comparison of the neural correlates of retrieval success in tests of cued recall and recognition memory', Human Brain Mapping, 2012, 33(3), pp. 523–33

11 H. Eichenbaum, The Cognitive Neuroscience of Memory: An Introduction, Oxford University Press, 2011

12 E. E. Bouchery et al., 'Economic costs of excessive alcohol consumption in the US, 2006', American Journal of Preventive Medicine, 2011, 41(5), pp. 516–24

13 A. Ameer and R. R. Watson, 'The Psychological Synergistic Effects of Alcohol and Caffeine', in R. R. Watson et al., Alcohol, Nutrition, and Health Consequences, Springer, 2013, pp. 265–70

14 L. E. McGuigan, Cognitive Effects of Alcohol Abuse: Awareness by Students and Practicing Speech-language Pathologists, Wichita State University, 2013

15 T. R. McGee et al., 'Alcohol consumption by university students: Engagement in hazardous and delinquent behaviours and experiences of harm', in The Stockholm Criminology Symposium 2012, Swedish National Council for Crime Prevention, 2012

16 K. Poikolainen, K. Leppänen and E. Vuori, 'Alcohol sales and fatal alcohol poisonings: A time series analysis', Addiction, 2002, 97(8), pp. 1037–40

17 B. M. Jones and M. K. Jones, 'Alcohol and memory impairment in male and female social drinkers', in I. M. Bimbaum and E. S. Parker (eds) Alcohol and Human Memory (PLE: Memory), 2014, 2, pp. 127–40

18 D. W. Goodwin, 'The alcoholic blackout and how to prevent it', in I. M. Bimbaum and E. S. Parker (eds) Alcohol and Human Memory, 2014, 2, pp. 177–83

19 H. Weingartner and D. L. Murphy, 'State-dependent storage and retrieval of experience while

intoxicated', in I. M. Bimbaum and E. S. Parker (eds) Alcohol and Human Memory (PLE: Memory), 2014, 2, pp. 159–75

20 J. Longrigg, Greek Rational Medicine: Philosophy and Medicine from Alcmaeon to the Alexandrians, Routledge, 2013

21 A. G. Greenwald, 'The totalitarian ego: Fabrication and revision of personal history', American Psychologist, 1980, 35(7), p. 603

22 U. Neisser, 'John Dean's memory: A case study', Cognition, 1981, 9(1), pp. 1–22

23 M. Mather and M. K. Johnson, 'Choice-supportive source monitoring: Do our decisions seem better to us as we age?', Psychology and Aging, 2000, 15(4), p. 596

24 Learning and Motivation, 2004, 45, pp. 175–214

25 C. A. Meissner and J. C. Brigham, 'Thirty years of investigating the own-race bias in memory for faces: A meta-analytic review', Psychology, Public Policy, and Law, 2001, 7(1), p. 3

26 U. Hoffrage, R. Hertwig and G. Gigerenzer, 'Hindsight bias: A by-product of knowledge updating?', Journal of Experimental Psychology: Learning, Memory, and Cognition, 2000, 26(3), p. 566

27 W. R. Walker and J. J. Skowronski, 'The fading affect bias: But what the hell is it for?', Applied Cognitive Psychology, 2009, 23(8), pp. 1122–36

28 J. D biec, D. E. Bush and J. E. LeDoux, 'Noradrenergic enhancement of reconsolidation in the amygdala impairs extinction of conditioned fear in rats – a possible mechanism for the persistence of traumatic memories in PTSD', Depression and Anxiety, 2011, 28(3), pp. 186–93

29 N. J. Roese and J. M. Olson, What Might Have Been: The Social Psychology of Counterfactual Thinking, Psychology Press, 2014

30 A. E. Wilson and M. Ross, 'From chump to champ: people's appraisals of their earlier and present selves', Journal of Personality and Social Psychology, 2001, 80(4), pp. 572–84

31 S. M. Kassin et al., 'On the "general acceptance" of eyewitness testimony research: A new survey of the experts', American Psychologist, 2001, 56(5), pp. 405–16

32 http://socialecology.uci.edu/faculty/eloftus/ (accessed September 2015)

33 E. F. Loftus, 'The price of bad memories', Committee for the Scientific Investigation of Claims of the Paranormal, 1998

34 C. A. Morgan et al., 'Misinformation can influence memory for recently experienced, highly

stressful events', International Journal of Law and Psychiatry, 2013, 36(1), pp. 11–17

35 B. P. Lucke-Wold et al., 'Linking traumatic brain injury to chronic traumatic encephalopathy: Identification of potential mechanisms leading to neurofibrillary tangle development', Journal of Neurotrauma, 2014, 31(13), pp. 1129–38

36 S. Blum et al., 'Memory after silent stroke: Hippocampus and infarcts both matter', Neurology, 2012, 78(1), pp. 38–46

37 R. Hoare, 'The role of diencephalic pathology in human memory disorder', Brain, 1990, 113, pp. 1695–706

38 L. R. Squire, 'The legacy of patient HM for neuroscience', Neuron, 2009, 61(1), pp. 6–9

39 M. C. Duff et al., 'Hippocampal amnesia disrupts creative thinking', Hippocampus, 2013, 23(12), pp. 1143–9

40 P. S. Hogenkamp et al., 'Expected satiation after repeated consumption of low- or high-energy-dense soup', British Journal of Nutrition, 2012, 108(01), pp. 182–90

41 K. S. Graham and J. R. Hodges, 'Differentiating the roles of the hippocampus complex and the neocortex in long-term memory storage: Evidence from the study of semantic dementia and

Alzheimer's disease', Neuropsychology, 1997, 11(1), pp. 77–89

42 E. Day et al., 'Thiamine for Wernicke-Korsakoff Syndrome in people at risk from alcohol abuse', Cochrane Database of Systemic Reviews, 2004, vol. 1

43 L. Mastin, 'Korsakoff's Syndrome. The Human Memory – Disorders 2010', http://www.human-memory.net/disorders_korsakoffs.html (accessed September 2015)

44 P. Kennedy and A. Chaudhuri, 'Herpes simplex encephalitis', Journal of Neurology, Neurosurgery & Psychiatry, 2002, 73(3), pp. 237–8

第三章：沒有什麼好怕的

1 H. Green et al., Mental Health of Children and Young People in Great Britain, 2004, Palgrave Macmillan, 2005

2 'In the Face of Fear: How fear and anxiety affect our health and society, and what we can do about it, 2009', http://www.mentalhealth.org.uk/publications/in-the-face-of-fear/ (accessed September 2015)

3 D. Aaronovitch and J. Langton, Voodoo Histories: The Role of the Conspiracy Theory in Shaping Modern History, Wiley Online Library, 2010

4 S. Fyfe et al., 'Apophenia, theory of mind and schizotypy: Perceiving meaning and intentionality in randomness', Cortex, 2008, 44(10), pp.1316–25

5 H. L. Leonard, 'Superstitions: Developmental and Cultural Perspective', in R. L. Rapoport (ed.), Obsessive-compulsive Disorder in Children and Adolescents, American Psychiatric Press, 1989, pp.289–309

6 H. M. Lefcourt, Locus of Control: Current Trends in Theory and Research (2nd edn), Psychology Press, 2014

7 J. C. Pruessner et al., 'Self-esteem, locus of control, hippocampal volume, and cortisol regulation in young and old adulthood', Neuroimage, 2005, 28(4), pp. 815–26

8 J. T. O'Brien et al., 'A longitudinal study of hippocampal volume, cortisol levels, and cognition in older depressed subjects', American Journal of Psychiatry, 2004, 161(11), pp. 2081–90

9 M. Lindeman et al., 'Is it just a brick wall or a sign from the universe? An fMRI study of supernatural believers and skeptics', Social Cognitive and Affective Neuroscience, 2012, pp.

943–9

10 A. Hampshire et al., 'The role of the right inferior frontal gyrus: inhibition and attentional control', Neuroimage, 2010, 50(3), pp. 1313–19

11 J. Davidson, 'Contesting stigma and contested emotions: Personal experience and public perception of specific phobias', Social Science & Medicine, 2005, 61(10), pp. 2155–64

12 V. F. Castellucci and E. R. Kandel, 'A quantal analysis of the synaptic depression underlying habituation of the gill-withdrawal reflex in Aplysia', Proceedings of the National Academy of Sciences, 1974, 71(12), pp. 5004–8

13 S. Mineka and M. Cook, 'Social learning and the acquisition of snake fear in monkeys', Social Learning: Psychological and Biological Perspectives, 1988, pp. 51–73

14 K. M. Mallan, O. V. Lipp and B. Cochrane, 'Slithering snakes, angry men and out-group members: What and whom are we evolved to fear?', Cognition & Emotion, 2013, 27(7), pp. 1168–80

15 M. Mori, K. F. MacDorman and N. Kageki, 'The uncanny valley [from the field]', Robotics & Automation Magazine, IEEE, 2012, 19(2), pp. 98–100

16 M. E. Bouton and R. C. Bolles, 'Contextual control of the extinction of conditioned fear', Learning and Motivation, 1979, 10(4), pp. 445–66

17 W. J. Magee et al., 'Agoraphobia, simple phobia, and social phobia in the National Comorbidity Survey', Archives of General Psychiatry, 1996, 53(2), pp. 159–68

18 L. H. A. Scheller, 'This Is What A Panic Attack Physically Feels Like', http://www.huffingtonpost.com/2014/10/21/panic-attack-feeling_n_5977998.html (accessed September 2015)

19 J. Knowles et al., 'Results of a genome wide genetic screen for panic disorder', American Journal of Medical Genetics, 1998, 81(2), pp. 139–47

20 E. Witvrouw et al., 'Catastrophic thinking about pain as a predictor of length of hospital stay after total knee arthroplasty: a prospective study', Knee Surgery, Sports Traumatology, Arthroscopy, 2009, 17(10), pp. 1189–94

21 R. Lieb et al., 'Parental psychopathology, parenting styles, and the risk of social phobia in offspring: a prospective-longitudinal community study', Archives of General Psychiatry, 2000, 57(9), pp. 859–66

22 J. Richer, 'Avoidance behavior, attachment and motivational conflict', Early Child Development and Care, 1993, 96(1), pp. 7–18

23 http://www.nhs.uk/conditions/social-anxiety/Pages/Social-anxiety.aspx (accessed September 2015)

24 G. F. Koob, 'Drugs of abuse: anatomy, pharmacology and function of reward pathways', Trends in Pharmacological Sciences, 1992, 13, pp. 177–84

25 L. Reyes-Castro et al., 'Pre-and/or postnatal protein restriction in rats impairs learning and motivation in male offspring', International Journal of Developmental Neuroscience, 2011, 29(2), pp. 177–82

26 W. Sluckin, D. Hargreaves and A. Colman, 'Novelty and human aesthetic preferences', Exploration in Animals and Humans, 1983, pp. 245–69

27 B. C. Wittmann et al., 'Mesolimbic interaction of emotional valence and reward improves memory formation', Neuropsychologia, 2008, 46(4), pp. 1000–1008

28 A. Tinwell, M. Grimshaw and A. Williams, 'Uncanny behaviour in survival horror games', Journal of Gaming & Virtual Worlds, 2010, 2(1), pp. 3–25

29 See Chapter 2, n. 29

30 R. S. Neary and M. Zuckerman, 'Sensation seeking, trait and state anxiety, and the electrodermal orienting response', Psychophysiology, 1976, 13(3), pp. 205–11

31 L. M. Bouter et al., 'Sensation seeking and injury risk in downhill skiing', Personality and Individual Differences, 1988, 9(3), pp. 667–73

32 M. Zuckerman, 'Genetics of sensation seeking', in J. Benjamin, R. Ebstein and R. H. Belmake (eds), Molecular Genetics and the Human Personality, Washington, DC, American Psychiatric Association, pp.193–210.

33 S. B. Martin et al., 'Human experience seeking correlates with hippocampus volume: Convergent evidence from manual tracing and voxel-based morphometry', Neuropsychologia, 2007, 45(12), pp. 2874–81

34 R. F. Baumeister et al., 'Bad is stronger than good', Review of General Psychology, 2001, 5(4), p. 323

35 S. S. Dickerson, T. L. Gruenewald and M. E. Kemeny, 'When the social self is threatened: Shame, physiology, and health', Journal of Personality, 2004, 72(6), pp. 1191–216

36 E. D. Weitzman et al., 'Twenty-four hour pattern of the episodic secretion of cortisol in normal subjects', Journal of Clinical Endocrinology & Metabolism, 1971, 33(1), pp. 14–22

37 See n. 12, above

38 R. S. Nickerson, 'Confirmation bias: A ubiquitous phenomenon in many guises', Review of General Psychology, 1998, 2(2), p. 175

第四章：你認為自己聰明，對吧！

1 R. E. Nisbett et al., 'Intelligence: new findings and theoretical developments', American Psychologist, 2012, 67(2), pp. 130–59

2 H.-M. Süß et al., 'Working-memory capacity explains reasoning ability– and a little bit more', Intelligence, 2002, 30(3), pp. 261–88

3 L. L. Thurstone, Primary Mental Abilities, University of Chicago Press, 1938

4 H. Gardner, Frames of Mind: The Theory of Multiple Intelligences, Basic Books, 2011

5 A. Pant, 'The Astonishingly Funny Story of Mr McArthur Wheeler', 2014, http://awesci.com/

the-astonishingly-funny-story-of-mr-mcarthur-wheeler/ (accessed September 2015)
6 T. DeAngelis, 'Why we overestimate our competence', American Psychological Association, 2003, 34(2)
7 H. J. Rosen et al., 'Neuroanatomical correlates of cognitive self-appraisal in neurodegenerative disease', Neuroimage, 2010, 49(4), pp. 3358–64
8 G. E. Larson et al., 'Evaluation of a "mental effort" hypothesis for correlations between cortical metabolism and intelligence', Intelligence, 1995, 21(3), pp. 267–78
9 G. Schlaug et al., 'Increased corpus callosum size in musicians', Neuropsychologia, 1995, 33(8), pp. 1047–55
10 E. A. Maguire et al., 'Navigation-related structural change in the hippocampi of taxi drivers', Proceedings of the National Academy of Sciences, 2000, 97(8), pp. 4398–403
11 D. Bennabi et al., 'Transcranial direct current stimulation for memory enhancement: From clinical research to animal models', Frontiers in Systems Neuroscience, 2014, issue 8
12 Y. Taki et al., 'Correlation among body height, intelligence, and brain gray matter volume in healthy children', Neuroimage, 2012, 59(2), pp. 1023–7

13 T. Bouchard, ‘IQ similarity in twins reared apart: Findings and responses to critics’, Intelligence, Heredity, and Environment, 1997, pp. 126–60
14 H. Jerison, Evolution of the Brain and Intelligence, Elsevier, 2012
15 L. M. Kaino, ‘Traditional knowledge in curricula designs: Embracing indigenous mathematics in classroom instruction’, Studies of Tribes and Tribals, 2013, 11(1), pp. 83–8
16 R. Rosenthal and L. Jacobson, ‘Pygmalion in the classroom’, Urban Review, 1968, 3(1), pp. 16–20

第五章：你預料到了這一章的內容嗎？

1 R. C. Gerkin and J. B. Castro, ‘The number of olfactory stimuli that humans can discriminate is still unknown’, edited by A. Borst, eLife, 2015, 4 e08127; http://www.ncbi.nlm.nih.gov/pmc/articles/PMC4491703/ (accessed September 2015)
2 L. Buck and R. Axel, ‘Odorant receptors and the organization of the olfactory system’, Cell, 1991, 65, pp. 175–87

3 R. T. Hodgson, 'An analysis of the concordance among 13 US wine competitions', Journal of Wine Economics, 2009, 4(01), pp. 1–9

4 See Chapter 1, n. 8

5 M. Auvray and C. Spence, 'The multisensory perception of flavor', Consciousness and Cognition, 2008, 17(3), pp. 1016–31

6 http://www.planet-science.com/categories/experiments/biology/2011/05/how-sensitive-are-you.aspx (accessed September 2015)

7 http://www.nationalbraille.org/NBAResources/FAQs/ (accessed September 2015)

8 H. Frenzel et al., 'A genetic basis for mechanosensory traits in humans', PLOS Biology, 2012, 10(5)

9 D. H. Hubel and T. N. Wiesel, 'Brain Mechanisms of Vision', Scientific American, 1979, 241(3), pp. 150–62

10 E. C. Cherry, 'Some experiments on the recognition of speech, with one and with two ears', Journal of the Acoustical Society of America, 1953, 25(5), pp. 975–9

11 D. Kahneman, Attention and Effort, Citeseer, 1973

12 B. C. Hamilton, L. S. Arnold and B. C. Tefft, 'Distracted driving and perceptions of hands-free technologies: Findings from the 2013 Traffic Safety Culture Index', 2013

13 N. Mesgarani et al., 'Phonetic feature encoding in human superior temporal gyrus', Science, 2014, 343(6174), pp. 1006–10

14 See Chapter 3, n. 14

15 D. J. Simons and D. T. Levin, 'Failure to detect changes to people during a real-world interaction', Psychonomic Bulletin & Review, 1998, 5(4), pp. 644–9

16 R. S. F. McCann, D. C. Foyle and J. C. Johnston, 'Attentional Limitations with Heads-Up Displays', Proceedings of the Seventh International Symposium on Aviation Psychology, 1993, pp. 70–5

第六章‥‥性格‥棘手的觀念

1 E. J. Phares and W. F. Chaplin, Introduction to Personality (4th edn), Prentice Hall, 1997

2 L. A. Froman, 'Personality and political socialization', Journal of Politics, 1961, 23(02), pp.

341–52

3 H. Eysenck and A. Levey, 'Conditioning, introversion-extraversion and the strength of the nervous system', in V. D. Nebylitsyn and J. A. Gray (eds), Biological Bases of Individual Behavior, Academic Press, 1972, pp. 206–20

4 Y. Taki et al., 'A longitudinal study of the relationship between personality traits and the annual rate of volume changes in regional gray matter in healthy adults', Human Brain Mapping, 2013, 34(12), pp. 3347–53

5 K. L. Jang, W. J. Livesley and P. A. Vemon, 'Heritability of the big five personality dimensions and their facets: A twin study', Journal of Personality, 1996, 64(3), pp. 577–92

6 M. Friedman and R. H. Rosenman, Type A Behavior and Your Heart, Knopf, 1974

7 G. V. Caprara and D. Cervone, Personality: Determinants, Dynamics, and Potentials, Cambridge University Press, 2000

8 J. B. Murray, 'Review of research on the Myers-Briggs type indicator', Perceptual and Motor Skills, 1990, 70(3c), pp. 1187–1202

9 A. N. Sell, 'The recalibrational theory and violent anger', Aggression and Violent Behavior,

2011, 16(5), pp. 381–9

10 C. S. Carver and E. Harmon-Jones, 'Anger is an approach-related affect: evidence and implications', Psychological Bulletin, 2009, 135(2), pp. 183–204

11 M. Kazén et al., 'Inverse relation between cortisol and anger and their relation to performance and explicit memory', Biological Psychology, 2012, 91(1), pp. 28–35

12 H. J. Rutherford and A. K. Lindell, 'Thriving and surviving: Approach and avoidance motivation and lateralization', Emotion Review, 2011, 3(3), pp. 333–43

13 D. Antos et al., 'The influence of emotion expression on perceptions of trustworthiness in negotiation', Proceedings of the Twenty-fifth AAAI Conference on Artificial Intelligence, 2011

14 S. Freud, Beyond the Pleasure Principle, Penguin, 2003

15 S. McLeod, 'Maslow's hierarchy of needs', Simply Psychology, 2007 (updated 2014), http:// www. simplypsychology . org/ maslow. Html (accessed September 2015)

16 R. M. Ryan and E. L. Deci, 'Self-determination theory and the facilitation of intrinsic motivation, social development, and well-being', American Psychologist, 2000, 55(1), p. 68

17 M. R. Lepper, D. Greene and R. E. Nisbett, 'Undermining children's intrinsic interest with

extrinsic reward: A test of the "overjustification" hypothesis', Journal of Personality and Social Psychology, 1973, 28(1), p. 129

18 E. T. Higgins, 'Self-discrepancy: A theory relating self and affect', Psychological Review, 1987, 94(3), p. 319

19 J. Reeve, S. G. Cole and B. C. Olson, 'The Zeigarnik effect and intrinsic motivation: Are they the same?', Motivation and Emotion, 1986, 10(3), pp. 233–45

20 S. Shuster, 'Sex, aggression, and humour: Responses to unicycling', British Medical Journal, 2007, 335(7633), pp. 1320–22

21 N. D. Bell, 'Responses to failed humor', Journal of Pragmatics, 2009, 41(9), pp. 1825–36

22 A. Shurcliff, 'Judged humor, arousal, and the relief theory', Journal of Personality and Social Psychology, 1968, 8(4p1), p. 360

23 D. Hayworth, 'The social origin and function of laughter', Psychological Review, 1928, 35(5), p. 367

24 R. R. Provine and K. Emmorey, 'Laughter among deaf signers', Journal of Deaf Studies and Deaf Education, 2006, 11(4), pp. 403–9

25 R. R. Provine, 'Contagious laughter: Laughter is a sufficient stimulus for laughs and smiles', Bulletin of the Psychonomic Society, 1992, 30(1), pp. 1–4

26 C. McGettigan et al., 'Individual differences in laughter perception reveal roles for mentalizing and sensorimotor systems in the evaluation of emotional authenticity', Cerebral Cortex, 2015, 25(1) pp. 246–57

第七章：一起來抱抱

1 A. Conley, 'Torture in US jails and prisons: An analysis of solitary confinement under international law', Vienna Journal on International Constitutional Law, 2013, 7, p. 415

2 B. N. Pasley et al., 'Reconstructing speech from human auditory cortex', PLoS-Biology, 2012, 10(1), p. 175

3 J. A. Lucy, Language Diversity and Thought: A Reformulation of the Linguistic Relativity Hypothesis, Cambridge University Press, 1992

4 I. R. Davies, 'A study of colour grouping in three languages: A test of the linguistic relativity

hypothesis', British Journal of Psychology, 1998, 89(3), pp. 433–52

5 O. Sacks, The Man Who Mistook His Wife for a Hat, and Other Clinical Tales, Simon and Schuster, 1998

6 P. J. Whalen et al., 'Neuroscience and facial expressions of emotion: The role of amygdala–prefrontal interactions', Emotion Review, 2013, 5(1), pp. 78–83

7 N. Guéguen, 'Foot-in-the-door technique and computer-mediated communication', Computers in Human Behavior, 2002, 18(1), pp. 11–15

8 A. C.-y. Chan and T. K.-f. Au, 'Getting children to do more academic work: foot-in-the-door versus door-in-the-face', Teaching and Teacher Education, 2011, 27(6), pp. 982–5

9 C. Ebster and B. Neumayr, 'Applying the door-in-the-face compliance technique to retailing ', International Review of Retail, Distribution and Consumer Research, 2008, 18(1), pp. 121–8

10 J. M. Burger and T. Cornelius, 'Raising the price of agreement: Public commitment and the lowball compliance procedure', Journal of Applied Social Psychology, 2003, 33(5), pp. 923–34

11 R. B. Cialdini et al., 'Low-ball procedure for producing compliance: commitment then cost', Journal of Personality and Social Psychology, 1978, 36(5), p. 463

12 T. F. Farrow et al., 'Neural correlates of self-deception and impressionmanagement', Neuropsychologia, 2015, 67, pp. 159–74

13 S. Bowles and H. Gintis, A Cooperative Species: Human Reciprocity and Its Evolution, Princeton University Press, 2011

14 C. J. Charvet and B. L. Finlay, 'Embracing covariation in brain evolution: large brains, extended development, and flexible primate social systems', Progress in Brain Research, 2012, 195, p. 71

15 F. Marlowe, 'Paternal investment and the human mating system', Behavioural Processes, 2000, 51(1), pp. 45–61

16 L. Betzig, 'Medieval monogamy', Journal of Family History, 1995, 20(2), pp. 181–216

17 J. E. Coxworth et al., 'Grandmothering life histories and human pair bonding', Proceedings of the National Academy of Sciences, 2015. 112(38), pp. 11806–11

18 D. Lieberman, D. M. Fessler and A. Smith, 'The relationship between familial resemblance and sexual attraction: An update on Westermarck, Freud, and the incest taboo', Personality and Social Psychology Bulletin, 2011, 37(9), pp. 1229–32

19 A. Aron et al., 'Reward, motivation, and emotion systems associated with early-stage intense

romantic love', Journal of Neurophysiology, 2005, 94(1), pp. 327–37

20 A. Campbell, 'Oxytocin and human social behavior', Personality and Social Psychology Review, 2010

21 W. S. Hays, 'Human pheromones: have they been demonstrated?', Behavioral Ecology and Sociobiology, 2003, 54(2), pp. 89–97

22 L. Campbell et al., 'Perceptions of conflict and support in romantic relationships: The role of attachment anxiety', Journal of Personality and Social Psychology, 2005, 88(3), p. 510

23 E. Kross et al., 'Social rejection shares somatosensory representations with physical pain', Proceedings of the National Academy of Sciences, 2011, 108(15), pp. 6270–75

24 H. E. Fisher et al., 'Reward, addiction, and emotion regulation systems associated with rejection in love', Journal of Neurophysiology, 2010, 104(1), pp. 51–60

25 J. M. Smyth, 'Written emotional expression: Effect sizes, outcome types, and moderating variables', Journal of Consulting and Clinical Psychology, 1998, 66(1), p. 174

26 H. Thomson, 'How to fix a broken heart', New Scientist, 2014, 221(2956), pp. 26–7

27 R. I. Dunbar, 'The social brain hypothesis and its implications for social evolution', Annals of

Human Biology, 2009, 36(5), pp. 562–72
28 T. Dávid-Barrett and R. Dunbar, 'Processing power limits social group size: computational evidence for the cognitive costs of sociality', Proceedings of the Royal Society of London B: Biological Sciences, 2013, 280(1765), 10.1098/rspb.2013.1151
29 S. E. Asch, 'Studies of independence and conformity: I. A minority of one against a unanimous majority', Psychological Monographs: General and Applied, 1956, 70(9), pp. 1–70
30 L. Turella et al., 'Mirror neurons in humans: consisting or confounding evidence?', Brain and Language, 2009, 108(1), pp. 10–21
31 B. Latané and J. M. Darley, 'Bystander "apathy"', American Scientist, 1969, pp. 244–68
32 I. L. Janis, Groupthink: Psychological Studies of Policy Decisions and Fiascoes, Houghton Mifflin, 1982
33 S. D. Reicher, R. Spears and T. Postmes, 'A social identity model of deindividuation phenomena', European Review of Social Psychology, 1995, 6(1), pp. 161–98
34 S. Milgram, 'Behavioral study of obedience', Journal of Abnormal and Social Psychology, 1963, 67(4), p. 371

35 S. Morrison, J. Decety and P. Molenberghs, 'The neuroscience of group membership', Neuropsychologia, 2012, 50(8), pp. 2114–20

36 R. B. Mars et al., 'On the relationship between the "default mode network" and the "social brain"', Frontiers in Human Neuroscience, 2012, vol. 6, article 189

37 G. Northoff and F. Bermpohl, 'Cortical midline structures and the self', Trends in Cognitive Sciences, 2004, 8(3), pp. 102–7

38 P. G. Zimbardo and A. B. Cross, Stanford Prison Experiment, Stanford University, 1971

39 G. Silani et al., 'Right supramarginal gyrus is crucial to overcome emotional egocentricity bias in social judgments', Journal of Neuroscience, 2013, 33(39), pp. 15466–76

40 L. A. Strömwall, H. Alfredsson and S. Landström, 'Rape victim and perpetrator blame and the just world hypothesis: The influence of victim gender and age', Journal of Sexual Aggression, 2013, 19(2), pp. 207–17

第八章：腦部故障時

1 V. S. Ramachandran and E. M. Hubbard, 'Synaesthesia – a window into perception, thought and language', Journal of Consciousness Studies, 2001, 8(12), pp. 3–34

2 See Chapter 3, n. 1

3 R. Hirschfeld, 'History and evolution of the monoamine hypothesis of depression', Journal of Clinical Psychiatry, 2000

4 J. Adrien, 'Neurobiological bases for the relation between sleep and depression', Sleep Medicine Reviews, 2002, 6(5), pp. 341–51

5 D. P. Auer et al., 'Reduced glutamate in the anterior cingulate cortex in depression: An in vivo proton magnetic resonance spectroscopy study', Biological Psychiatry, 2000, 47(4), pp. 305–13

6 A. Lok et al., 'Longitudinal hypothalamic–pituitary–adrenal axis trait and state effects in recurrent depression', Psychoneuroendocrinology, 2012, 37(7), pp. 892–902

7 H. Eyre and B. T. Baune, 'Neuroplastic changes in depression: a role for the immune system', Psychoneuroendocrinology, 2012, 37(9), pp. 1397–416

8 W. Katon et al., 'Association of depression with increased risk of dementia in patients with type

2 diabetes: The Diabetes and Aging Study', Archives of General Psychiatry, 2012, 69(4), pp. 410–17

9 A. M. Epp et al., 'A systematic meta-analysis of the Stroop task in depression', Clinical Psychology Review, 2012, 32(4), pp. 316–28

10 P. F. Sullivan, M. C. Neale and K. S. Kendler, 'Genetic epidemiology of major depression: review and meta-analysis', American Journal of Psychiatry, 2007, 157(10), pp. 1552–62

11 T. H. Holmes and R. H. Rahe, 'The social readjustment rating scale', Journal of Psychosomatic Research, 1967, 11(2), pp. 213–18

12 D. H. Barrett et al., 'Cognitive functioning and posttraumatic stress disorder', American Journal of Psychiatry, 1996, 153(11), pp. 1492–4

13 P. L. Broadhurst, 'Emotionality and the Yerkes–Dodson law', Journal of Experimental Psychology, 1957, 54(5), pp. 345–52

14 R. S. Ulrich et al., 'Stress recovery during exposure to natural and urban environments' Journal of Environmental Psychology, 1991, 11(3), pp. 201–30

15 K. Dedovic et al., 'The brain and the stress axis: The neural correlates of cortisol regulation in

response to stress', Neuroimage, 2009, 47(3), pp. 864–71
16 S. M. Monroe and K. L. Harkness, 'Life stress, the "kindling" hypothesis, and the recurrence of depression: Considerations from a life stress perspective', Psychological Review, 2005, 112(2), p. 417
17 F. E. Thoumi, 'The numbers game: Let's all guess the size of the illegal drug industry', Journal of Drug Issues, 2005, 35(1), pp. 185–200
18 S. B. Caine et al., 'Cocaine self-administration in dopamine D receptor knockout mice', Experimental and Clinical Psychopharmacology, 2012, 20(5), p. 352
19 J. W. Dalley et al., 'Deficits in impulse control associated with tonically-elevated serotonergic function in rat prefrontal cortex', Neuropsychopharmacology, 2002, 26, pp. 716–28
20 T. E. Robinson and K. C. Berridge, 'The neural basis of drug craving: An incentive-sensitization theory of addiction', Brain Research Reviews, 1993, 18(3), pp. 247–91
21 R. Brown, 'Arousal and sensation-seeking components in the general explanation of gambling and gambling addictions', Substance Use & Misuse, 1986, 21(9–10), pp. 1001–16
22 B. J. Everitt et al., 'Associative processes in addiction and reward the role of amygdala ventral

striatal subsystems', Annals of the New York Academy of Sciences, 1999, 877(1), pp. 412–38

23 G. M. Robinson et al., 'Patients in methadone maintenance treatment who inject methadone syrup: A preliminary study', Drug and Alcohol Review, 2000, 19(4), pp. 447–50

24 L. Clark and T. W. Robbins, 'Decision-making deficits in drug addiction', Trends in Cognitive Sciences, 2002, 6(9), pp. 361–3

25 M. J. Kreek et al., 'Genetic influences on impulsivity, risk taking, stress responsivity and vulnerability to drug abuse and addiction', Nature Neuroscience, 2005, 8(11), pp. 1450–57

26 S. S. Shergill et al., 'Functional anatomy of auditory verbal imagery in schizophrenic patients with auditory hallucinations', American Journal of Psychiatry, 2000, 157(10), pp. 1691–3

27 P. Allen et al., 'The hallucinating brain: a review of structural and functional neuroimaging studies of hallucinations' Neuroscience & Biobehavioral Reviews, 2008, 32(1), pp. 175–91

28 S.-J. Blakemore et al., 'The perception of self-produced sensory stimuli in patients with auditory hallucinations and passivity experiences: evidence for a breakdown in self-monitoring', Psychological Medicine, 2000, 30(05), pp. 1131–9

29 See n. 27, above

30 R. L. Buckner and D. C. Carroll, 'Self-projection and the brain', Trends in Cognitive Sciences, 2007, 11(2), pp. 49–57

31 A. W. Young, K. M. Leafhead and T. K. Szulecka, 'The Capgras and Cotard delusions', Psychopathology, 1994, 27(3–5), pp. 226–31

32 M. Coltheart, R. Langdon, and R. McKay, 'Delusional belief', Annual Review of Psychology, 2011, 62, pp. 271–98

33 P. Corlett et al., 'Toward a neurobiology of delusions', Progress in Neurobiology, 2010, 92(3), pp. 345–69

34 J. T. Coyle, 'The glutamatergic dysfunction hypothesis for schizophrenia', Harvard Review of Psychiatry, 1996, 3(5), pp. 241–53

【Life and Science】MX0017

糗大了！原來是大腦搞的鬼

神經科學家告訴你大腦「真正的秘密」，揭開複雜的運作原理

Idiot Brain: What Your Head Is Really Up To

作　　者❖ 迪恩・柏奈特（Dean Burnett）
譯　　者❖ 鄧子衿
封面設計❖ 張巖
內頁排版❖ 李偉涵
總 編 輯❖ 郭寶秀
責任編輯❖ 洪郁萱

發 行 人❖ 凃玉雲
出　　版❖ 馬可孛羅文化
104臺北市中山區民生東路二段141號5樓
電話：(886) 2-25007696
發　　行❖ 英屬蓋曼群島商家庭傳媒股份有限公司城邦分公司
臺北市中山區民生東路二段141號11樓
客服服務專線：(886) 2-25007718；25007719
24小時傳真專線：(886) 2-25001990；25001991
服務時間：週一至週五 9:00 ～ 12:00；13:00 ～ 17:00
劃撥帳號：19863813　戶名：書虫股份有限公司
讀者服務信箱：service@readingclub.com.tw
香港發行所❖ 城邦（香港）出版集團有限公司
香港灣仔駱克道193號東超商業中心1樓
電話：(852) 25086231　傳真：(852) 25789337
E-mail：hkcite@biznetvigator.com
馬新發行所❖ 城邦（馬新）出版集團【Cite (M) Sdn. Bhd. (458372U)】
41, Jalan Radin Anum, Bandar Baru Seri Petaling,
57000 Kuala Lumpur, Malaysia
電話：(603) 90578822　傳真：(603) 90576622
E-mail：services@cite.com.my
輸出印刷❖ 前進彩藝有限公司
初版一刷❖ 2023年4月
紙 書 定 價❖ 490元（如有缺頁或破損請寄回更換）
電子書定價❖ 343元

國家圖書館出版品預行編目 (CIP) 資料

糗大了！原來是大腦搞的鬼 : 神經科學家告訴你大腦「真正的秘密」, 揭開複雜的運作原理 / 迪恩 . 柏奈特 (Dean Burnett) 作 ; 鄧子衿翻譯 . -- 初版 . -- 臺北市 : 馬可孛羅文化出版 : 英屬蓋曼群島商家庭傳媒股份有限公司城邦分公司發行 , 2023.04
面 ;　公分 . -- (Life and science ; MX0017)
譯自 : Idiot brain : what your head is really up to
ISBN 978-626-7156-76-6(平裝)

1.CST: 腦部 2.CST: 神經學 3.CST: 通俗作品

394.9111　　112003851

城邦讀書花園
www.cite.com.tw

ISBN：978-626-7156-76-6（平裝）
ISBN：9786267156834（EPUB）